ランド方式で作る
手作りトランシーバ入門

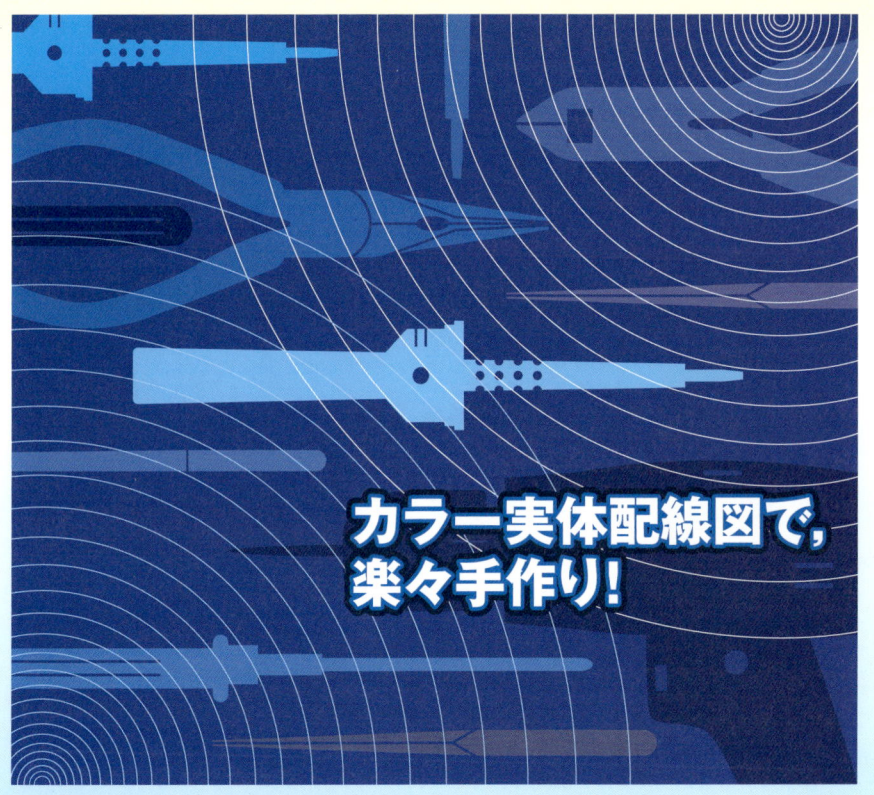

JF1RNR
今井　栄 著

カラー実体配線図で，楽々手作り！

HTs HAM TECHNICAL SERIES

第1章 電子工作と電子回路入門

カラー・コードの見方

▶ p.31参照

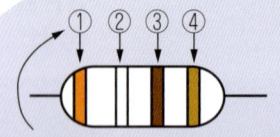

①の数字は抵抗の端に寄っているほう

①，②は有効数字を表す
③は10の乗数を表す
④はふつう許容誤差（％）

読み方
①，②の2桁を読んで③の乗数をかける

色	数字	語呂合わせによる覚え方	10の乗数③
黒	0	黒い礼服	10^0
茶	1	お茶を一ぱい	10^1
赤	2	赤いニンジン	10^2
だいだい	3	第3の男	10^3
黄	4	岸恵子	10^4
緑	5	みどり子（赤ちゃんのこと）	10^5
青	6	青二才のロクデナシ（人に向かって言ってはいけない）	10^6
紫	7	紫式部がなまって「むらさき7ぶ」	10^7
灰	8	ハイヤー	10^8
白	9	ホワイト・クリスマス	10^9
金	5〔％〕	金五郎さん	10^{-1}

カラー・コードの読み方の例

例　2　2　3　5％
　　赤　赤　橙　金

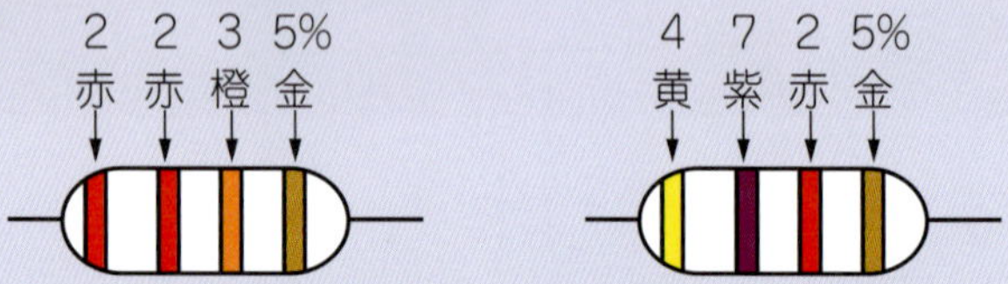

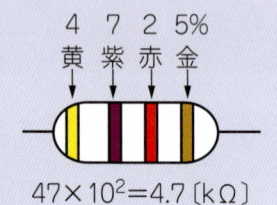

$22 \times 10^3 = 22$〔kΩ〕

　　4　7　2　5％
　　黄　紫　赤　金

$47 \times 10^2 = 4.7$〔kΩ〕

LM386アンプとツインT発振器　p.43～参照

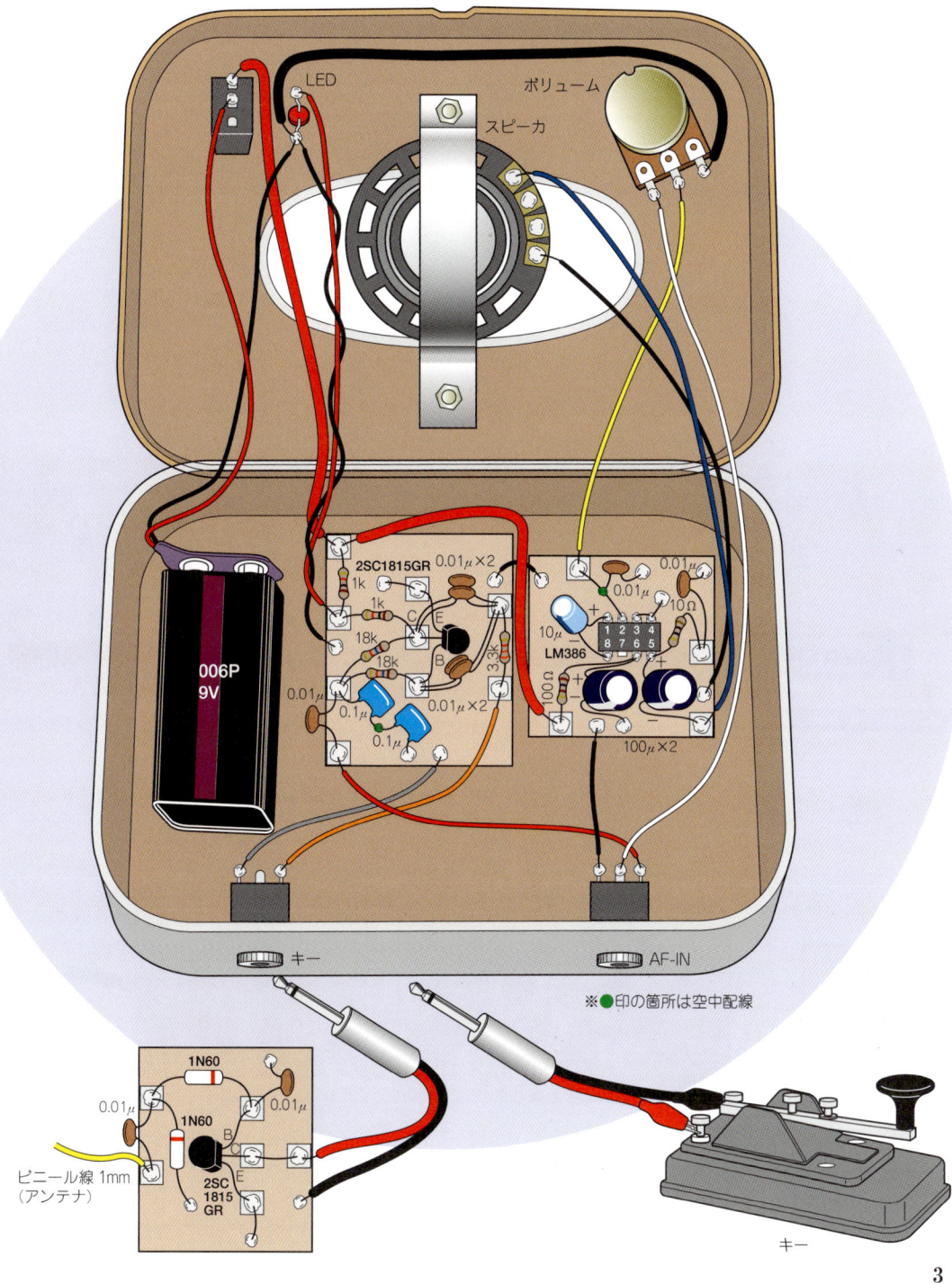

第2章 CW送受信機の製作

30mW, 50mWのQRP送信機

VXO発振器　p.74〜参照

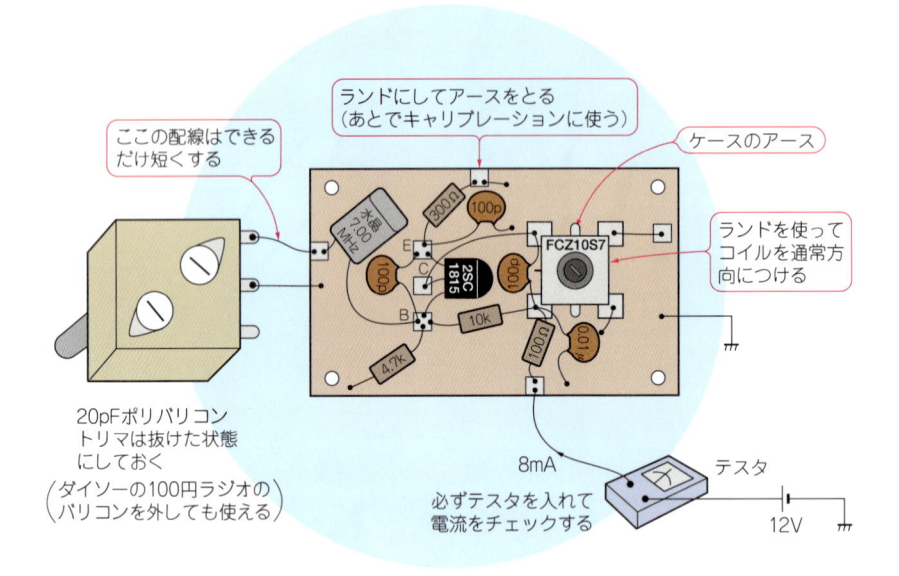

- ここの配線はできるだけ短くする
- ランドにしてアースをとる（あとでキャリブレーションに使う）
- ケースのアース
- ランドを使ってコイルを通常方向につける
- 20pFポリバリコン　トリマは抜けた状態にしておく（ダイソーの100円ラジオのバリコンを外しても使える）
- 必ずテスタを入れて電流をチェックする
- 8mA
- テスタ
- 12V

VXO発振器にダイオードを追加した7MHz CW送信機　p.77参照

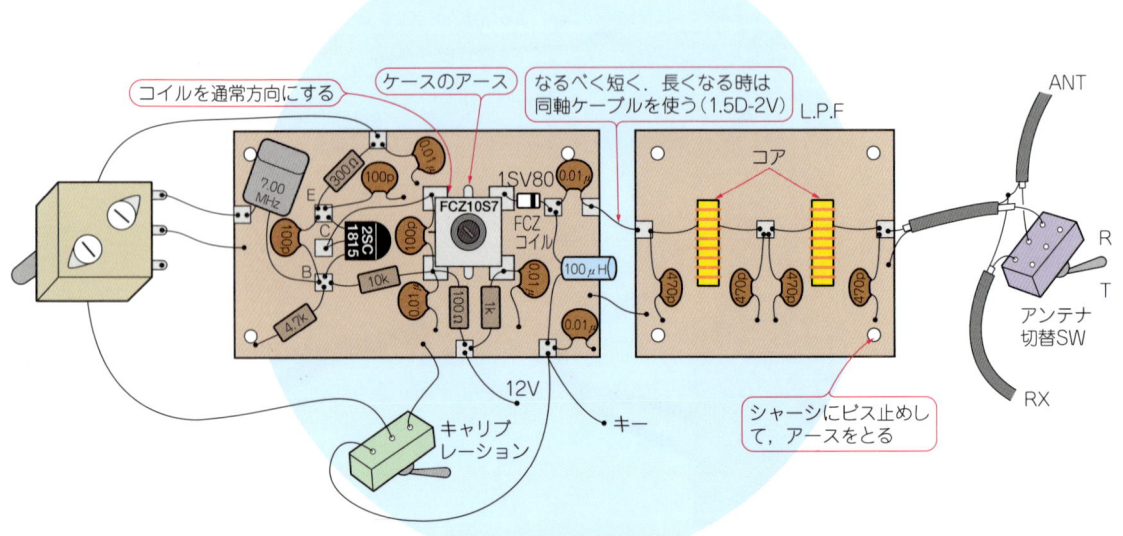

- コイルを通常方向にする
- ケースのアース
- なるべく短く．長くなる時は同軸ケーブルを使う（1.5D-2V）
- L.P.F
- コア
- ANT
- アンテナ切替SW
- R / T
- RX
- キャリブレーション
- 12V
- キー
- シャーシにビス止めして，アースをとる

2SK241を使った高周波アンプ　p.77参照

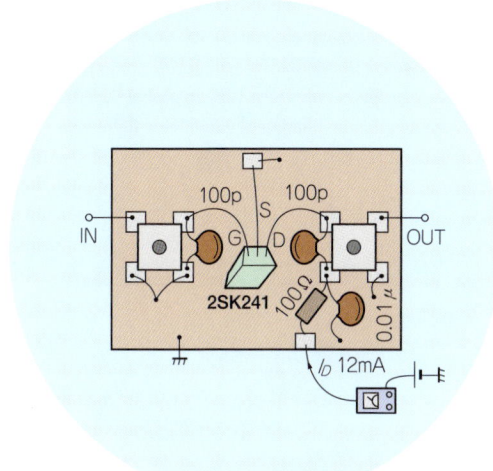

ファイナルに2SK241を使った50mW出力の7MHz CW送信機基板　p.78参照

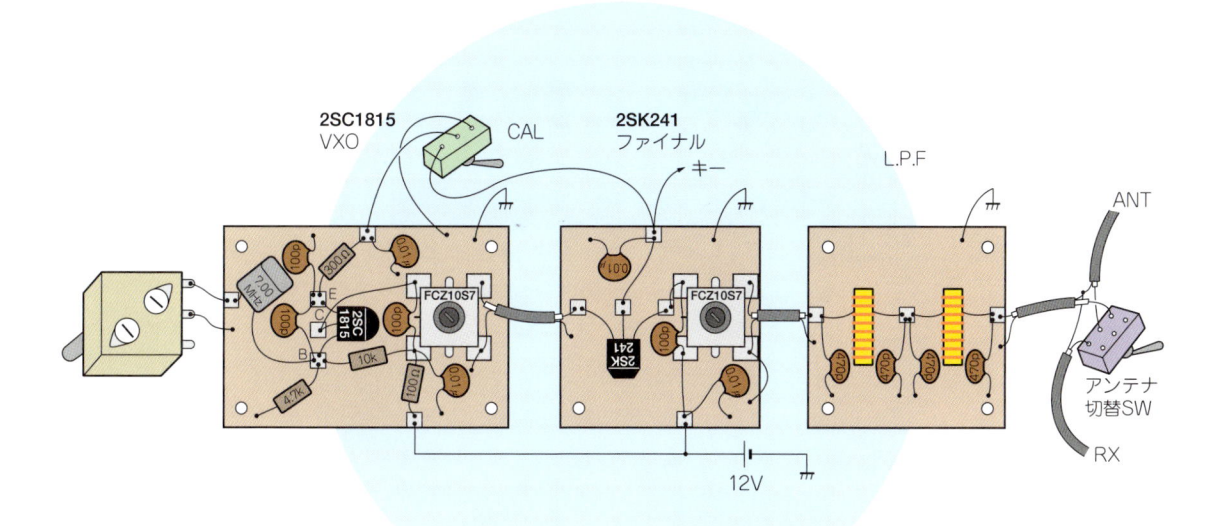

第2章 CW送受信機の製作
出力500mWの7MHz2石CW送信機

2SC2053を使ったファイナル・アンプ　　p.80参照

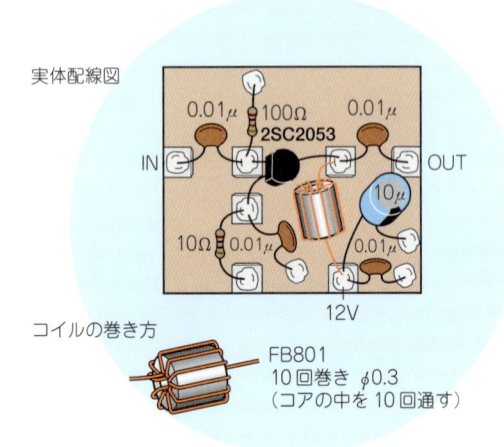

実体配線図

0.01μ　100Ω　0.01μ
2SC2053
IN　　　　　　　　　OUT
10μ
10Ω　0.01μ　　0.01μ
12V

コイルの巻き方
FB801
10回巻き φ0.3
（コアの中を10回通す）

フル・ブレークインを組み込んだ500mW出力の7MHz送信機　　p.82参照

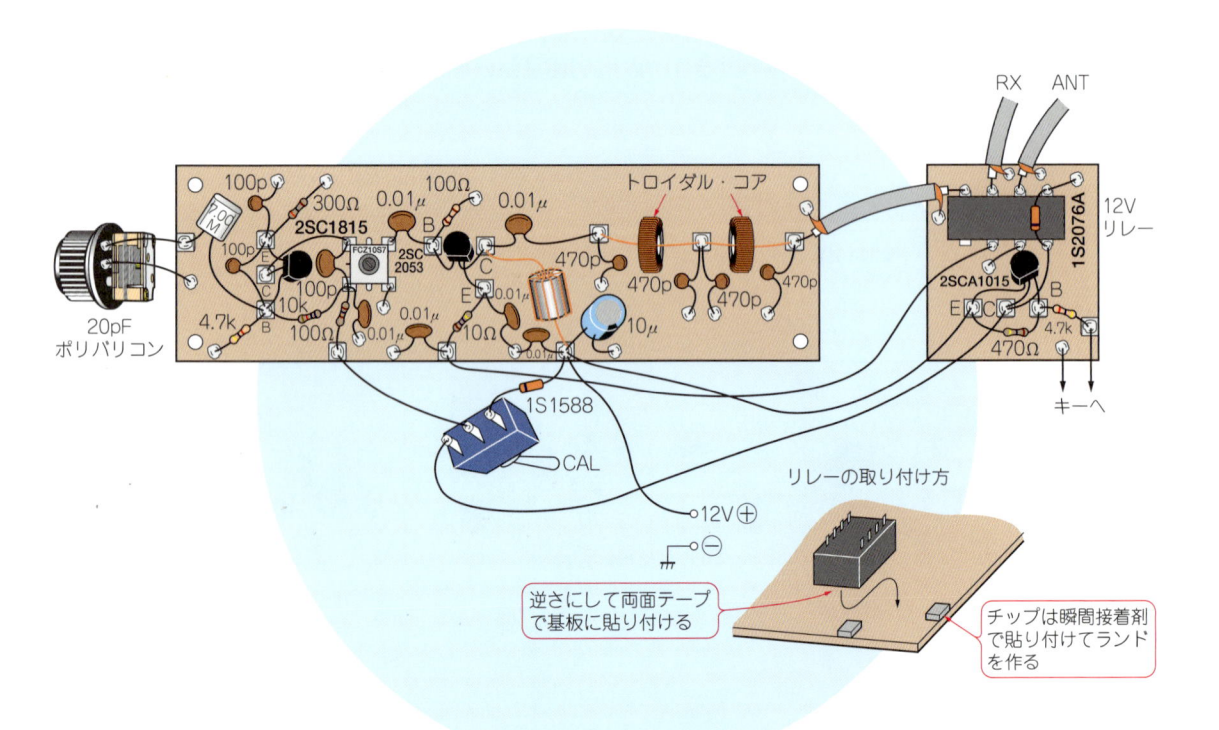

RX　ANT
100p　100Ω　0.01μ　0.01μ　トロイダル・コア
300Ω
2SC1815　B　　2SC　　　　　　　　　　　　　　　1S2076A　12V リレー
100p　　　　　　2053　C　470p
20pF　　　10k　　　E　　　　　470p　　470p　470p
ポリバリコン　4.7k　B　100Ω　0.01μ　10Ω　10μ　　　　　　　　2SCA1015
　　　　　　　　　　　　　0.01μ　　　　　　　　　　　　E C B　4.7k
　　　　　　　　　　　1S1588　　　　　　　　　　　　　470Ω
　　　　　　　　　　　　　CAL　　　　　　　　　　　　　　キーへ

12V⊕
　⊖

リレーの取り付け方

逆さにして両面テープで基板に貼り付ける

チップは瞬間接着剤で貼り付けてランドを作る

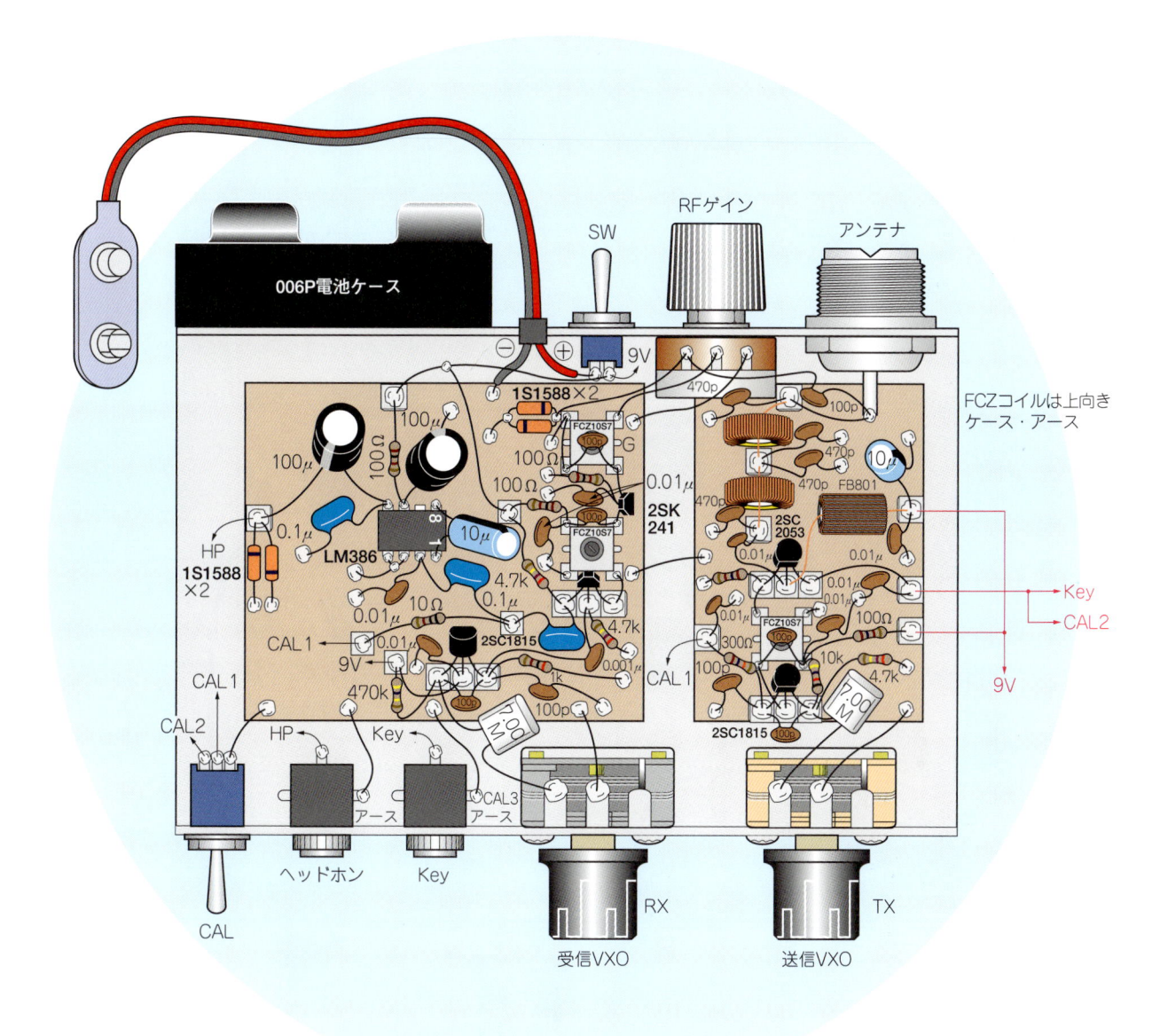

送受切替回路が不要な7MHz CWトランシーバ　p.84〜参照

第2章 CW送受信機の製作

50MHz 2石CWトランシーバ

p.91〜参照

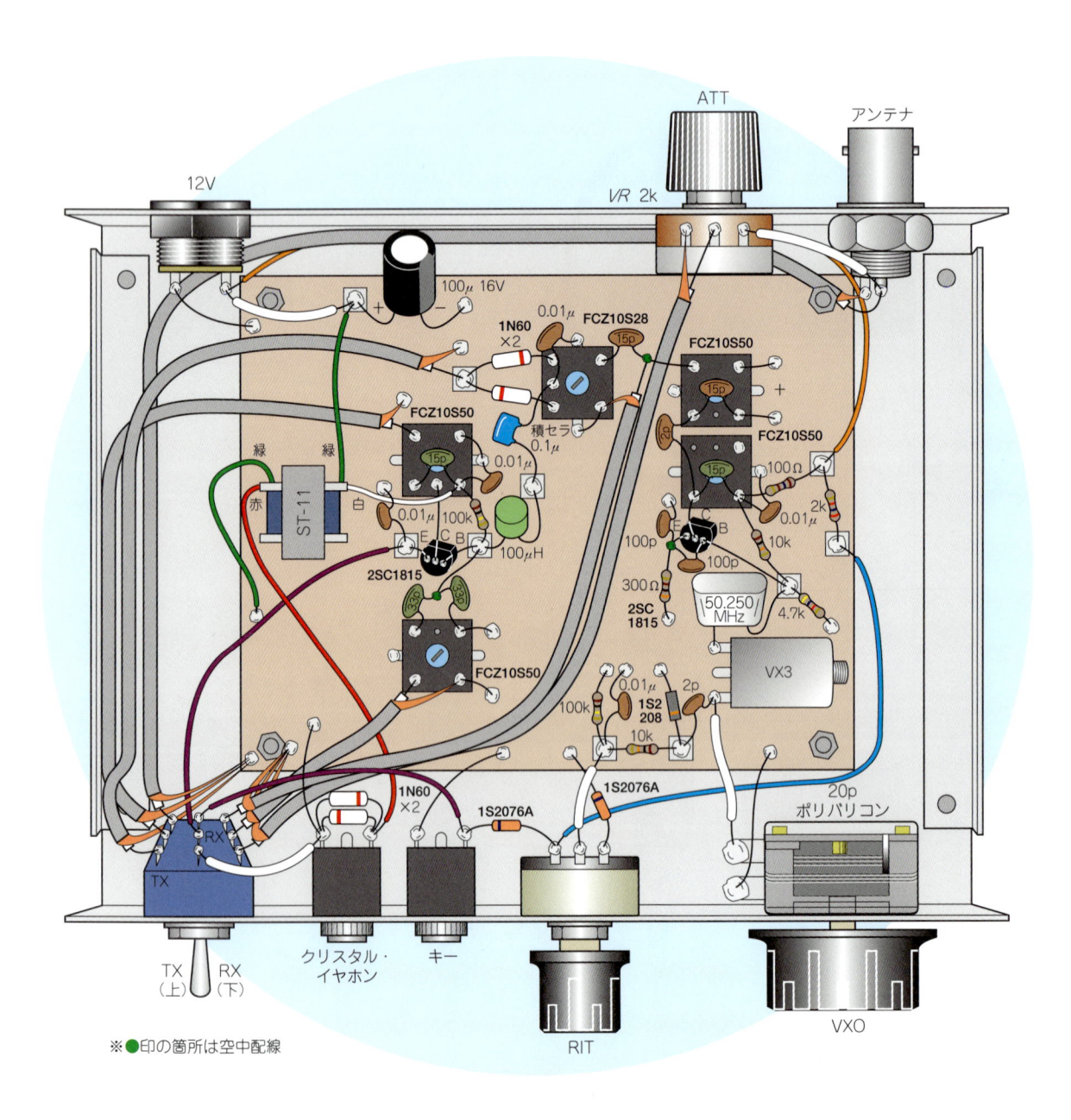

50MHz CW送信機とクリスタル・コンバータ

2SC1815を使ったVXO回路　p.96〜参照

トランジスタ2SC1815を使ったVXOの実体図

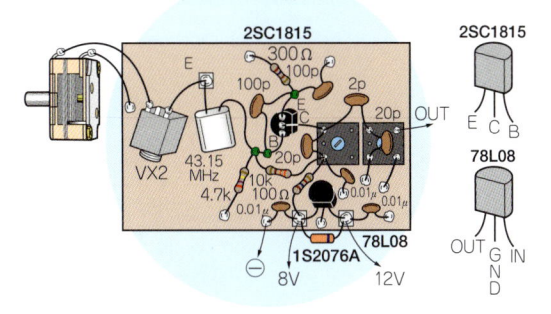

トランジスタ2SC1815を逆さまにして空中配線する

● の部分は，空中配線で接続．アースには落とさない

50MHz CW送信機＋50MHz→7MHzクリスタル・コンバータ　p.96〜参照

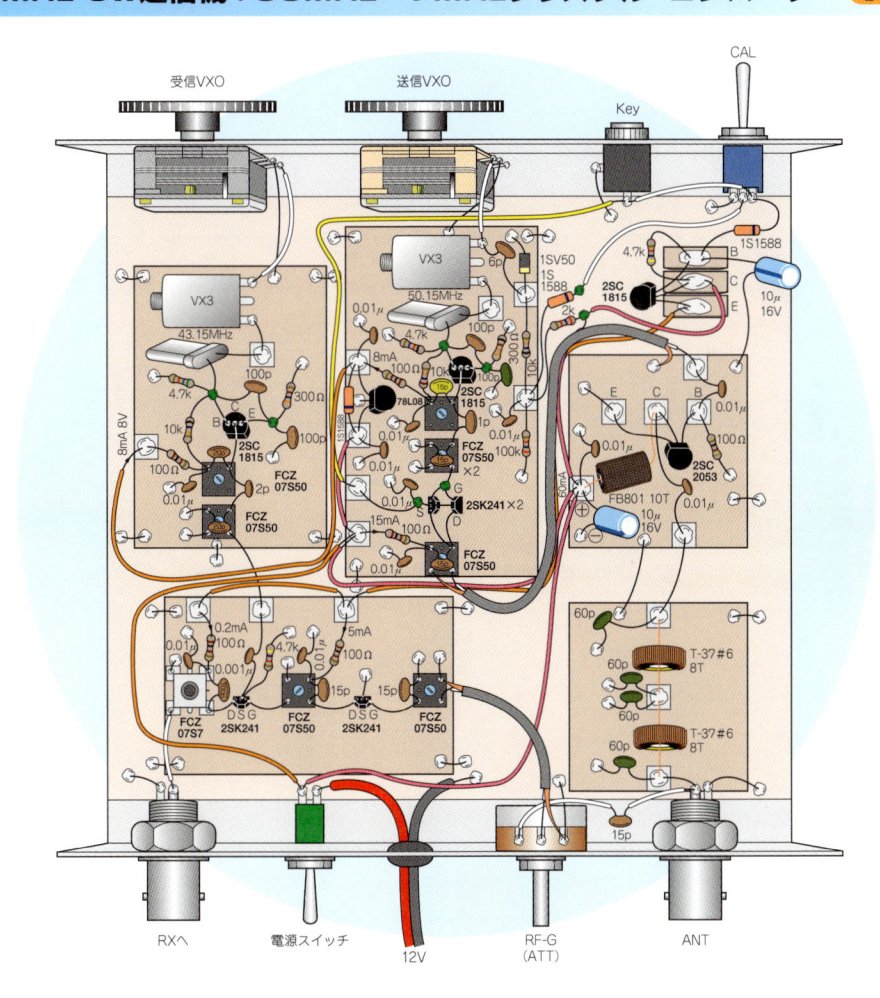

9

第2章 CW送受信機の製作

50MHz→7MHzクリコンを利用したスーパ受信機　　p.102〜参照

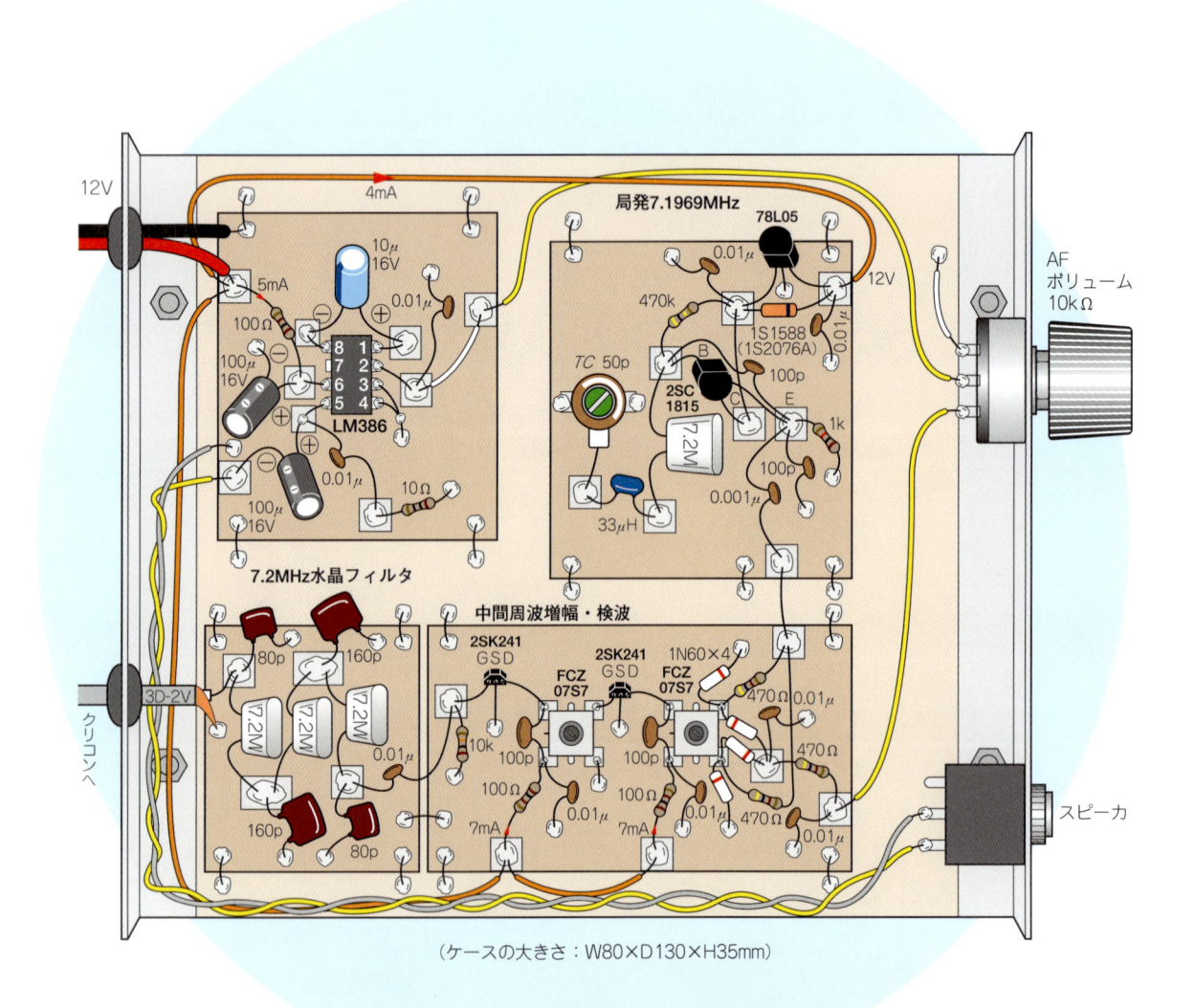

1.9MHz CW受信機　p.108〜参照

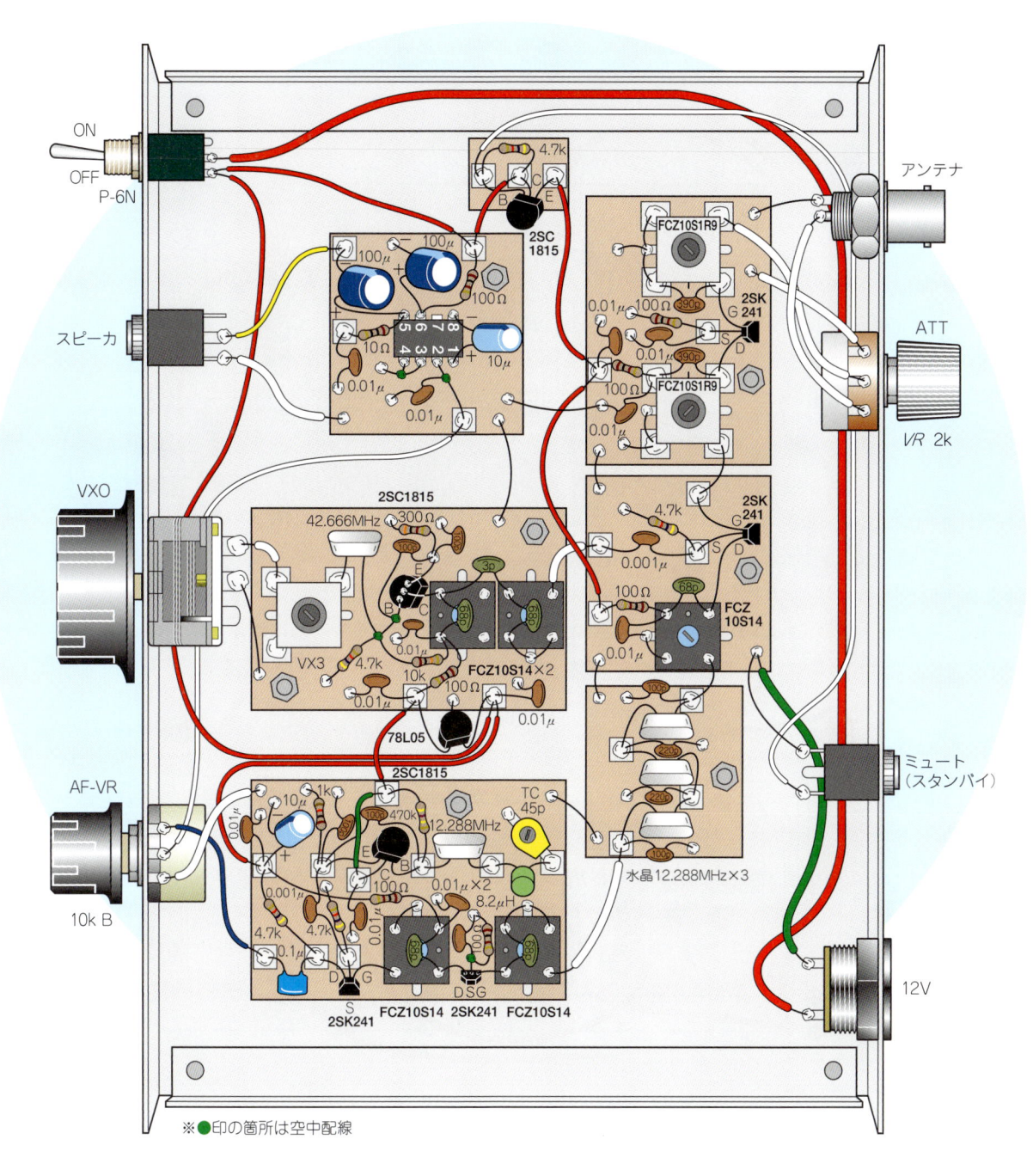

※ ●印の箇所は空中配線

11

第2章 CW送受信機の製作

1.9MHz CW送信機 p.114〜参照

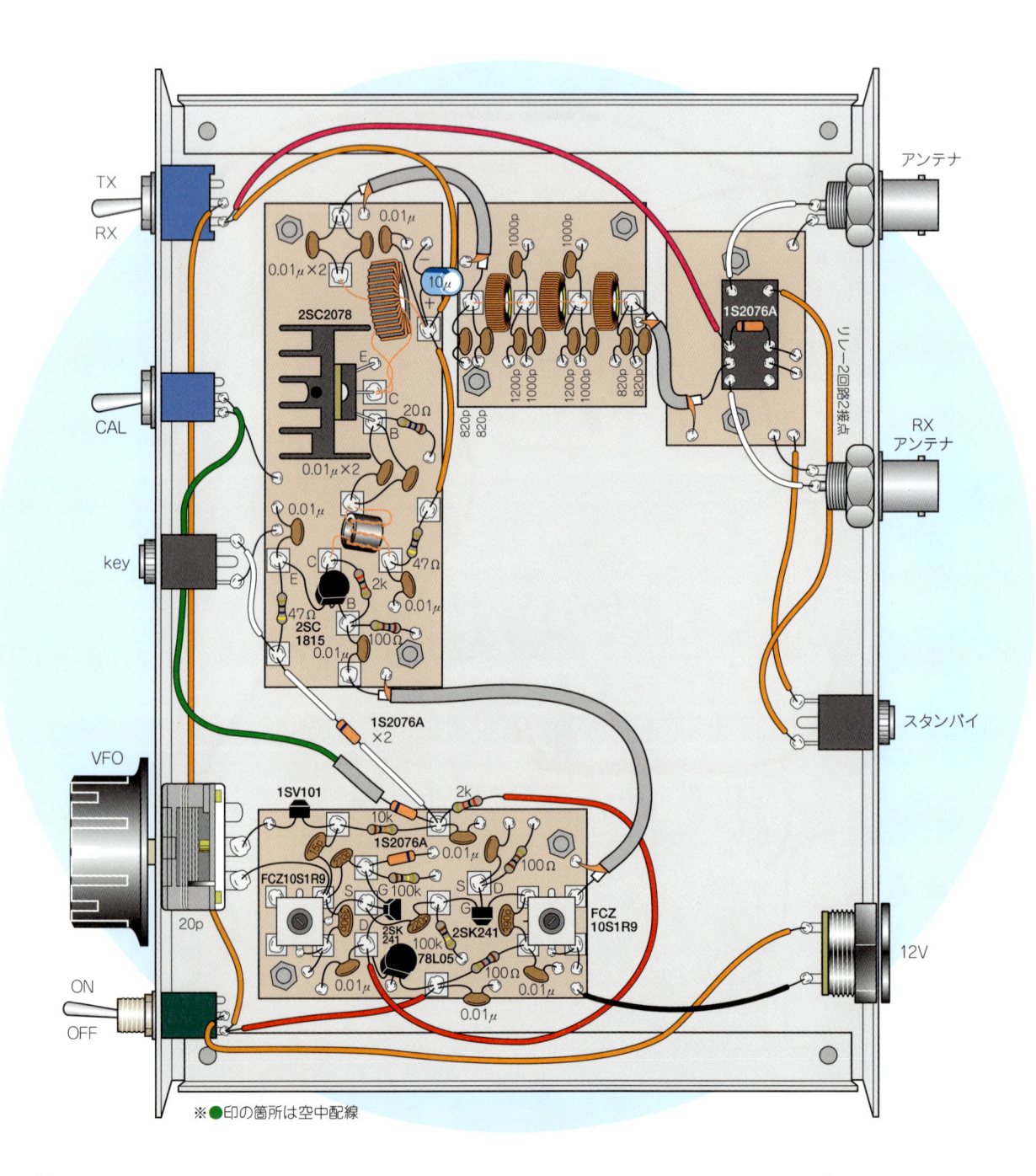

21MHz CW QRPトランシーバ p.119〜参照

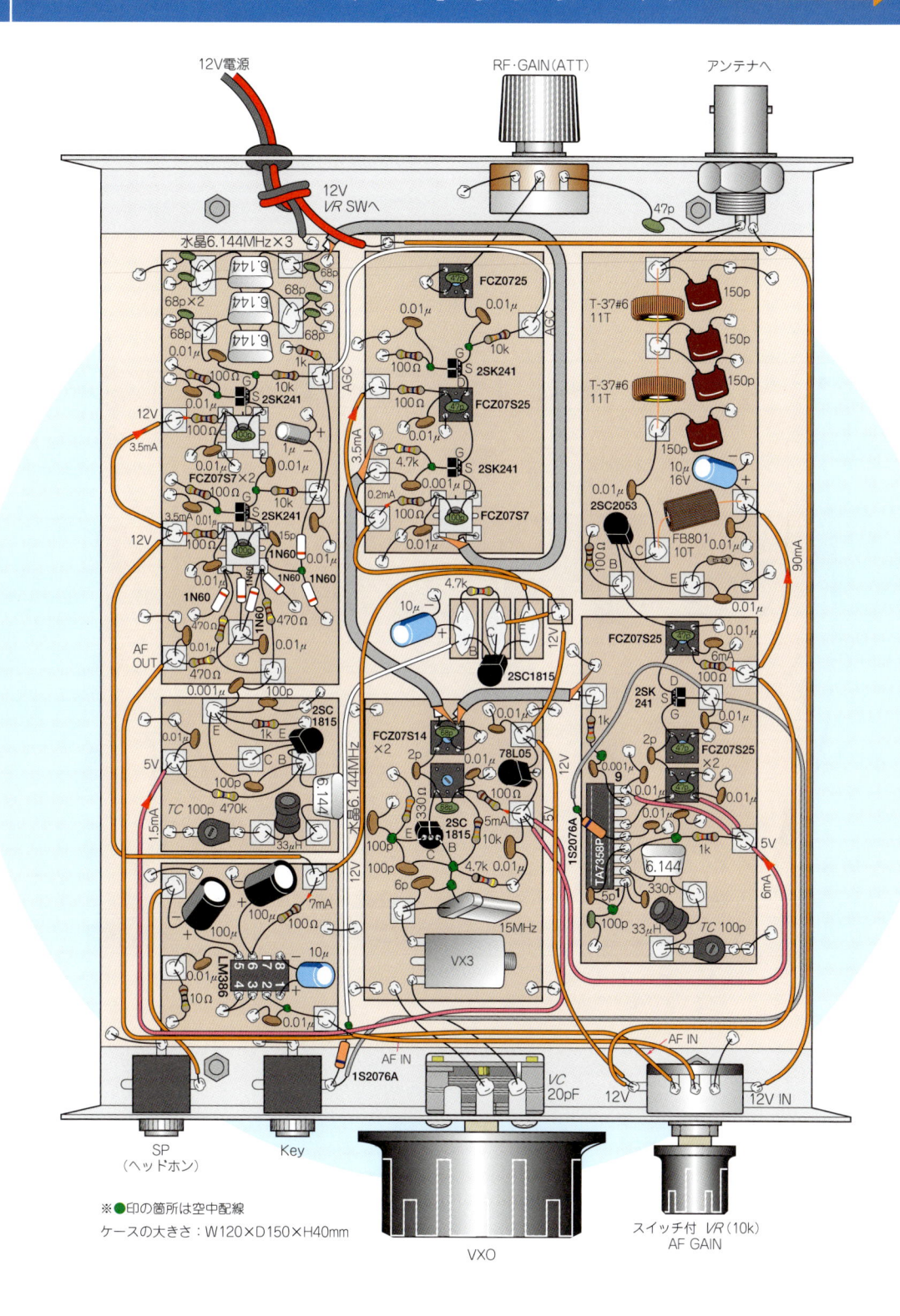

第2章 CW送受信機の製作

144MHz CWトランシーバ　p.131～参照

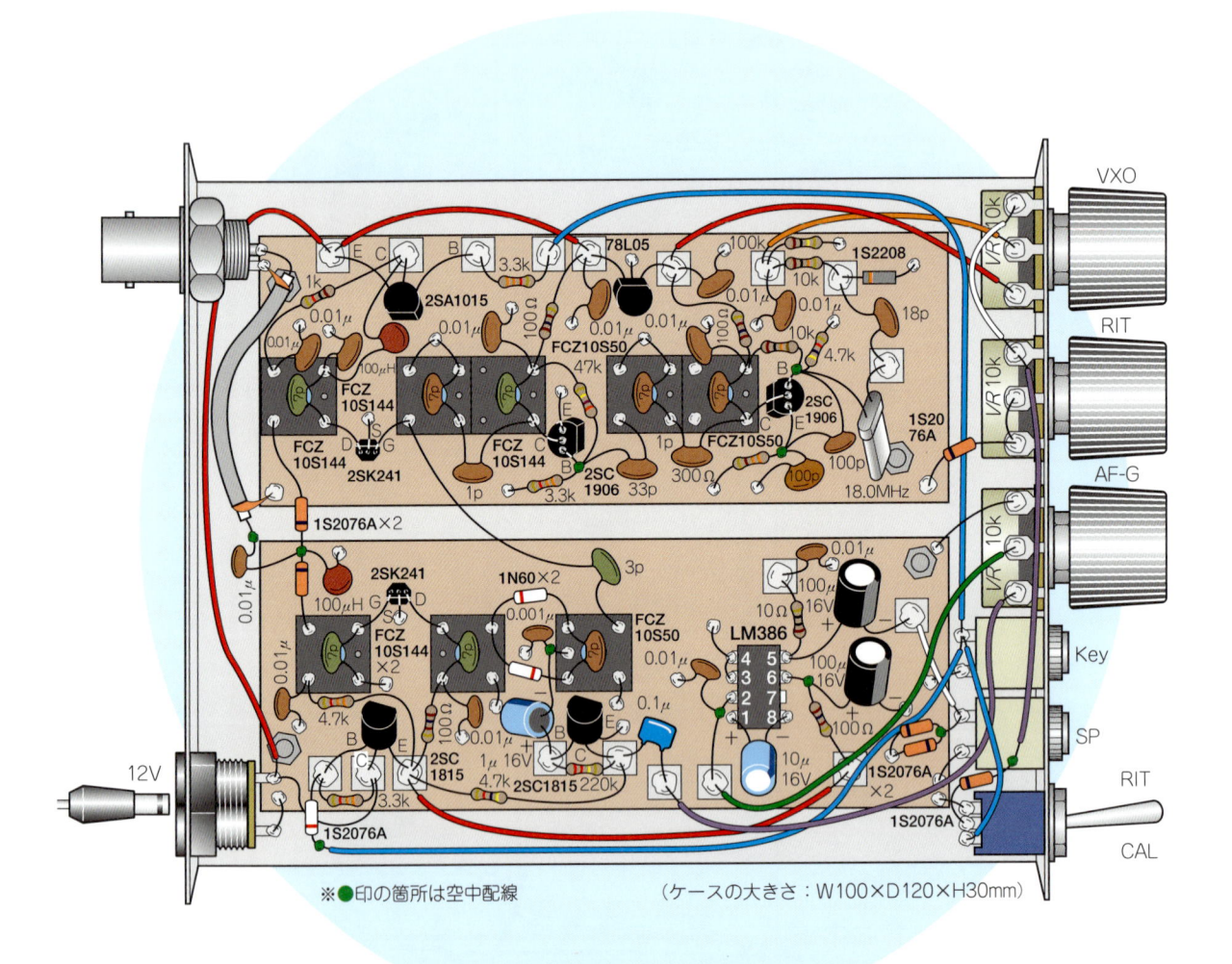

10MHz CWトランシーバ p.134〜参照

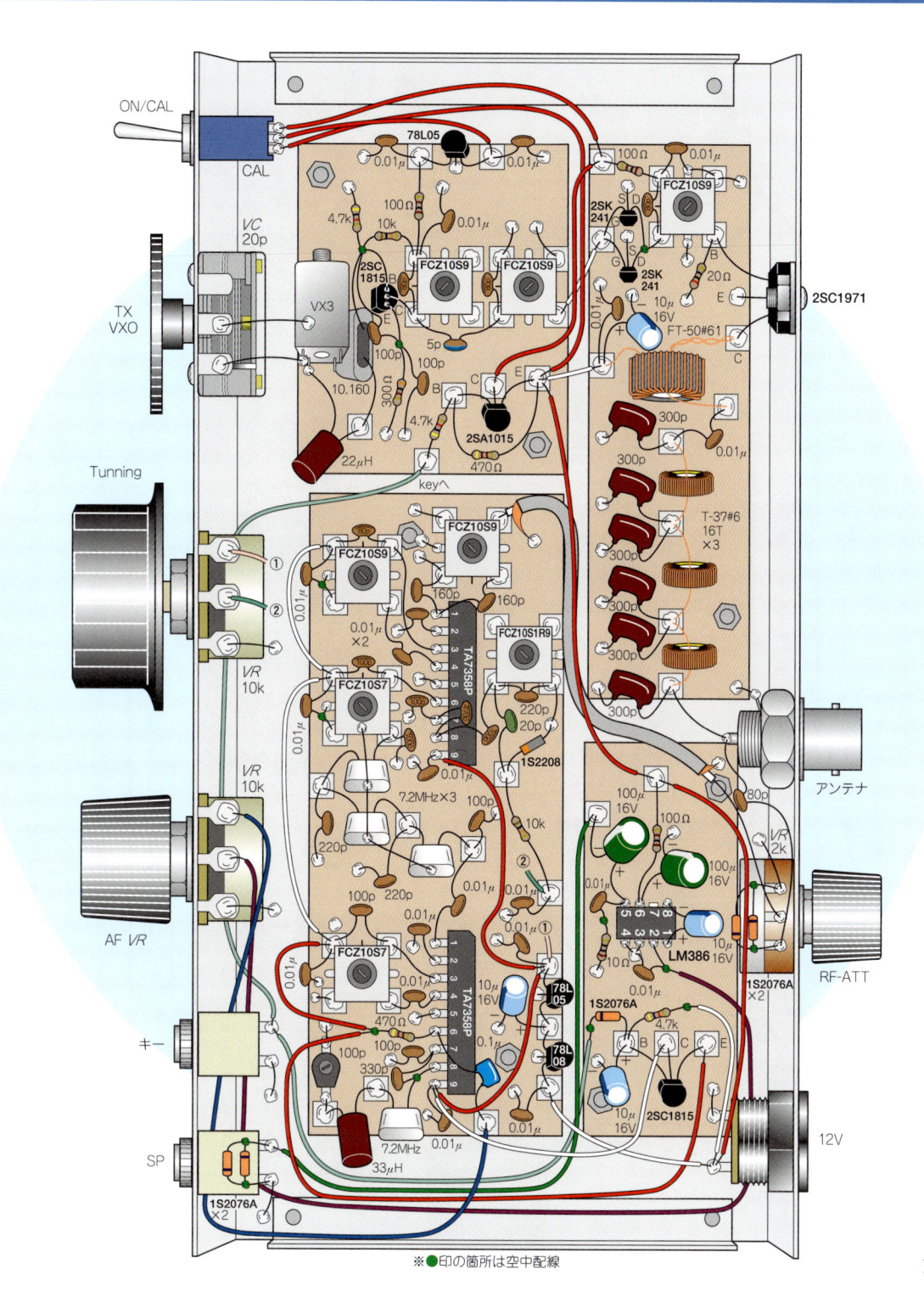

第3章 DSB/SSB送受信機と付加装置の製作

50MHz DSBトランシーバ

p.148〜参照

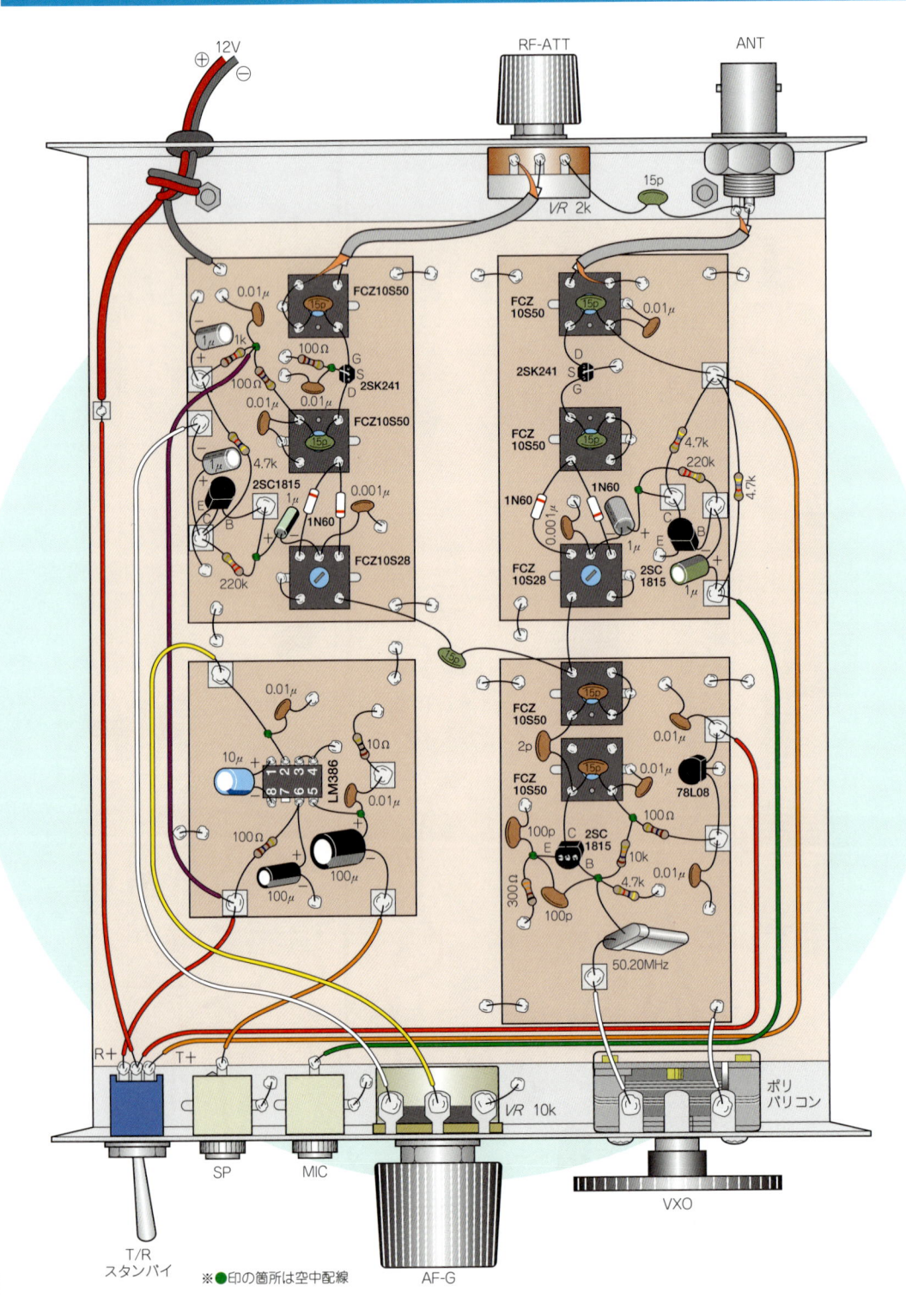

144MHz DSBトランシーバ p.154〜参照

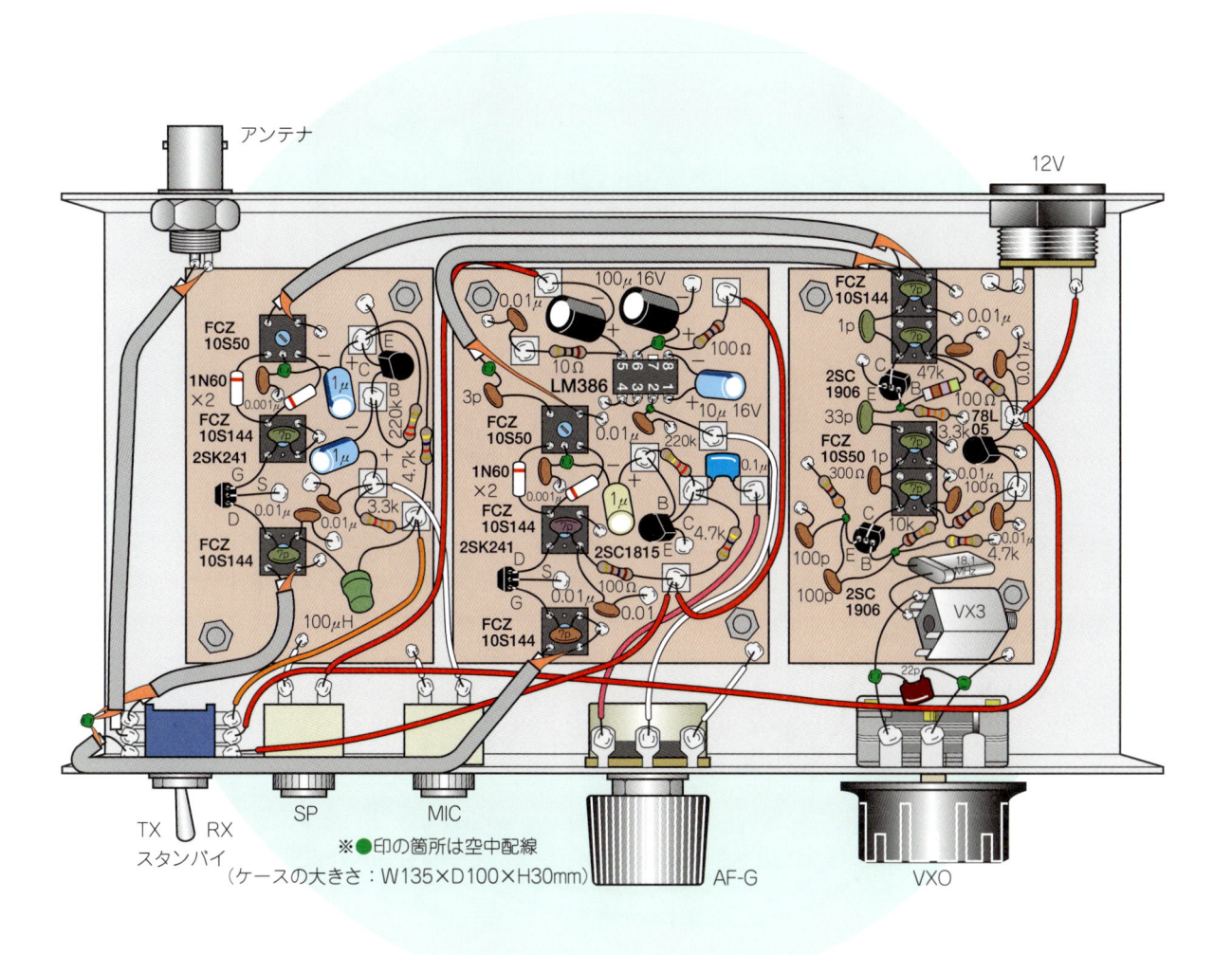

第3章 DSB/SSB送受信機と付属装置の製作

14MHz SSBトランシーバ

p.158〜参照

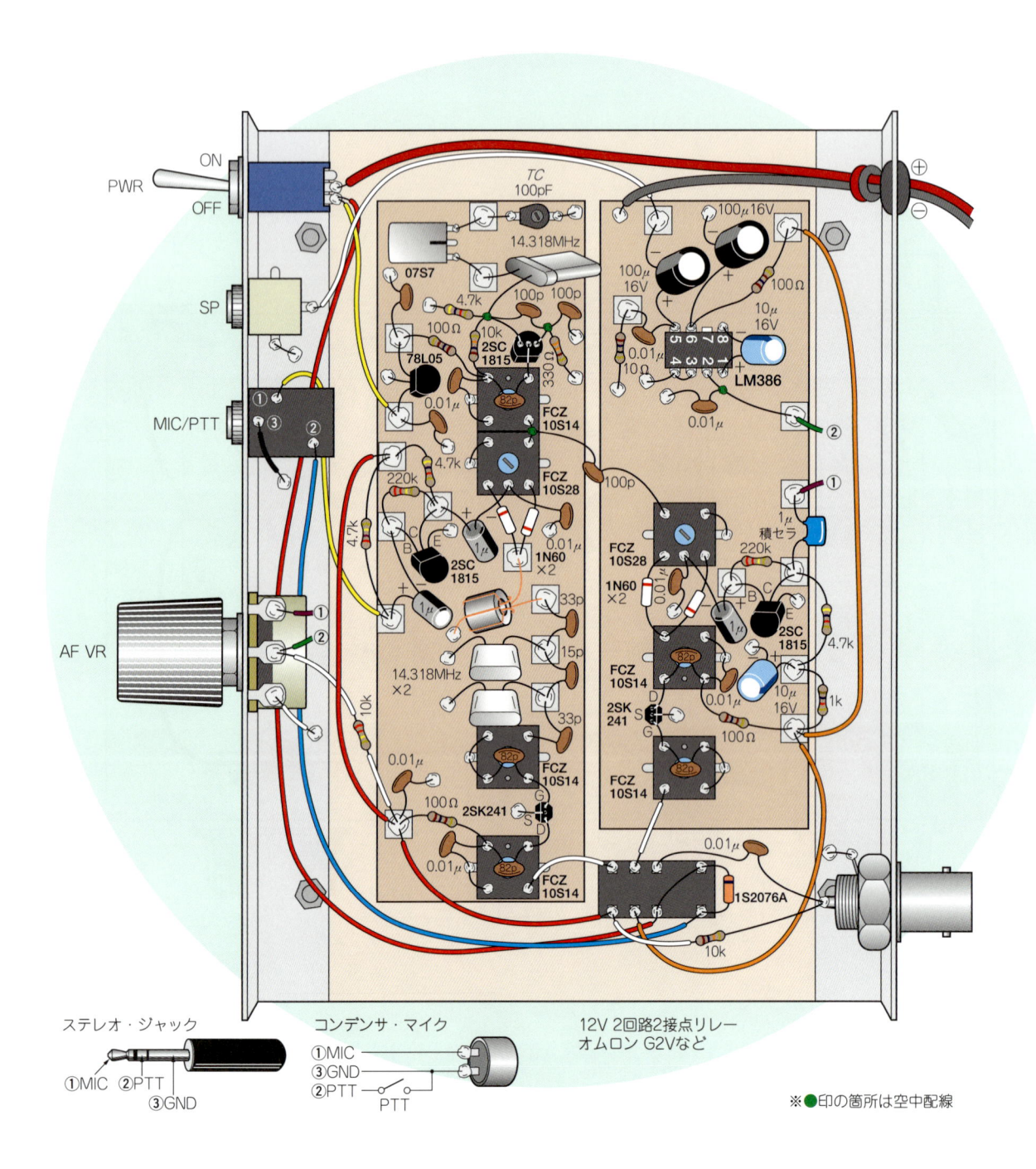

7MHzトランスバータ

p.166〜参照

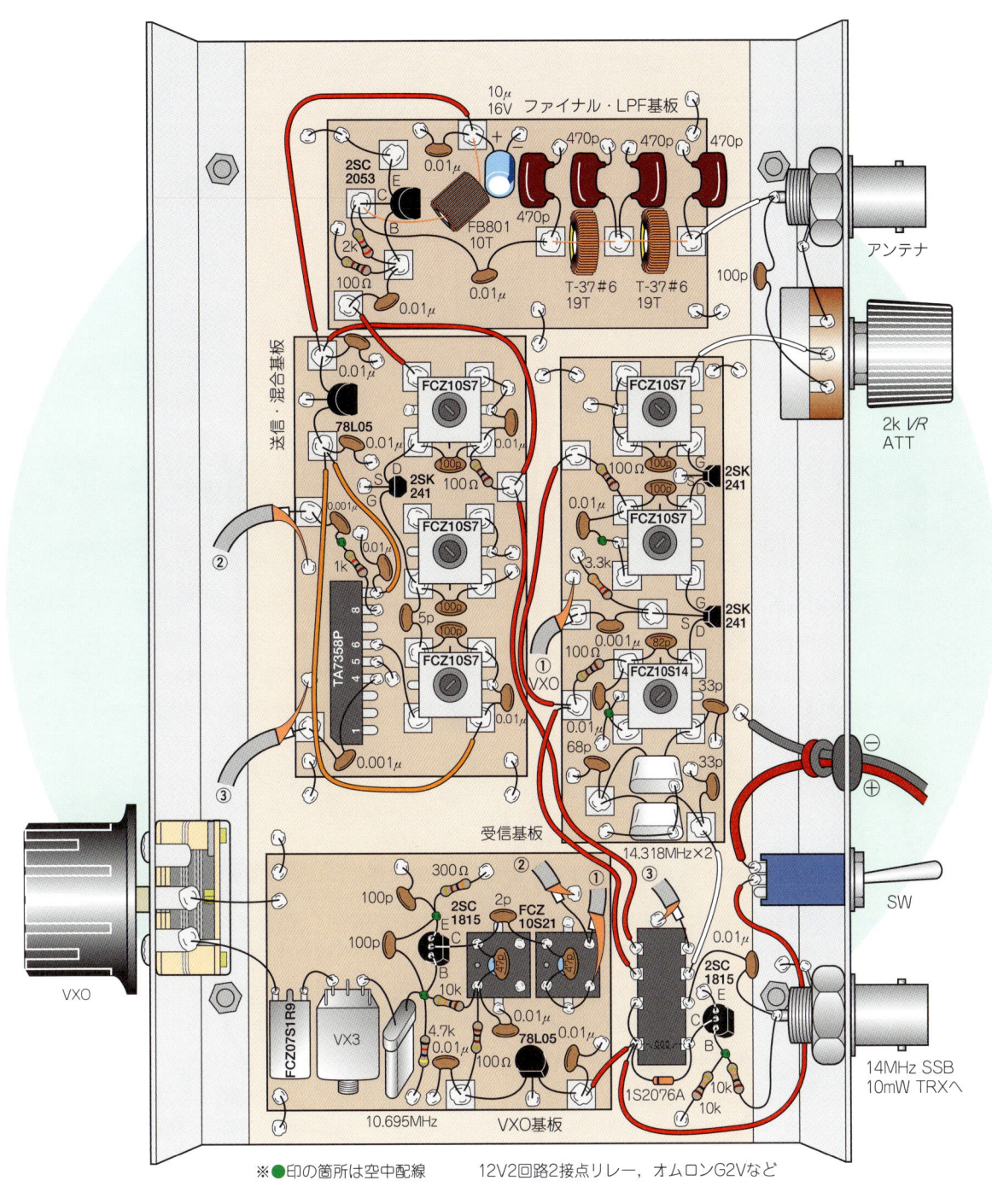

第3章 DSB/SSB送受信機と付属装置の製作

50MHz SSB/CWトランシーバ

p.173〜参照

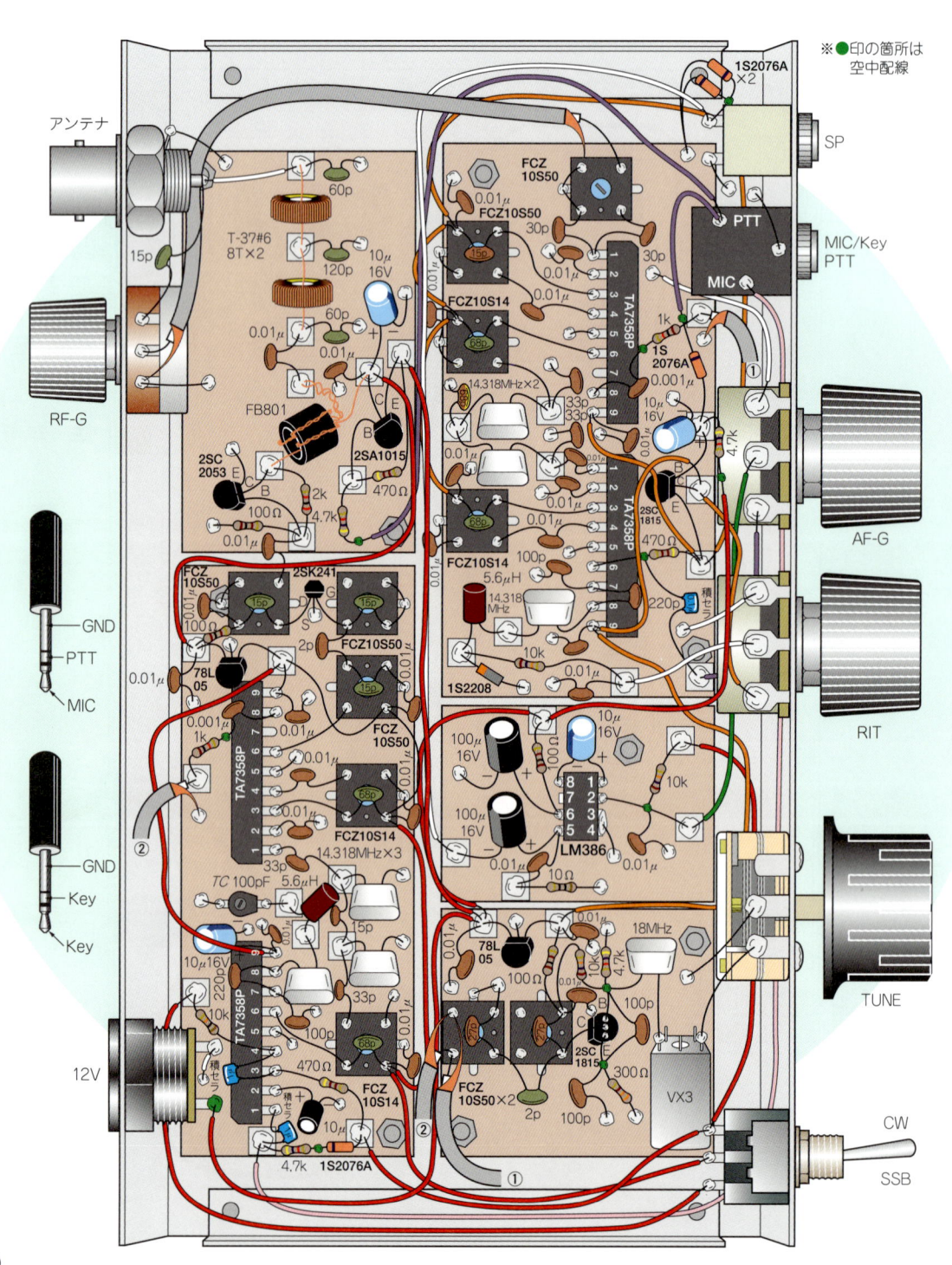

28MHz 3石DSBトランシーバ

p.180～参照

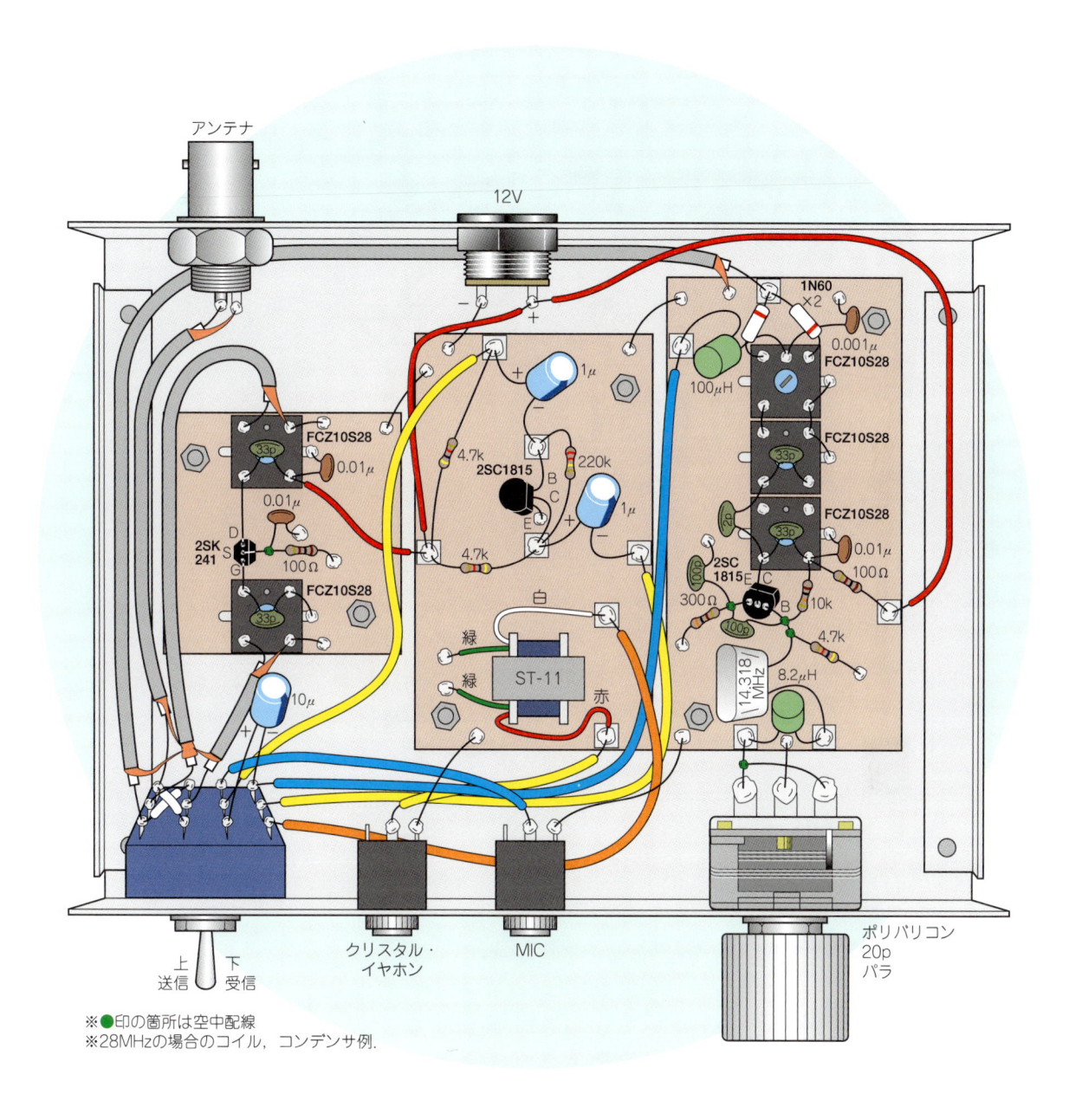

※●印の箇所は空中配線
※28MHzの場合のコイル，コンデンサ例．

第3章 DSB/SSB送受信機と付属装置の製作

7MHz 3Wアンプ　p.184～参照

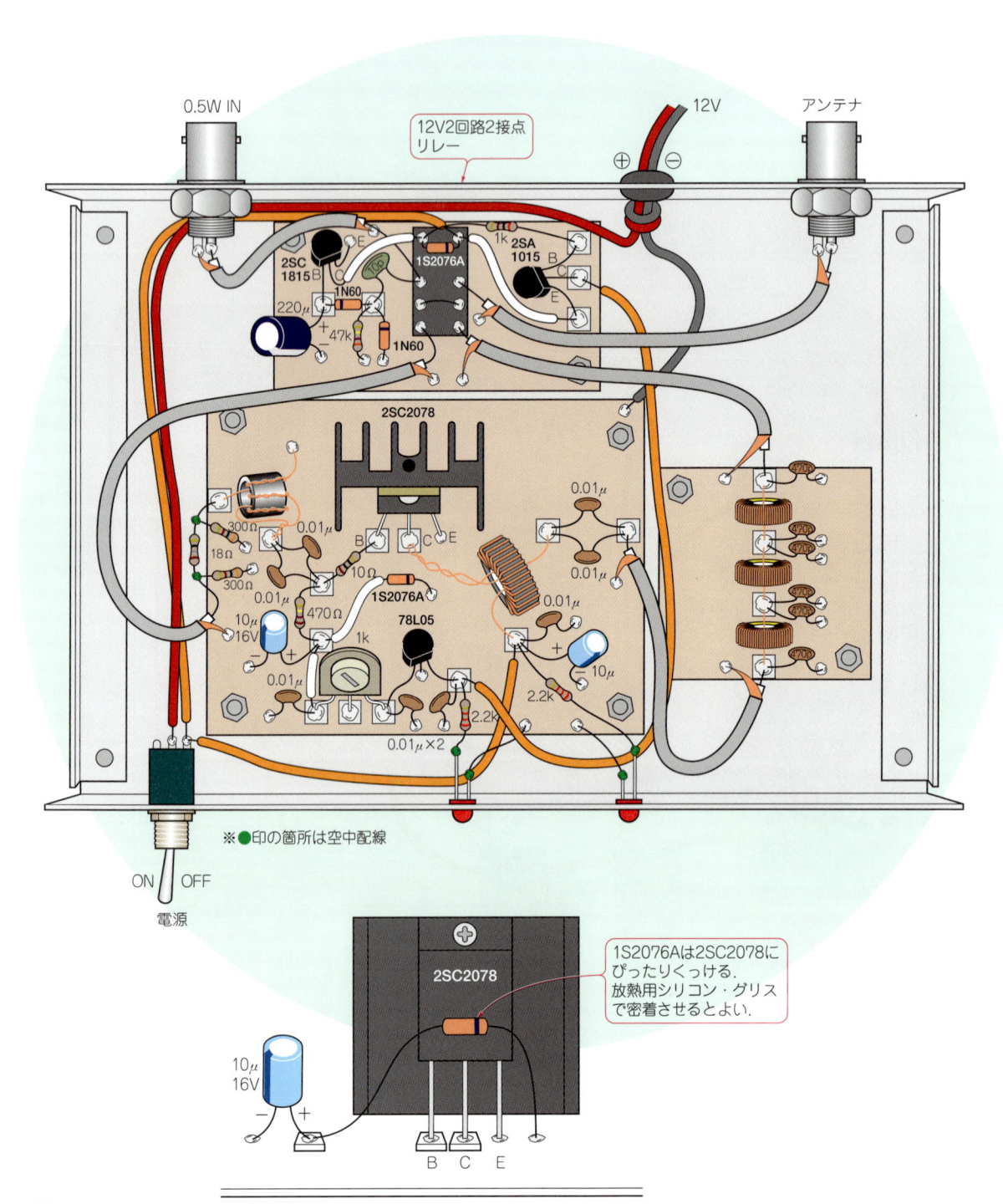

写真で見る手作り高周波機器
18MHz CWトランシーバ
p.141〜参照

写真で見る手作り高周波機器
3.5MHz SSBトランシーバ
p.188～参照

序に代えて

　アマチュア無線の原点は，自分で作った無線機で交信できる感動であろうと思います．
　自作をしてみたいけれども難しくて……というお話をよく耳にしますが，無線機に使われている電子回路の基本はそれほど多くはありません．いくつかある基本的な回路を覚えさえすれば，無線機を作ることは難しいものではないと思います．
　自作の無線機で交信できたときの感激は，たとえようがない喜びです．ぜひ，あなたもチャレンジしてみませんか？
　本書では，アマチュア無線バンドの1.9 MHzから144 MHzまでの電信（CW）と電話（DSBやSSB）の無線機の製作例を数多くあげています．実は同じ基本回路を繰り返し使っているので，自然と高周波回路，電子回路を覚えながら，応用することができるようになります．
　また，本書の特徴は，プリント基板を作らずにランド基板（チップ貼り付け）による製作手法を採用していることです．この方法は，回路図どおりに組み立てることができて，回路を目で追いながら確認できるメリットがあります．また，回路の追加，改造がとても容易なのです．
　製作例とした機器は，再現性と実用性を考えて，交信が可能なものであり比較的シンプルな構成としてあります．そのため，使い勝手があまり良いとはいえないものもあります．裏を返せば，不自由なところをオペレーションによってカバーするという楽しみ方もあります．また，付加回路を追加したりと改造する楽しみも残されています．
　こんな簡単な自作機でも交信ができるという感動を味わってください．そして，いつしか自分だけの自作機に仕上げて多くの方と交信されて，すばらしいハムライフを楽しんでいただきたいと思っています．
　最後になりますが，本書の執筆にあたり，実体配線図や回路図の校正をしていただいた平岩和通氏，多くの助言をいただきました編集部の細野繁樹氏に厚くお礼申し上げます．

2007年夏，筆者

手作りトランシーバ入門

《カラーで見る実体配線図》

第1章　電子工作と電子回路入門 —— 2
- カラー・コードの見方 …… 2
- LM386アンプとツインT発振器 …… 3

第2章　CW送受信機の製作 —— 4
- 30mW, 50mWのQRP送信機 …… 4
- 出力500mWの7MHz 2石CW送信機 …… 6
- 送受切替回路が不要な7MHz CWトランシーバ …… 7
- 50MHz 2石CWトランシーバ …… 8
- 50MHz CW送信機とクリスタル・コンバータ …… 9
- 50MHz→7MHzクリコンを利用したスーパ受信機 …… 10
- 1.9MHz CW受信機 …… 11
- 1.9MHz CW送信機 …… 12
- 21MHz CW QRPトランシーバ …… 13
- 144MHz CWトランシーバ …… 14
- 10MHz CWトランシーバ …… 15

第3章　DSB/SSB送受信機と付加装置の製作 —— 16
- 50MHz DSBトランシーバ …… 16
- 144MHz DSBトランシーバ …… 17
- 14MHz SSBトランシーバ …… 18
- 7MHzトランスバータ …… 19
- 50MHz SSB/CWトランシーバ …… 20
- 28MHz 3石DSBトランシーバ …… 21
- 7MHz 3Wアンプ …… 22

《写真で見る手作り高周波機器》
- 18MHz CWトランシーバ …… 23
- 3.5MHz SSBトランシーバ …… 24

CONTENTS

　序に代えて ………………………………………………………………………… 25

第1章　電子工作と電子回路入門 ——————————————— 29

　1-1　電子部品の知識と使い方 ……………………………………………… 30
　1-2　ランド方式で組み上げる電子回路 …………………………………… 40
　　　　無線機の構成を覚えよう
　1-3　トランシーバの基本回路と自作するコツ …………………………… 49
　　　　自作機でオンエアする前に
　1-4　自作トランシーバで保証認定を受ける ……………………………… 70

第2章　CW送受信機の製作 ——————————————————— 73

　　　　出力30mW，50mW
　2-1　7MHz QRP CW送信機を作る ………………………………………… 74
　　　　2SC2053をファイナルに使った
　2-2　7MHz出力500mWの2石CW送信機を作る ……………………… 79
　　　　送受信切替回路を不要にした
　2-3　7MHz CWトランシーバ ……………………………………………… 84
　　　　とってもシンプル
　2-4　50MHz 2石CWトランシーバ ………………………………………… 91
　　　　周波数構成の考え方
　2-5　50MHz CW送信機とクリスタル・コンバータ …………………… 96
　　　　水晶フィルタ方式
　2-6　50MHz→7MHzクリコンをスーパ受信機にする ……………… 102
　　　　スーパヘテロダイン方式
　2-7　1.9MHz CW受信機を作る …………………………………………… 108
　　　　3W出力を目標にした
　2-8　1.9MHz CW送信機を作る …………………………………………… 114
　　　　アカギ・スタンダード（AS15）
　2-9　本格的な21MHz CW QRPトランシーバ ………………………… 119
　　　　自作機の周波数変更のポイント
　2-10　21MHz機を7MHzトランシーバに変更する …………………… 126
　　　　10mW出力の
　2-11　144MHz CWトランシーバ ………………………………………… 131

　　　　　フル・ブレークイン対応
2-12　10 MHz CW QRP トランシーバ ·· 134
　　　　　送受信でVXOを共用する
2-13　18 MHz CW トランシーバ ·· 141

第3章　DSB/SSB送受信機と付属装置の製作 ──── 147

　　　　　SSB局と交信できる
3-1　50 MHz DSB トランシーバ ·· 148
　　　　　VHF帯のメイン・ストリート
3-2　144 MHz DSB トランシーバ ·· 154
　　　　　水晶フィルタとSBMを自作した
3-3　14 MHz SSB トランシーバ ·· 158
　　　　　14 MHz SSB機と組み合わせる
3-4　7 MHz トランスバータを作る ·· 166
　　　　　本格的な2モード・タイプ
3-5　50 MHz SSB/CW トランシーバ ·· 173
　　　　　送信と受信で回路を共用する
3-6　28 MHz 3石DSB トランシーバ ·· 180
　　　　　500 mWを少しだけパワーアップ
3-7　7 MHz 3Wアンプを作る ··· 184
　　　　　水晶フィルタを送信受信で分けた
3-8　3.5 MHz SSB トランシーバ ··· 188

索引・参考文献 ·· 195
著者略歴 ··· 199

●コラム●
パーツを入手するテクニック ·· 37
電子工作に必要な工具と測定器類 ·· 47
高周波コイルを巻いてみよう ·· 52
TA7358Pをうまく働かせるコツ ··· 61
製作日誌(日記)をつけよう！ ··· 67
RITを追加する ·· 165
周波数構成を変えて50 MHzにする方法 ··· 169

第1章

電子工作と
電子回路入門

電子パーツの知識
工作の知識
回路の知識

電子部品の知識と使い方 1-1

> 無線機器はいろいろな電子部品の組み合わせにより構成されているので，トランジスタをはじめとする多くの電子部品について理解しておく必要があります．そこで，まずどのような電子部品がどのように使われるのか，基本的なことを紹介します．

　本書では，通信販売などを通じて誰でも入手できる電子部品だけを使用して製作例を構成しました．しかし，トランジスタやICなど，回路のメインとなる素子は，種類が多くなるとそろえるのがたいへんです．そこで，できるかぎり汎用素子を使い，扱う種類も少なくしたほうが，製作をしていく上ではさまざまな点で有利になります．

　ここでは，本書に登場する主な電子部品について紹介します．

抵抗器・ボリューム

　抵抗器は，電子回路ではなくてはならない部品です．抵抗の働きは，電流を流れにくくすることによって，設計したとおりに電子回路を動作させたり，抵抗を流れる電流によって生じる電圧降下を利用して，分圧・分流などを行うことができます．

　抵抗器には，素材によって炭素皮膜抵抗，金属皮膜抵抗，ソリッド抵抗，セメント抵抗など，多くの種類があります．本書で紹介している回路では，ごく一部を除き，1/4Wで誤差±5％という一般的な炭素皮膜抵抗を使います．

● 固定抵抗器の値

　抵抗はΩ（オーム）という単位で表されますが，補助単位としてkΩ（キロオーム），MΩ（メガオーム）などがよく使われます．また，その抵抗器の値は図1-1-1に示すように，カラー・コードで本体に表示されています．この色と数値の関係を覚えるには語呂合わせによる方法が便利です．p.2も合わせてご覧ください．

　ところで，回路図で指定されている抵抗値とまったく同じ数値の抵抗器でなければ使うことができないということは，実は少ないのです．例えば，300Ωの抵抗を使うべきところで，270Ωや330Ωの抵抗があるとすれば，ほとんどの場合どちらでも使うことができます．近い数値の抵抗で代用することが可能であるということです．使えないのは，終端抵抗やアッテネータ，バイアス電流設定用など，精密さが要求される場合です．

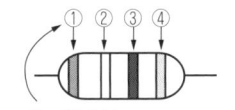

色	数字	語呂合わせによる覚え方	10の乗数③
黒	0	黒い礼服	10^0
茶	1	お茶を一ぱい	10^1
赤	2	赤いニンジン	10^2
だいだい	3	第3の男	10^3
黄	4	岸恵子	10^4
緑	5	みどり子（赤ちゃんのこと）	10^5
青	6	青二才のロクデナシ（人に向かって言ってはいけない）	10^6
紫	7	紫式部がなまって「むらさき7ぶ」	10^7
灰	8	ハイヤー	10^8
白	9	ホワイト・クリスマス	10^9
金	5〔％〕	金五郎さん	10^{-1}

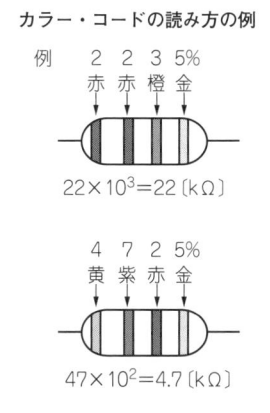

図1-1-1　抵抗のカラー・コード（p.2参照）
抵抗以外にも，RFC（固定インダクタ）にも使われる．色と数値を語呂合わせで覚える方法がお勧め

● **連続して値を変えられるボリューム**

　ボリュームは，連続的に抵抗の値を変えられる可変抵抗器のことを言います．これには，一般にAカーブとBカーブという特性があります．本書ではBカーブのボリュームを多く使っていますが，Aカーブでも問題ありません．受信アッテネータ用としてよく使う2kΩのボリュームは，10kΩでも問題なく使えます．どちらを使ってもよいでしょう．10kΩに統一したほうが，かえって便利かもしれません．

コンデンサ

　コンデンサは，2枚の金属板を狭い間隔で向かい合わせた構造をしています（**図1-1-2**）．直流に対してはこの金属板間に電気を蓄えます（しかし，電流は通さない）が，交流に対しては電流を通過させるという特性があります．2枚の金属板の間に蓄えられる電気の量を静電容量とよび，単位はF（ファラッド）が使われます．ただし，Fの単位のままでは大き過ぎるので，補助単位であるμFやpFが使われます．

　2枚の金属板間に挟む誘電体の種類により，多くの種類のコンデンサが作られています．種類によってそれぞれ特徴がありますが，本書では，高周波特性の良いセラミック・コンデンサと静電容量が大きな電解コンデンサを主に使います．

　コンデンサの容量単位と回路記号を**図1-1-3**に示します．

2枚の金属板を向かい合わせて，電圧を加えると金属板に電気が蓄えられる

金属板の間隔が狭いほど，面積が大きいほど蓄えられる電気の量は，大きい

① セラミック・コンデンサ
② 積層セラミック・コンデンサ

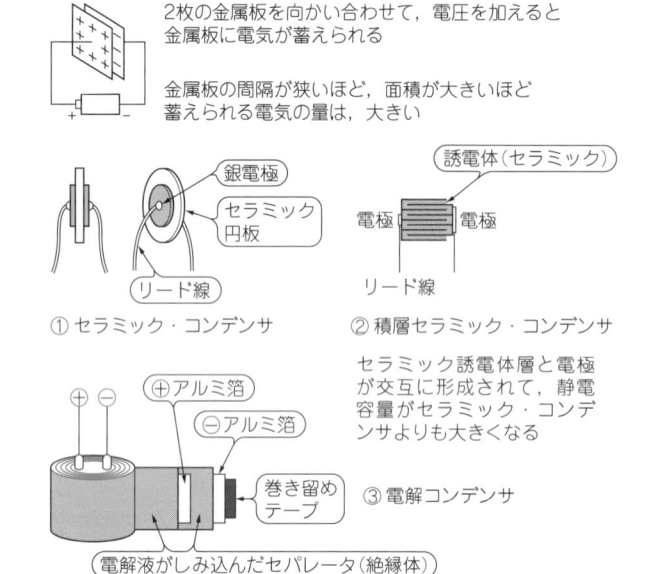

セラミック誘電体層と電極が交互に形成されて，静電容量がセラミック・コンデンサよりも大きくなる

③ 電解コンデンサ

図1-1-2 コンデンサの構造

ファラッド(F)
$1F = 1000000\mu F$
$1\mu F = 1000000 pF$
$1\mu F = 10^{-6} F$
$1 pF = 10^{-12} F$

数pF〜10μFまで．極性なし，セラミック・コンデンサなど

タンタル・コンデンサも同じ．＋−の極性がある．耐圧に注意！

BP NP 耐圧に注意！

① 一般的なコンデンサ
② 電解コンデンサ
③ 無極性の電解コンデンサ

(a) 静電容量の単位
(b) コンデンサの回路図記号

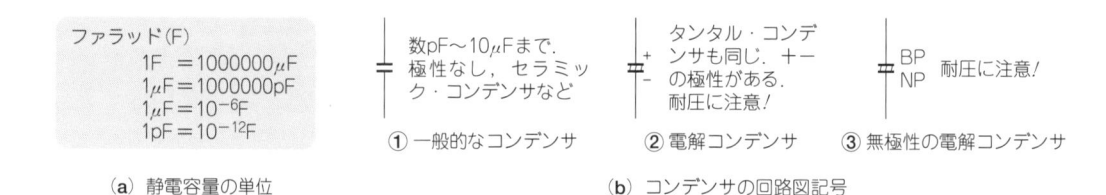

図1-1-3 コンデンサの静電容量の単位と回路図記号

● 容量の表示方法とコンデンサの耐圧

図1-1-4 に，コンデンサの静電容量の読み方を示します．三つの数字で表されるこの表記法は慣れるまではたいへんですが，他の部品でも使われることがあるのでぜひ覚えましょう．

コンデンサには耐圧があり，その耐圧以上の電圧をかけると壊れます．セラミック・コンデンサは一般的には耐圧50Vで，コンデンサに耐圧の表示がされていない場合がほとんどです．一方，電解コンデンサには必ず耐圧の表示があります．

本書で紹介する製作例の電源はすべて12V以下なので，耐圧16V以上の電解コンデンサを使うことができますが，余裕を見て25V以上の耐圧のものを使用すると安心です．なお，電解コンデンサの＋，−の極性を間違えないよう注意してください．

● セラミック・コンデンサの使い方

セラミック・コンデンサは高周波回路によく使用しますが，そのほかに高周波成分が電源の配線などに

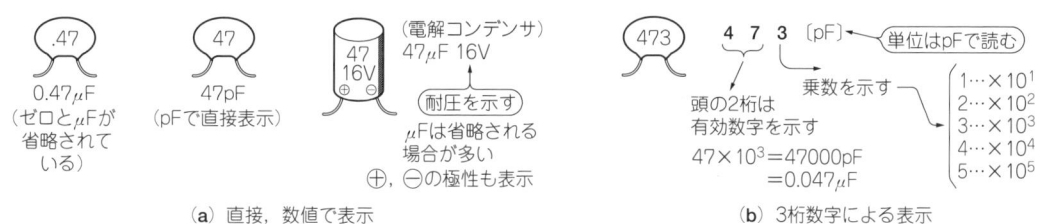

図1-1-4　コンデンサの容量表示

(a) 直接，数値で表示
- .47 → 0.47μF（ゼロとμFが省略されている）
- 47 → 47pF（pFで直接表示）
- （電解コンデンサ）47μF 16V（耐圧を示す，μFは省略される場合が多い，⊕，⊖の極性も表示）

(b) 3桁数字による表示
- 473 → 4 7 3〔pF〕（単位はpFで読む）
- 頭の2桁は有効数字を示す
- 乗数を示す：$1 \cdots \times 10^1$，$2 \cdots \times 10^2$，$3 \cdots \times 10^3$，$4 \cdots \times 10^4$，$5 \cdots \times 10^5$
- $47 \times 10^3 = 47000\,pF = 0.047\,\mu F$

回り込むのを防ぐために入れるバイパス・コンデンサ（パスコン）として0.01μFをよく使います．回路図に記入されていなくても，回路の動作がおかしいときは，電源ラインとグラウンドの間に0.01μFのパスコンを入れると解決することが多いのです．

● 電解コンデンサの使い方

　電解コンデンサは，陽極と陰極にアルミ箔を使用し，その間に電解質をしみこませたシートを挟んで巻いた構造をしています．

　アルミの電極間は絶縁されていますが，中には絶縁状態の悪いものもあるため注意が必要です．特に，直流をカットして，低周波信号のみを通過させたいカップリング・コンデンサとして使う場合は，音質が悪くなったり，絶縁度が下がるためにリーク電流が流れて次段に影響を与えることもあります．筆者は，マイク・アンプの回り込みや，LM386にリーク電流が流れて動作が止まったというトラブルを経験したことがあります．カップリング・コンデンサには，0.1～10μF程度の電解コンデンサが使われますが，動作がおかしいときにはこのコンデンサを疑ってみるということも覚えておいてください．

　また，電解コンデンサは，高周波増幅回路や電力増幅回路などで，大電流が流れる電源回路を安定にするときにも使われます．電源回路のインピーダンスを下げるために，0.01μFのパスコンと並列に10～100μFの電解コンデンサを入れてあるのはそのためです．

● 積層セラミック・コンデンサを使おう

　最近はセラミック・コンデンサにも，容量の大きなものが登場してきました．それが積層セラミック・コンデンサです．インダクタンス成分がなく絶縁性もたいへん良好で，カップリング用としてとても優れています．

　現在では，0.1～1.5μFのものを入手できるようになったので，電解コンデンサの代わりにカップリング・コンデンサとして積層セラミック・コンデンサを使うと，回路の動作の不安がなくなります．

● 可変容量タイプのコンデンサ

　そのほかに，容量を連続的に可変させることができるバリコンやトリマ・コンデンサなどがあります．バリコンや半固定トリマは，周波数を動かすVXO用のコンデンサとして使います．VXO用としては，20pFのFM用ポリ・バリコンがよく使われています．また，局部発振用のVXOには50～120pFの半固

定トリマがよく用いられていて，周波数を合わせた後はその値に固定されます．

コイルとトランス

　コイルには，交流阻止用に使用するチョーク・コイルや並列共振用コイル，ローパス・フィルタ（LPF）用コイル，終段回路のインピーダンス整合用のトランスなどがあります．コイルはインダクタとも呼ばれます．

　部品としては，RFC（チョーク・コイル），FCZコイル（トランス構造），フェライト・コアやトロイダル・コアに巻かれたコイルなどがあります（**写真1-1-1**）．

● RFC（チョーク・コイル）

　RFCの数値の読み方を，**図1-1-5**に示します．RFCには，100μH以下の高周波用から，1〜200mHの低周波用のものがあります．

　本書では主に，VXOコイルの代わりに使ったり，VXOコイルと直列に入れて，全体のインダクタンスを増やすために使います．

● 高周波回路で大活躍するFCZコイル

　FCZコイルは，高周波用の共振コイルとしてなくてはならない重要な部品です．周波数ごとに多くの種類があり，サイズにも数種類あります．自作に向いているのは，一辺が10mmの10SタイプというFCZコイルで，本書の製作例にもたくさん登場します．また，VXO用コイルとしては，FCZコイルのVX2，VX3を使います．なお，VX3はVX2の改良版です．アマチュアの自作ではどちらも同じように使うことができます．

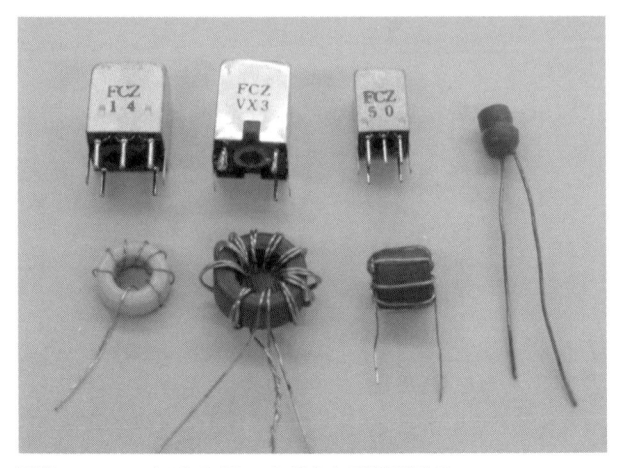

写真1-1-1　コイルやトランスには多くの種類がある

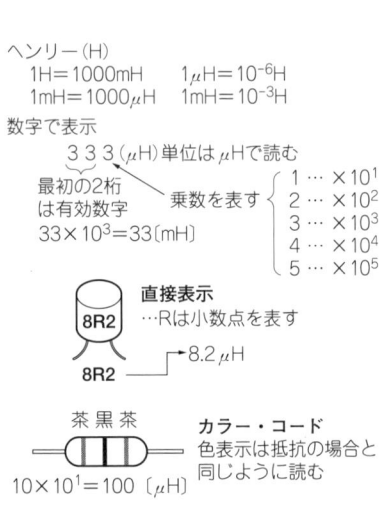

ヘンリー（H）
　$1H = 1000mH$　　$1\mu H = 10^{-6}H$
　$1mH = 1000\mu H$　$1mH = 10^{-3}H$

数字で表示
　３３３（μH）単位はμHで読む
　最初の2桁は有効数字　乗数を表す
　　$1 \cdots \times 10^1$
　　$2 \cdots \times 10^2$
　　$3 \cdots \times 10^3$
　　$4 \cdots \times 10^4$
　　$5 \cdots \times 10^5$
　$33 \times 10^3 = 33$〔mH〕

直接表示
　8R2　…Rは小数点を表す
　→ $8.2\mu H$

カラー・コード
　茶黒茶　色表示は抵抗の場合と同じように読む
　$10 \times 10^1 = 100$〔μH〕

図1-1-5　RFC（チョーク・コイル）のインダクタンス表示

● 広帯域トランス

　終段の整合回路として使われる広帯域トランスは，再現性がよく，自作回路ではよく使われる定番です．広帯域トランスは，フェライト・ビーズFB-801#43に巻いた小電力（1W以下）のものと，FT-50#61に巻いた5W以下の二つを使い分けています．また，トロイダル・コアのT-37#6を使ったものは，ローパス・フィルタ（LPF）用として使います．

　コアに巻く線は，ほとんどの場合，0.2～0.3mmのエナメル線を使っています．巻き線の太さはそれほど気にすることはなく，必要な巻き数を巻ければOKです．なお，リング状のコアに巻く回数は，コアの内側を通した線の数でカウントします．

ダイオード

　ダイオード（**写真1-1-2**）は，**図1-1-6**に示すような回路記号で，矢印の方向にだけ電流を通過させる働きをします．電流が流れる方向を順方向と呼び，順方向に電圧をかけた場合，ダイオードの両端にかかる電位差がどのくらいになったら電流が流れ始めるのかを，順方向電圧V_Fと言います．

　順方向電圧は，シリコン・ダイオード（整流用ダイオードやスイッチング・ダイオードなど）で約0.6V，ショットキー・バリア・ダイオードやゲルマニウム・ダイオードでは0.3V前後になります．

　LEDではV_Fが約1.6V以上もあり，この電圧以上にならないとLEDは点灯しません．また，高輝度LEDではV_Fが3V以上というものもあります．

　本書に登場する主なダイオードを以下に紹介します．1N60以外は，すべてシリコン・ダイオードです．

1N60………ゲルマニウム・ダイオードで，リング検波，SBM，リミッタなどに使う．主に高周波検波用．1N34や1K60などで代用することができる．

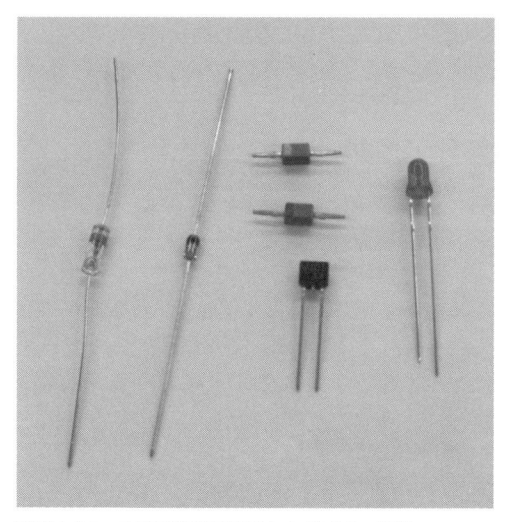

写真1-1-2　本書の製作で使用したダイオード類

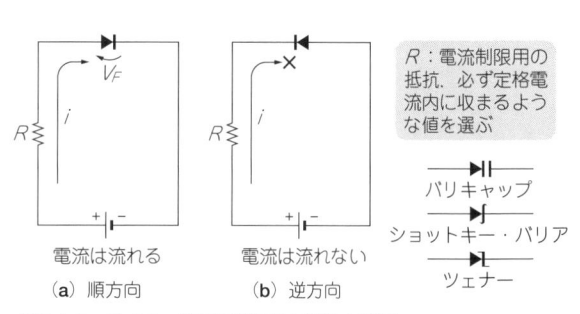

図1-1-6　ダイオードの回路記号と順方向電圧 V_F

R：電流制限用の抵抗．必ず定格電流内に収まるような値を選ぶ

1S2076A………スイッチング・ダイオードで，本書の製作例でも多く使用している．1S1588なども同じように使うことができる．

1SV2208，1SV50など………これらはバリキャップ・ダイオードで，逆方向電圧をかけると小容量のコンデンサと等価になる．逆方向に加える電圧を変えて容量を変化させて，バリコンの代わりとして使うことが多い．

LED……発光ダイオードで，電流を順方向に数mA〜10mA程度流して使う．電源のON/OFFなどの表示用として，または順方向電圧 V_F が一定であることを利用して簡易的な定電圧源としても使われる．

トランジスタとFET

トランジスタやFETは，増幅作用を基本として利用しますが，いろいろな働きをさせるための電子回路の主役的な存在です(写真1-1-3)．バイポーラ・トランジスタとFETの回路記号を図1-1-7に示します．

本書で登場する，主なトランジスタには以下のものがあります．

2SK241GR……小信号高周波増幅，発振器．
2SC1815GR……VXO，発振器，マイク・アンプ，トランジスタ・スイッチ．
2SC2053………500mWクラスのファイナル．
2SC2078………2Wクラスのファイナル(放熱器が必要)．
2SA1015GR……トランジスタ・スイッチ．

写真1-1-3 電子回路の主役，トランジスタ
増幅や発振といった，電子回路・高周波回路にはなくてはならないパーツ

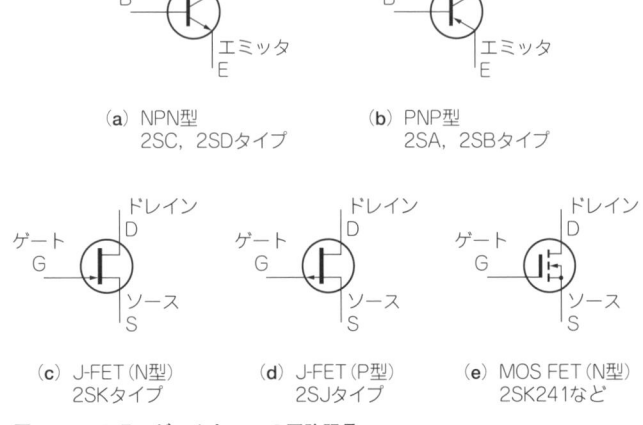

図1-1-7 トランジスタとFETの回路記号

(a) NPN型 2SC, 2SDタイプ
(b) PNP型 2SA, 2SBタイプ
(c) J-FET(N型) 2SKタイプ
(d) J-FET(P型) 2SJタイプ
(e) MOS FET(N型) 2SK241など

IC

　ICの内部では，複雑な電子回路が組み合わさって，一つの働きを実現する回路を構成しています．多くの場合，用途が決まった動作となるので，ICを開発したメーカから推奨回路（標準動作回路）が発表されており，それを元にして回路を組むのが基本です．ピン配置も決められているので，間違いがないように注意してください．本書では，主に次の三つのICを使います（**写真1-1-4**）．ICのピン配置を**図1-1-8**に示します．

Column　パーツを入手するテクニック

　キットを組み立てるのと違い，自分でパーツを集めて行う自作は，独特の楽しさがあります．東京の秋葉原や大阪の日本橋に近い方は，パーツの買い出しという楽しみもあります．しかし，地方ではそういうわけにはいきません．そこで，通信販売を利用することになります．

　インターネットで，電子パーツの通販を行っているショップをたくさん見つけることができます．また，雑誌の広告のページには，パーツの通販をしている販売店が掲載されています．その中でも，高周波に関連する自作をするには，サトー電気，池田電子，秋月電子通商といったショップがとっても便利です．

　サトー電気は，無線機の自作用パーツが豊富にそろっており，ほとんどのパーツをそろえることができます．池田電子は，水晶の種類が豊富です．また，抵抗やセラミック・コンデンサなどもあり，ときには破格の価格のパーツが出ますから見逃せません．秋月電子通商では，すべてがそろうというわけにはいきませんが，扱っているパーツがとても安いのが魅力です．パーツをどこでそろえればよいかも自作のノウハウです．

　本書でよく使うパーツは，まとめ買いで価格が安くなることが多いのです．2SK241GR，2SC1815GR，LM386，TA7358P，78L05，1S2076Aなどは，10〜20個単位で購入すると安くなります．

　よく使う$100\,\Omega$，$300\,\Omega$，$1\,k\Omega$，$4.7\,k\Omega$，$10\,k\Omega$などの抵抗は，100本単位で購入するとよいでしょう．コンデンサは，$0.01\,\mu F$，$0.1\,\mu F$，$1\,\mu F$，$10\,\mu F$，$100\,\mu F$をたくさん使いますから，100本ぐらいをまとめて買うとよいでしょう．

　トランジスタは，高周波用，低周波・スイッチング用に分けて，ストックしておくとよいでしょう．低〜高周波用やスイッチング用として，2SC1815や2SA1015があると，いろんな場面で使えて便利です．本書でも，登場する回数が多いトランジスタなので，ストックしておくと自作が楽しくなります．

●サトー電気（通信販売）
〒210-0001　神奈川県川崎市川崎区本町2-10-11
http://www2.cyberoz.net/city/hirosan/jindex.html

●秋月電子通商 川口通販センター（通信販売）
〒334-0063　埼玉県川口市東本郷252
電話 048-287-6611
http://akizukidenshi.com/

●池田電子（通信販売）
〒194-0012　東京都町田市金森187-20
電話 042-721-8577

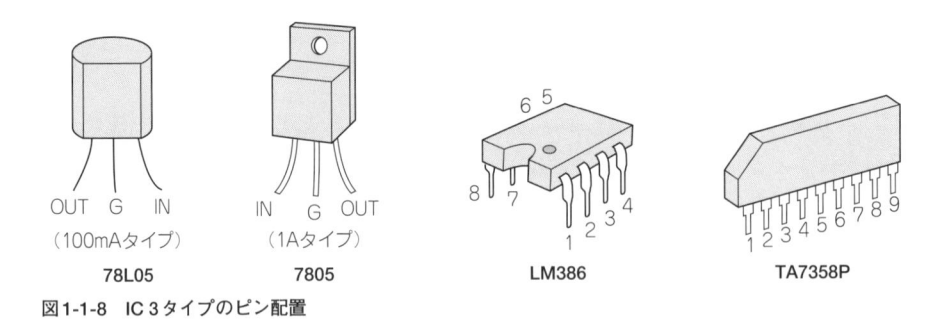

図1-1-8 IC 3タイプのピン配置

写真1-1-4 本書で登場するICは主に三つ

LM386………AF増幅．マイク・アンプや検波後の低周波信号を増幅してスピーカを鳴らす場合などに使う．
TA7358P……送信機の混合回路（ミキサ）で使っているが，受信機にも応用可能．動作電圧が8V以下ということになっているので，基本的に5V動作としている．
78L05………3端子レギュレータ．VXO回路やバリキャップ用の電源を安定させるのに使う．

その他の素子

● 水晶発振子

　水晶はVXO発振やフィルタなど，高周波回路には欠かせない素子です（**写真1-1-5**）．必要とする周波数で発振させるためには，特注で作らなければなりませんが，いろいろな周波数の水晶発振子がとても安価に入手できる場合もあります．安価な水晶をうまく組み合わせて，VXOやフィルタを作ることができます．

写真1-1-5 水晶発振子は電圧を与えると，決まった周波数で発振動作を行う

● リレー

　リレーは，アンテナ回路の切り替えや送受の電源切り替えなどに使います．高周波を切り替えるには同軸リレーを使ったほうが減衰がなくてよいのですが，小さな電力を扱う場合には普通のリレーを使っても問題ありません．ただし，リレーを使った場合，物理的な接点の切り替えになるため，ある程度の時間遅れがついて回ることを，覚えておいてください．

　12Vや5Vでドライブするタイプのリレーが使いやすいでしょう．回路の切り替えができればよいわけですから，入手しやすいものをうまく使ってください．

1-2 ランド方式で組み上げる電子回路

　一般に，電子機器を製作する場合は，プリント基板や穴あき万能基板，FCZ基板などを使って配線する方法がよく知られています．
　しかし，本書で紹介するのは，生プリント基板上に小さく切った基板を貼り付けて，ランド（島）として配線していく方法です．この方法は，チップ貼り付け法とかランド法などと呼ばれています．

　ランド法は，基板上に空中配線をする感覚なので，真空管時代の配線と少し似ています．基板面にすべての配線があるので，回路をひと目で確認することができます．また，はんだ付け個所を簡単に外すことができるので，回路の変更がとても容易である，というメリットもあります．
　また，ランド法は回路図に沿って配線できるので，電子回路を覚えるにはとてもよい方法です．したがって，これから電子回路を覚えたい，無線機器を自由自在に設計製作してみたいという方は，このランド法をマスターしましょう！　本書では，すべてランド法で製作してあります．

ランド基板の作り方

　プリント基板の材料には，ベーク，紙エポキシ，ガラスなどがありますが，どの基板でも同じように製作することができます．そこで，切断しやすさから，ベークか紙エポキシの基板をお勧めします．片面，両面のどちらの基板でも同じように作ることができます．
　基板を切断するにはプラスチック・カッターが便利です．切断するところの両面を4～5回けがき，折り曲げると簡単に切断できます(**図1-2-1**)．
　ランドの作り方は，まず基板を5mm幅の短冊状に切断します．幅が狭いので，ラジオ・ペンチで挟んで折り曲げるとよいでしょう．それをニッパで，ポキポキと約5×5mmの正方形状にします(**写真1-2-1**)．ランドは，基板の必要なところに瞬間接着剤で貼り付けていきます．基板上には，**図1-2-2**のようにはんだ付けしていきます．
　FCZコイルの取り付けは，14MHz以上のコイルは，ケースの上の角の部分をヤスリで磨いてはんだをのせておいてから，基板の必要なところに逆さまにしたコイルのケースをはんだ付けします．VX2(3)や9MHz以下のコイルは，逆さまに取り付けると，コアを調整することができないので，ピン足のところにランドを貼り付けて，通常の向きにして取り付けます(**図1-2-3**)．
　ICは，形状によって，横向きにしたり，背中面に両面テープを使って基板に貼り付けます．逆さまに

①基板の切断(カット)

切断するところに定規をあてPカッターで、表,裏の両面ともに4〜5回けがいて、折り曲げると簡単に折れる

②ランドの作り方

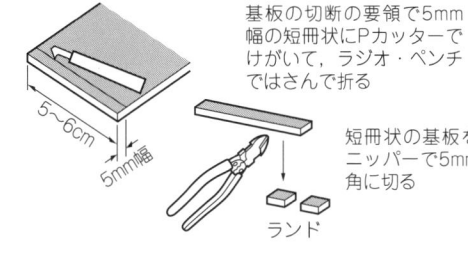

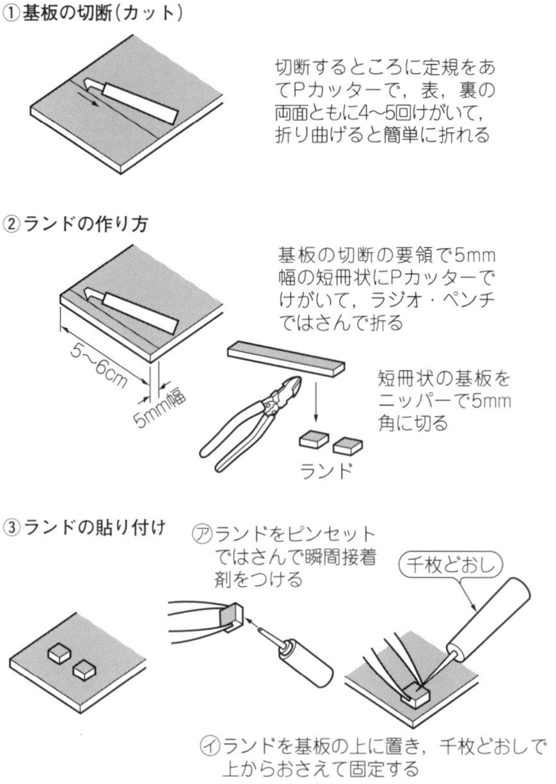

基板の切断の要領で5mm幅の短冊状にPカッターでけがいて、ラジオ・ペンチではさんで折る

短冊状の基板をニッパーで5mm角に切る

ランド

③ランドの貼り付け

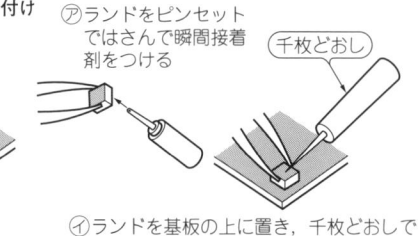

㋐ランドをピンセットではさんで瞬間接着剤をつける

千枚どおし

㋑ランドを基板の上に置き、千枚どおしで上からおさえて固定する

図1-2-1　ランドの作り方

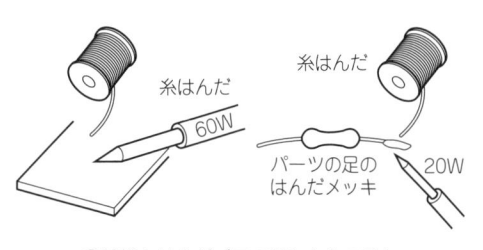

糸はんだ　糸はんだ

60W　パーツの足のはんだメッキ　20W

①基板をはんだゴテで熱したところに糸はんだを流し込む(はんだメッキ)

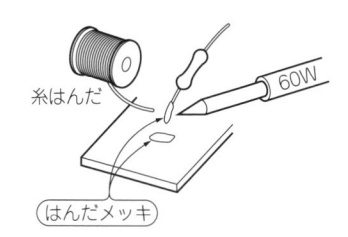

糸はんだ　60W

はんだメッキ

②はんだメッキしたところをはんだゴテではんだを溶かして、パーツを付けて新たにはんだを流しこんで固まるのを待つ

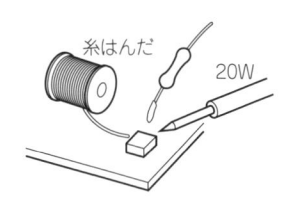

糸はんだ　20W

③ランドにはんだメッキしたパーツの足をあててすばやくはんだ付けする

図1-2-2　ランドへのはんだ付けの仕方

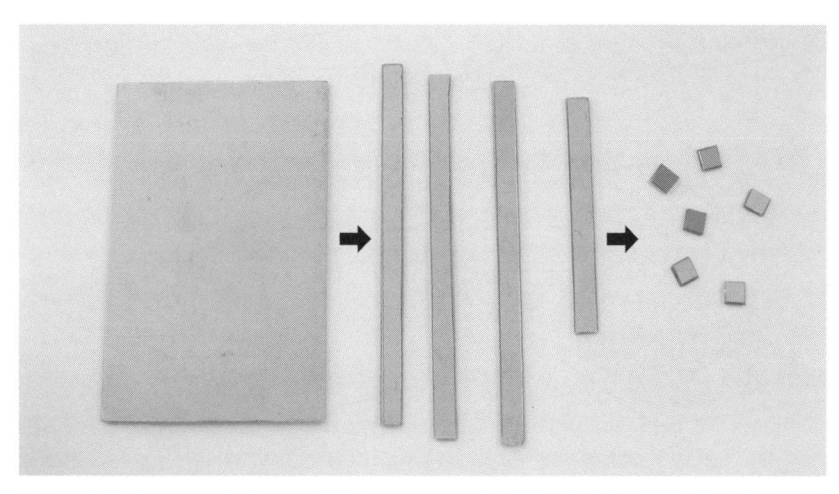

写真1-2-1　左の生基板から中央の5mm幅の基板を切り出し、それを右の5mm角のランドにする

1-2　ランド方式で組み上げる電子回路　41

取り付ける場合，ピン番号は間違えないように十分，注意してください．リレーも同じように，背面に両面テープを貼り付けて，逆さまに取り付けます．大切なのは，配線がしやすいようにパーツを取り付けるということです．

なお，アース面のはんだ付けは60Wのはんだゴテを使います．パーツとランド，パーツ同士のはんだ付けには，20Wのはんだゴテを用います．必要に応じて，2本のはんだゴテを使い分けるということです．

(ア) 逆さまにすると調整できない9MHz以下のVXOコイルはランドを作ってからピンをはんだ付け

(イ) 14MHz以上のコイルは逆さまに基板にはんだ付け

ヤスリでみがきはんだをのせておく

60Wのはんだゴテを使う

(a) FCZコイルの取り付け

LM386
TA7368P
両面テープ
この面に両面テープを付け，基板に貼り付ける

(b) ICの取り付け

両面テープで基板に貼り付ける

(c) リレーの取り付け

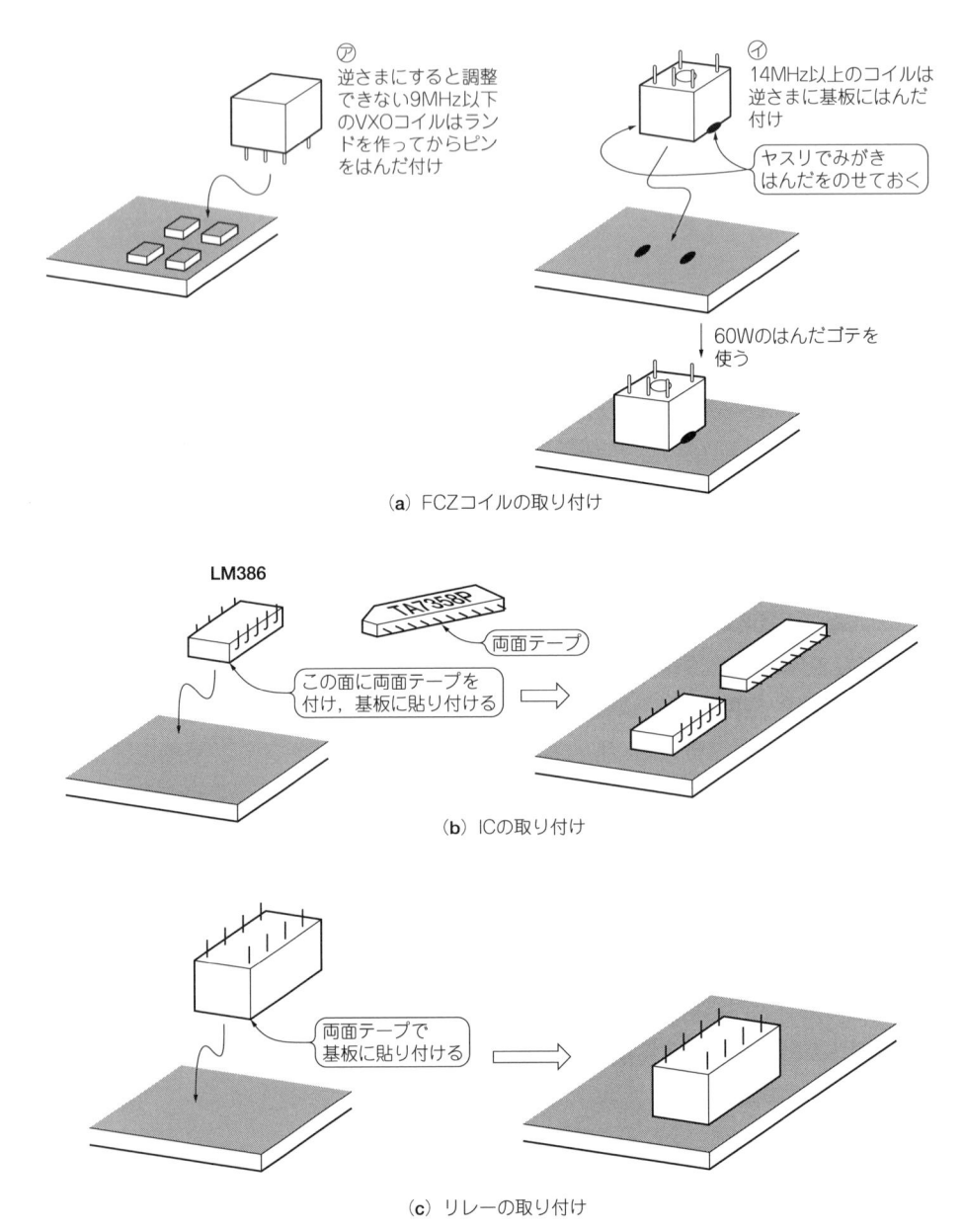

図1-2-3 コイルやIC，リレーのはんだ付けと固定方法

ランド基板を使って作ってみよう！

ランド基板を作る練習として，モールス練習機を作ってみます．**図1-2-4**に，その回路を示します．基板にするのは点線で囲まれた部分で，①LM386アンプ基板と②ツインT発振基板の2枚に分けて作ります．

● LM386でスピーカ・アンプを作る

回路図を元にして，まずパーツをどのように配置するかを考えます．方眼紙やメモ用紙に実際の配置図を描いていくとよいでしょう．回路図からランドの配置図を考えていくのは，とても大切な作業です．

配置図が決まったら，それを必ずメモにして残しておいてください．あとあと，とても参考になります．

最初にメインになるICのLM386を中央に置き，その他のパーツの配置を考えます．LM386は逆さまに基板に貼り付けるので，ピン配置を間違えないようにしてください．

筆者は，**図1-2-5**のように描いてみました．基板の大きさは35×35mmとしましたが，もう少し大きくゆったり作ってもかまいません．LM386の背中に両面テープを貼り付けて，基板の真ん中に配置図と同じピン配置になるように貼り付けます．次に，必要なところにランドを貼り付けていきます（**写真1-2-2**）．4個所のランドなので，すぐ完成すると思います．ランドの位置を間違えて貼り付けたときは，ラジオ・ペンチでランドを挟んで引っ張れば，簡単に取ることが可能です．

さて，次ははんだ付けです．基板面のアース・パターンには60Wのはんだゴテを使います．ICのピン，ランドとパーツのはんだ付けには20Wのはんだゴテを使います．2本の大小のはんだゴテを使い分ける

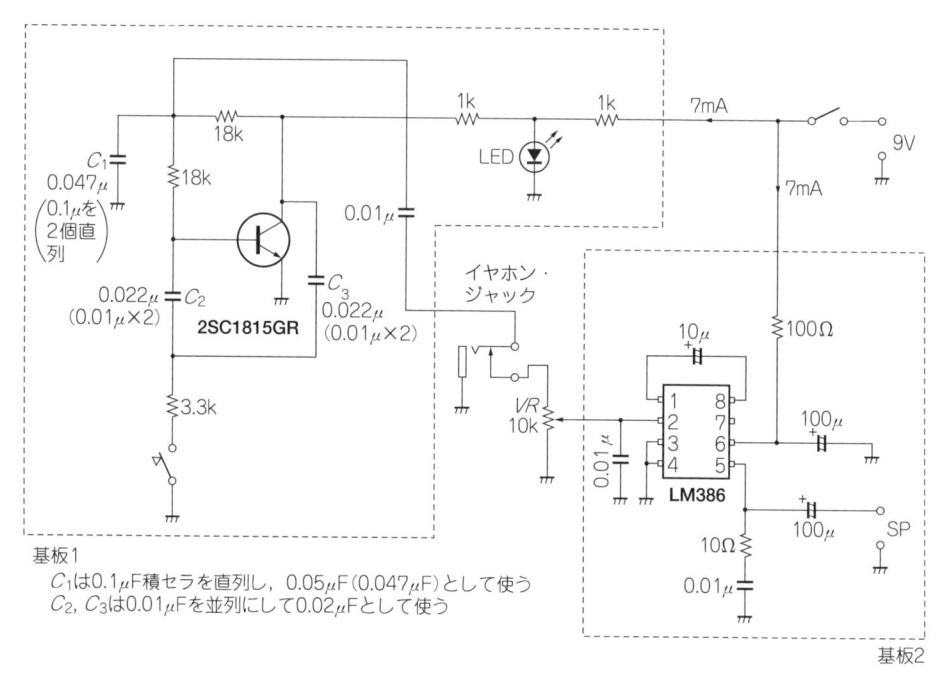

基板1
C_1は0.1μF積セラを直列し，0.05μF(0.047μF)として使う
C_2, C_3は0.01μFを並列にして0.02μFとして使う

基板2

図1-2-4 簡単なモールス練習機の回路

1-2 ランド方式で組み上げる電子回路

のがコツです．

　写真1-2-3ようにはんだ付けが終わったら，回路図を見ながら配線を確認してください．間違いがなければスピーカを付けて，電源に9〜12Vの直流電源をつなぎます．このとき，回路に流れる電流は7mA程度です．必ず，電流を測定してください．2ピンに指を触れてスピーカからブーというハム音が聞こえればOKです．

● ツインT低周波発振回路を作る

　もう1枚の基板，ツインTという低周波正弦波発振器を作ります．

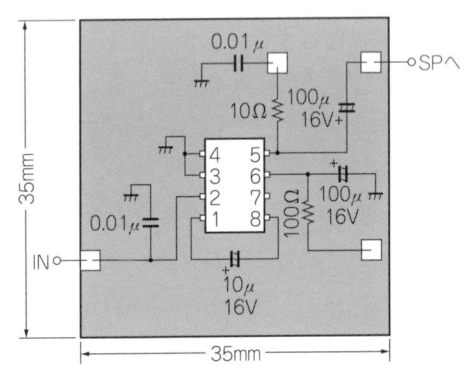

図1-2-5　ランド法で作るモールス練習機の部品配置

写真1-2-2　LM386を基板の真ん中に配置して，空きスペースを利用してランドを貼り付けていく

写真1-2-3　ランドをベースにして，パーツをはんだ付けしていく

電源9Vにつながっている1kΩの後ろのLEDは，LEDの順方向電圧1.7Vを利用して電圧を安定化しています．キーダウンしたとき，約800Hzで発振します．

C_1の0.047μFは，0.1μFの積層セラミック・コンデンサを直列にして0.05μFとしました．また，C_2，C_3は0.01μFのセラミック・コンデンサを2個並列にして，0.02μFとして使います．

配置図は，**図1-2-6**のようになります．基板の大きさは45×35mmです．**写真1-2-4**のように4個のランドを瞬間接着剤で貼り付けて，パーツをはんだ付けします（**写真1-2-5**）．キー接続部をアースしたときの消費電流は7mAです．

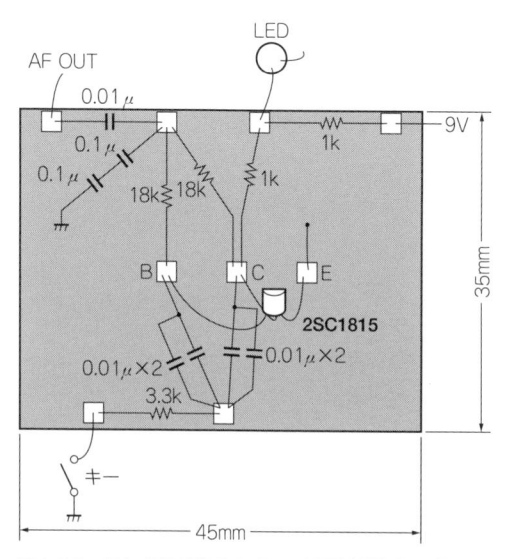

図1-2-6 ランド法で作るツインT低周波発振器の部品配置

写真1-2-4 おおまかにスペース配分を考えて，ランドを貼り付けていく

写真1-2-5 完成したツインT発振器

1-2 ランド方式で組み上げる電子回路

● 基板をケースに入れる

　p.3の実体配線図のように，100円ショップで売られていたポケット・ティッシュのケースに組み込んでみました(**写真1-2-6**)．基板は，両面テープでケースに貼り付けます．2枚の基板の−側の接続を忘れないでください．なお，LM386の入力部は，イヤホン・ジャックで発振部を切り離せるようにして，スピーカ・アンプとしても使えるようにしてみました．

　電信の免許がない方や，免許はあるけれども電信術がだめという方は，ぜひこの機会にモールス信号を覚えてください．電信ができると，電話（フォーン）とはひと味違ったアマチュア無線の世界が開けます．

　CWは比較的シンプルなリグでも交信しやすいため，自作した無線機で思いきり運用を楽しむことができます．また，次に紹介するCWモニタ回路を付加すると，送信機のCWモニタとしても使うことが可能です．モールス練習機でCWの特訓をしたり，自作送信機のモニタとして大活躍すること間違いなしです．また，スピーカ・アンプとしても使えるので，自作の途中でいろいろなテストをすることができます．

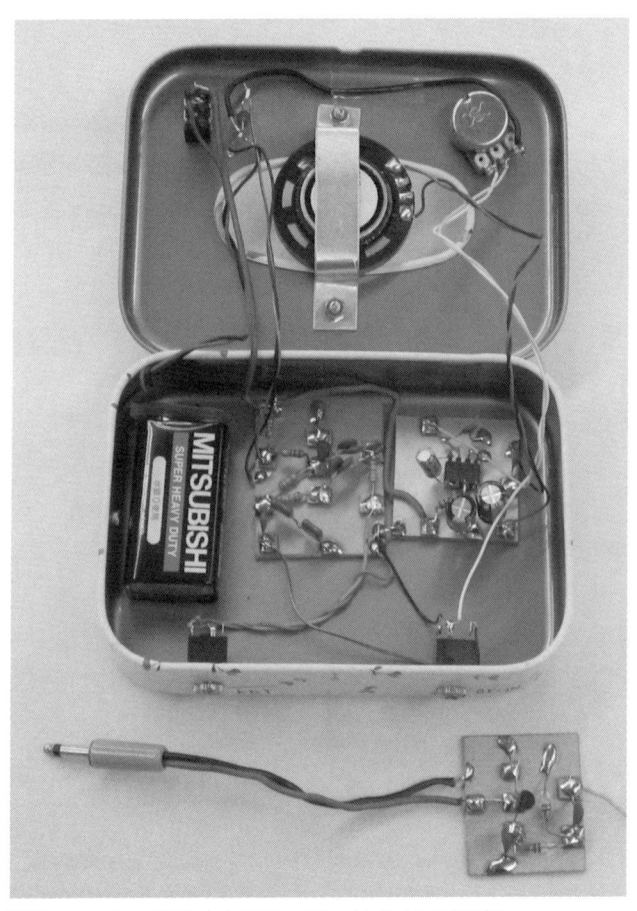

写真1-2-6　ケースに入れたLM386アンプとツインT発振器

CW送信モニタ基板を作る

モールス練習機を利用した，CW送信機のオンエア・モニタの回路図を**図1-2-7**に示します．

高周波信号を1N60で検波し，その出力によりベース電流が流れて，2SC1815GRのコレクタ-エミッタ間がオンになることを利用した高周波検出回路です．2SC1815GRのコレクタをモールス練習機のキー・

Column　電子工作に必要な工具と測定器類

● 工具について

製作に必要な工具は，はんだゴテ，ラジオ・ペンチ，ニッパ，ドライバー，ピンセット，カッター（Pカッター），ドリル，リーマ，ヤスリなど，一般的な電子工作に必要な道具があればよいでしょう．はんだゴテは，20Wと60Wの二つを必ず用意してください．

● 測定器について

本書で紹介する機器を作るにあたって，筆者が普段使っている測定器は，アナログ・テスタ（電流測定など），デジタル・テスタ，周波数カウンタ，RFプローブ，QRPパワー計（FCZ研究所）などです．それから，受信モニタとして活躍しているのが，短波放送用のBCL受信機です．もちろん，HFのトランシーバや受信機でもOKです．

オシロスコープやスペアナなどがなくても，テスタに自作した測定器類を加えることで，立派に機器の製作に役立てることができます．VXOの発振周波数や送信周波数を確認するには，周波数カウンタがあると便利です．もし，お持ちでない場合は，デジタル・テスタで周波数測定ができるものを利用する方法もあります．

筆者は，P16（秋月電子通商）というテスタを使っています．10kHzまでの単位しか読めませんが，60MHzの信号を測定可能なので，おおよその目安になります．周波数カウンタをお持ちでない方にお勧めします．ただし，キャリア・ポイントの調整には使えないので，トランシーバを使ってモニタしたり，実際の信号を受信しながら調整します．アマチュア精神を発揮して，ないものは作ったり，工夫したりして解決しましょう！

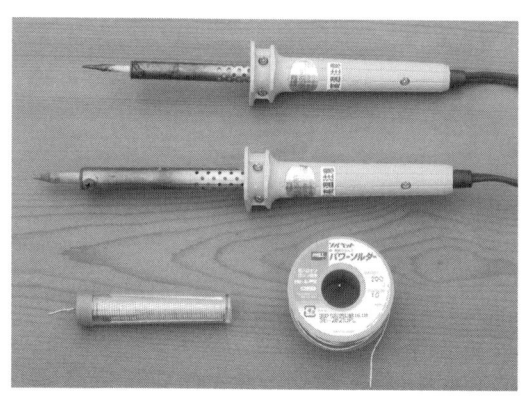

写真1-A　はんだゴテは60Wと20Wの二つをそろえよう

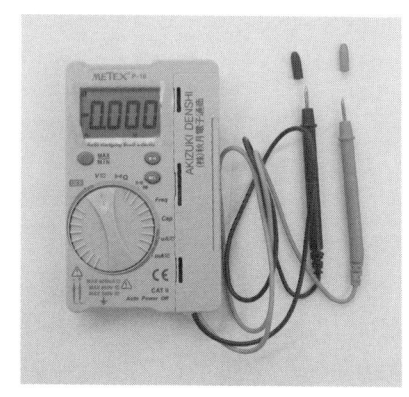

写真1-B　周波数カウンタ機能を持つ，P16は持っていて損のないマルチ・テスタ

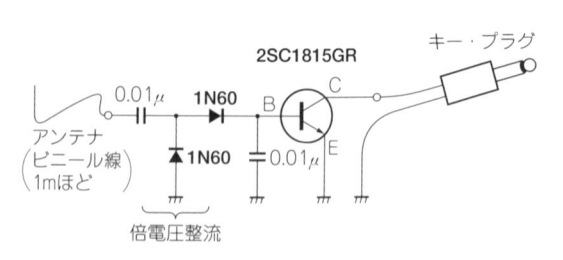

図1-2-7 CW送信機のモールスを聞くオンエア・モニタの回路
CW符号が乗った高周波を検波して,トランジスタのコレクタ-エミッタ間から出力を得る回路.電波を検知すると,コレクタ-エミッタ間が導通する

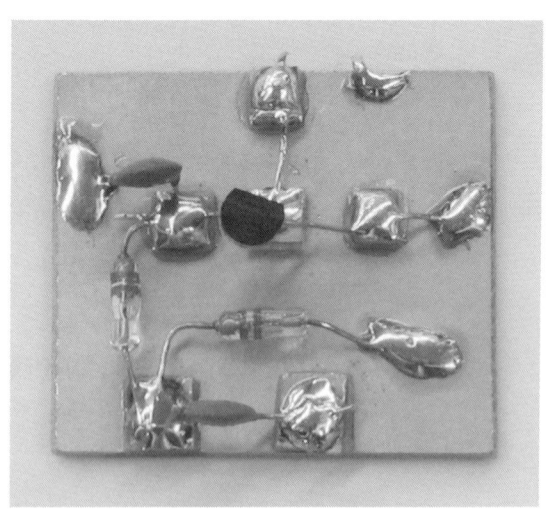

写真1-2-7 完成したオンエア・モニタ基板

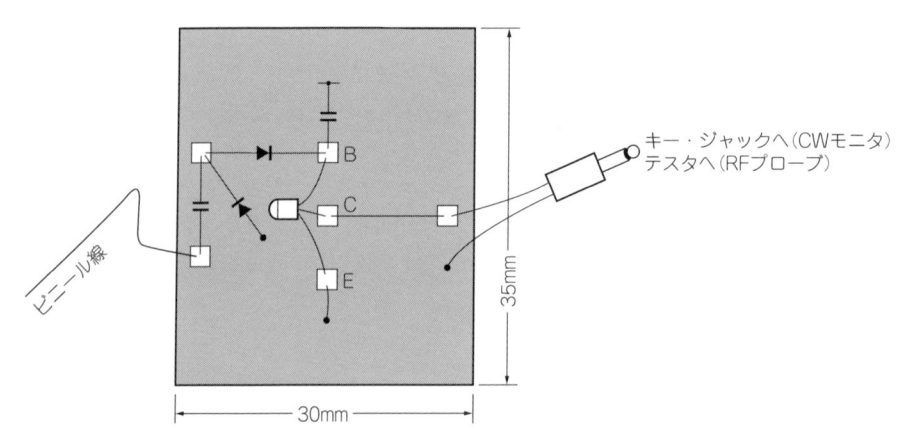

図1-2-8 オンエア・モニタの部品配置

ジャックにつなぐと,自局の送信機から発せられたCW信号が,モールス練習機から聞こえてきます.1mくらいのビニール線を,送信機の同軸ケーブルに巻き付けるようにして使います.**図1-2-8**に配置図を,でき上がりのようすを**写真1-2-7**に示します.

この回路は,出力の行き先をモールス練習機のキー・ジャックではなく,テスタ(抵抗測定レンジ)とすれば,発振の強さがΩとして表示されます.RFプローブとしても使えるというとても便利な回路です.

48　第1章　電子工作と電子回路入門

1-3 無線機の構成を覚えよう
トランシーバの基本回路と自作するコツ

> アマチュア無線で使われている送信機や受信機は，無線従事者の資格を取るために勉強した，無線工学に出てきた電子回路を組み合わせることによりできています．
> 電子回路の基本は増幅であり，その変形として発振回路や混合（検波）回路があると考えることができます．主なものは，高周波増幅回路，混合回路，発振回路，低周波増幅回路などです．それらはさらに細かく分かれますが，回路の一つひとつは，既出の回路だったり変形だったりするものです．

　図1-3-1は，7MHz CWトランシーバの構成例です．受信部では，高周波増幅，周波数変換（混合），水晶フィルタ，中間周波増幅，局部発振，検波，低周波増幅と続きます．また，送信部は，受信部と共有するVXOに局部発振回路を混合し，周波数変換して7MHzの信号を取り出します．その後は，高周波増幅（エキサイタ），電力増幅（ファイナル），ローパス・フィルタ（LPF）となります．このように，トランシーバは個々の電子回路を組み合わせてできていることがわかるでしょう．

　筆者は，過去に雑誌などで発表されてきた回路を検討した結果，シンプルで再現性の良い回路を基本回路としてまとめました．これから紹介する基本回路をしっかり覚えて活用すれば，無理なく無線機の自作ができるようになります．それでは，回路を見ていきましょう．

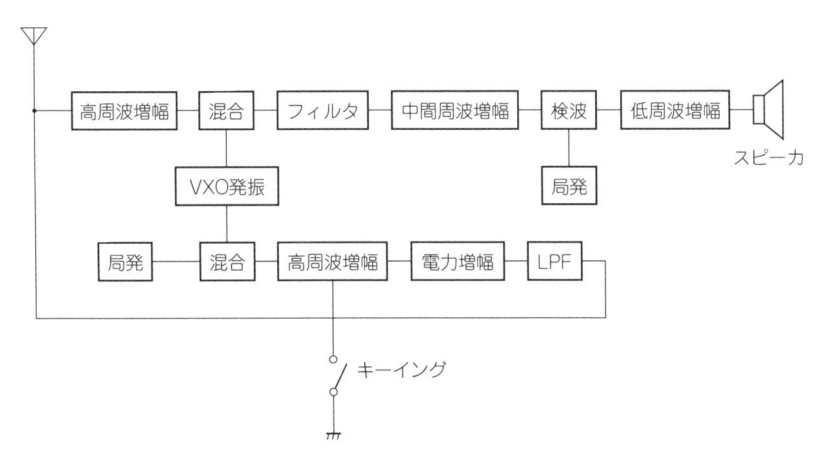

図1-3-1　7MHz CWトランシーバの構成例

発振回路（VXO回路）

　発振回路は，受信機の周波数変換や検波，また送信機の発振，周波数変換になくてはならない回路です．目的とする周波数を，いかに安定して純度の高い信号（VXOの場合，必要な周波数幅も）として確保するか，ということが大切になります．

　発振回路には，水晶発振回路やLCによるVFO発振回路などがあります．さらには，高度な技術になりますが，PLLやDDSといった高安定かつ広範囲の周波数を簡単に実現できるものまであります．ここでは，水晶発振を基本にしたVXO回路を覚えることにします．

　われわれが実際に交信するときは，いつも同じような周波数帯で運用する場合がほとんどですから，運用に必要な周波数幅を確保できれば，なんら差し支えありません．狭い範囲の周波数可変幅ですが，安定に発振させるVXO回路はもってこいです．

● 2SC1815によるVXO回路（基本回路①）

　図1-3-2に，2SC1815を使ったVXO回路を示します（**写真1-3-1**）．VXOは，水晶にコイルとバリコンを直列に入れて，水晶の見かけ上の直列共振周波数を変化させて，本来は周波数が動かないはずの水晶発振をうまく動くようにしたものです．

　周波数の変化幅は，コンデンサCとコイルLに適切な値を選ぶことにより，水晶表示周波数の約0.5％ほどを安定して動かすことができます．

　一般的にはコイルを固定として，バリコンによって周波数を変化させます．バリコンの容量としては，20～200pFとかなり幅がありますが，通常は20pF程度のポリ・バリコンがよく使われています．しかし，最近ではこのバリコンを入手することが難しくなってきました．

　多少，周波数の直線性は悪くなりますが，代わりにAM用の200pF＋70pFなど，親子バリコンの小容量側を使うこともできます．バリコンの容量の大きいものに20～50pF程度のコンデンサを直列に入れて，全体の容量を20～30pFとして使うこともできます．また，バリコンの代わりにバリキャップ・ダイオードを使うこともできます．

　バリコンはケースのパネル面に取り付けることが多いため，VXO基板の配置が決められてしまいますが，バリキャップはボリュームで与える逆方向電圧によってコントロールするため，基板の配置を自由にできるという特徴があります．当然，バリキャップにかかる逆方向電圧は安定化されていなくてはいけません．また，容量比を稼げないので，最小容量をあまり小さくできないため，周波数の変化幅はバリコンよりも狭くなります．

　VXOによる発振は水晶発振子の動作としては，基本波発振になります．水晶に表示してある周波数はおよそ20MHz以下のものは基本波発振で，それ以上の周波数になると3rdオーバートーン表示になります．その場合，表示されている周波数の$\frac{1}{3}$の周波数が基本波発振となりますが，実際はそれからさらに数kHz下で発振します．

　VXOは周波数の高いほうが安定して発振しやすく，7MHz以上が実用的です．うまく動くかどうかは，

図1-3-2 の回路図

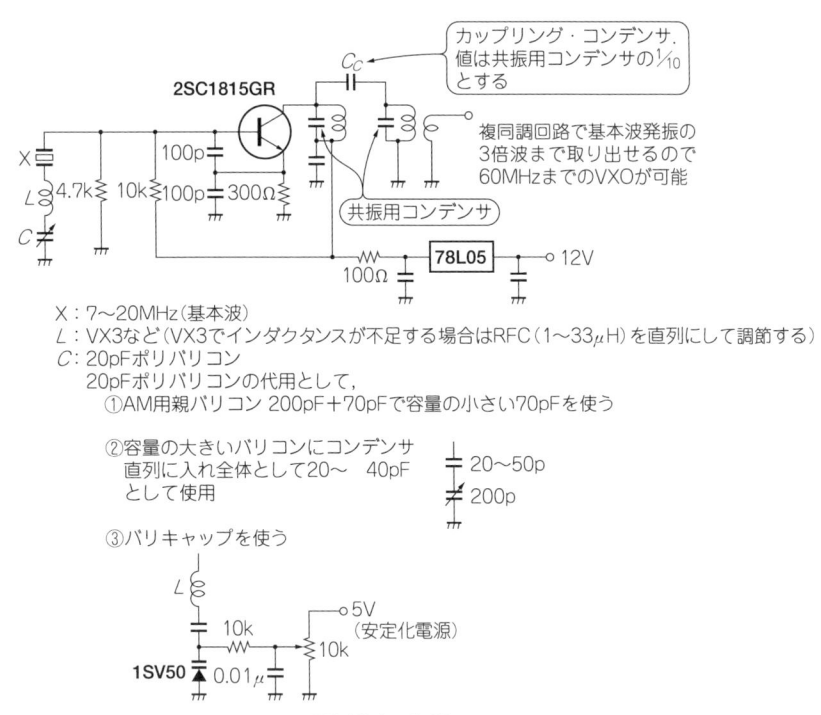

- カップリング・コンデンサ. 値は共振用コンデンサの1/10とする
- 2SC1815GR
- 複同調回路で基本波発振の3倍波まで取り出せるので60MHzまでのVXOが可能
- 共振用コンデンサ
- 78L05
- 12V

X：7〜20MHz（基本波）
L：VX3など（VX3でインダクタンスが不足する場合はRFC（1〜33μH）を直列にして調節する）
C：20pFポリバリコン
　20pFポリバリコンの代用として，
　①AM用親バリコン 200pF＋70pFで容量の小さい70pFを使う
　②容量の大きいバリコンにコンデンサ直列に入れ全体として20〜40pFとして使用　20〜50p / 200p
　③バリキャップを使う
　1SV50　0.01μ　10k　10k　5V（安定化電源）

図1-3-2　2SC1815GRによるVXO回路（基本回路①）

写真1-3-1　2SC1815を使ったVXO基板（実寸：35×70mm）

VXOコイルのインダクタンスによる場合がほとんどです．動かないときは，インダクタンスを大きくすると，うまく動くことが多いようです．

また，水晶と並列に1〜15pF程度のコンデンサを入れることで動きやすくなる場合があります．あまり動かしすぎると，安定性に問題が出てくるので注意が必要です．VXO発振回路は水晶発振子の固体差

Column 高周波コイルを巻いてみよう

　トランシーバなどの複雑な回路になると，高周波コイル（FCZコイル）もたくさん使うことになります．1個の価格はたいしたことがなくても，数が多くなると出費がかさみます．できれば安く上げたいところです．そこで，自分で高周波コイルを巻いてみましょう．

　サトー電気では，FCZコイルと同じようなコイル・ボビン（ケース＋ボビン＋つぼねじコア）が販売しています．これに0.1mmのウレタン線を巻いて，高周波コイルを作ることができます．

　巻き方は次のようにします．最初に，巻き数の多い方の同調側のコイルを溝にあわせて平均になるように巻きます．その上にリンク・コイル（2次側）を同調側の巻き数の$\frac{1}{4}$〜$\frac{1}{3}$程度巻きます．図は，筆者がジャンクのボビンを利用したときの，巻き数データです．ツボ・コアの種類（材質など）によって，インダクタンスが異なるので，あくまで参考程度です．巻いた後，ディップメータを使って，共振周波数を確認しておきます．

　一度，自分が使うボビンの巻き数と周波数を求めておくと，必要なものを簡単に作ることができます．細かい作業なので慣れるまで大変かもしれませんが，コイルを巻く作業はとても楽しいものです．コイルを自分で巻いてみると，自作が一味違ったものになります．

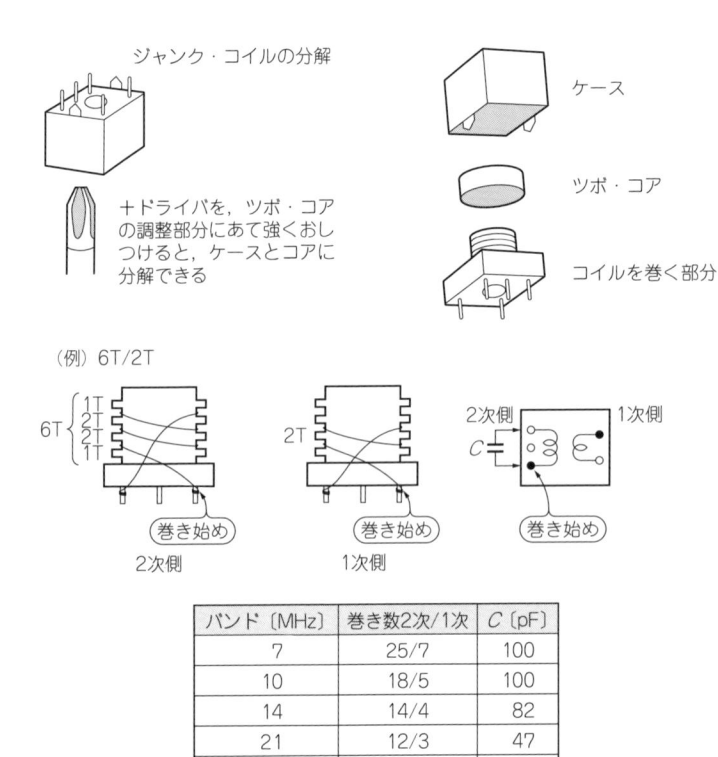

バンド〔MHz〕	巻き数2次/1次	C〔pF〕
7	25/7	100
10	18/5	100
14	14/4	82
21	12/3	47
50	6/2	15
144	3/1	7

※10Kタイプ・ボビンのコイル・データ（参考）

図1-A　自作コイルの巻き方

によって，同じ定数でもうまくいかないこともしばしばあります．いかに発振させるか，ここが腕の見せどころです．

　高周波コイルには，FCZコイルを使います．FCZコイルのカタログを調べて，必要なコイルとコンデンサを組み合わせることにより，基本波発振のほかに2倍，3倍波を複同調という方法により取り出すこともできます．したがって，基本波発振は20 MHzくらいまでと考えると，1石でおよそ60 MHzまでの周波数のVXOにすることが可能になります．

　出力コイルは，スプリアスを抑えるために並列共振による複同調回路が使われることがあります．複同調コイルのカップリング・コンデンサ C_C は，コイルの1次側に抱かせる共振コンデンサの1/10程度以下にします．出力コイルを複同調にすることでバッファ(緩衝器)的に働き，VXO回路が次段の影響を受けにくくなります．

　なお，電源電圧の変動が周波数安定度に影響するので，供給電圧は3端子レギュレータを使って安定化します．なお，レギュレータIC(5V)後ろの100Ωは，電源からの回り込みを避けるデカップリング用です．

● 2SC1815を使った局発(Lo)用VXO回路(基本回路②)

　図1-3-3は，局部発振用のVXO回路です(写真1-3-2)．コイル L は固定インダクタとして，コンデンサ C には半固定抵抗トリマを用います．周波数変化幅もフィルタのキャリア・ポイントとなるため，水晶の表示から，ほんのちょっと動かせればよいわけです．L はおよそ5～30 μH，トリマは50～100 pFが使いやすいでしょう．水晶の周波数が低いと L, C の値は大きく，高くなるほど小さくなります．

　図1-3-3内にある値でキャリア・ポイントがうまく合わないときは，まず，L のインダクタンスを交換しながら，トリマを調整して，目的の周波数に追い込みます．バイアス回路は自己バイアスとし，出力はエミッタから取り出します(エミッタ・フォロア)．電源の5Vを3端子レギュレータから供給することは，VXOの場合と同様です．

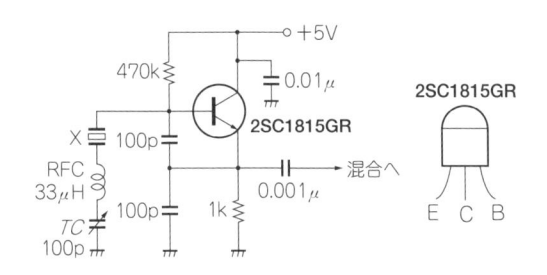

図1-3-3　2SC1815GRによる局発(Lo)用VXO回路(基本回路②)

写真1-3-2　2SC1815を使った局発用VXO基板
(実寸：30×35 mm)

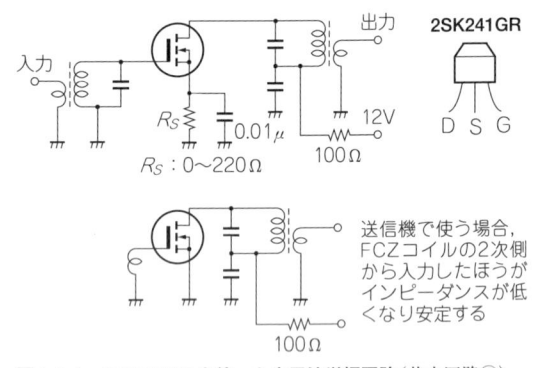

図1-3-4　2SK241GRを使った高周波増幅回路(基本回路③)

写真1-3-3　2SK241による高周波増幅基板(実寸：35×45mm)

高周波増幅回路

高周波増幅には，受信機では高周波増幅，中間周波増幅があり，送信機では小信号増幅，励振増幅，電力増幅などに分けられます．ここでは小信号増幅，励振増幅，ファイナルに分けて，2SK241，2SC2053，2SC2078などを使う回路を紹介します．

● 2SK241の高周波増幅回路(基本回路③)

図1-3-4に示す回路は，よく知られている高周波増幅回路です(写真1-3-3)．FETのゲートの入力インピーダンスが高く，並列共振回路ととても相性が良い回路です．

ソース抵抗R_SによりV_{GS}を設定して，ゲイン・コントロールをすることができます．これは1.9～144MHzまでの受信機の高周波増幅，中間周波増幅および送信機での30mW程度以下の増幅にも使用可能です．電源に入った100Ωは，VXO回路と同じようにデカップリング用として，異常発振や回り込みを避けて，回路の安定動作のために入れてあります．

● 2SC2053の電力増幅(基本回路④)

図1-3-5に回路を示します．2SC2053を使った広帯域増幅で，1.9～50MHzまでの100～500mWクラスの電力増幅などに便利な回路です(写真1-3-4)．目的の周波数で，きっちりインピーダンス・マッチングを取る狭帯域アンプよりはゲインが少なくなりますが，発振しにくくて扱いやすく，再現性がよくなります．なお，ベース-コレクタ間に入れた2kΩを取り除くとC級アンプとなり，CW専用になります．

● 2SC2078を使う電力増幅(基本回路⑤)

自作が比較的容易にできる電力は5W程度までで，2SC1971，2SC2078，2SC2166などのトランジスタがよく使われています．

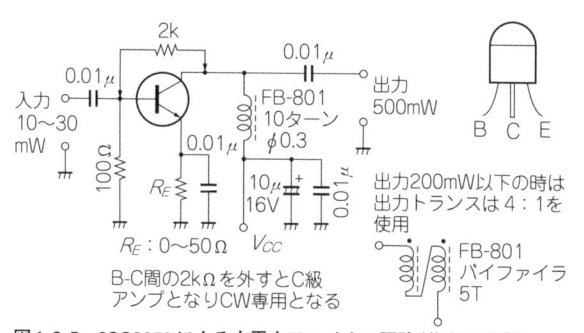

図1-3-5　2SC2053による小電力ファイナル回路（基本回路④）

写真1-3-4　2SC2053を使った1.9〜50MHz電力増幅基板
（実寸：35×40mm）

　アマチュアが使うには，パーツ価格が安いほうが良いのはいうまでもありません．2SC1971は，エミッタが放熱フィンになっていて，アルミ・ケースにじかに取り付けすることが可能で便利でしたが，入手が難しくなってきたのが残念です．

　筆者も，その代わりになるトランジスタを探してみましたが，放熱が容易なタイプはありません．そこで，価格の安い2SC2078というCB用のトランジスタを使うことにします．CB用といっても，効率は多少落ちますが，50MHzでも使うことができます．

　図1-3-6を見てください．2SC2078を使った広帯域C級ファイナルです（写真1-3-5）．CWのファイナルは回路が簡単になり，おまけに便利です．しかし，C級増幅では波形が歪むため，SSB信号の増幅をすることはできません．バイアスをA級あるいはAB級動作に設定する必要があります．

　図1-3-7を見てください．これは，1.9〜50MHzの広帯域ファイナルです．バイアスの取り方により，A級あるいはAB級動作となりますが，小電力のSSB用としてはバイアス電流を少し流すようにして，動作点をAB級として効率を上げています．

　AB級の動作点の設定は，正確ではありませんが，アマチュア的には以下のような方法があります．まず，マイクに向かって変調をかけながらVRをゆっくり回し，コレクタ電流I_Cを測りながら，I_Cが増加していくのを確認します．そして，モニタ音が歪まないところにVRを設定すればOKです．これで，およそI_Cが30〜50mA程度になります．

　なお，バイアス回路の1S2076Aは，熱暴走を防ぐためにトランジスタのケースにくっつけて，熱的に結合させます．また，パワーが出ないときは，ベース抵抗の10Ωを小さくするか，取り外します．放熱器の取り付けは，トランジスタのベースB，コレクタC，エミッタEの三つのピンで固定されているだけなので，放熱器の下の隙間に片面のプリント基板のベーク面を上にして，両面テープで貼り付けて放熱器の固定と絶縁をします．

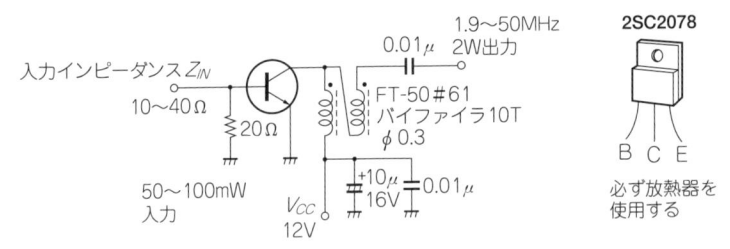

図1-3-6　2SC2078によるC級ファイナル（基本回路⑤）

(a) AB級増幅のファイナル基板

(b) ダイオードをトランジスタに接触させる

写真1-3-5　2SC2078を使った広帯域ファイナル基板（実寸：50×70mm）

1S2076Aはトランジスタに接触させておく．トランジスタの温度が上昇すると同時に1S2076Aの温度も上昇して，順方向電圧が下がり，バイアスが安定する（ファイナルの熱暴走を防ぐ）

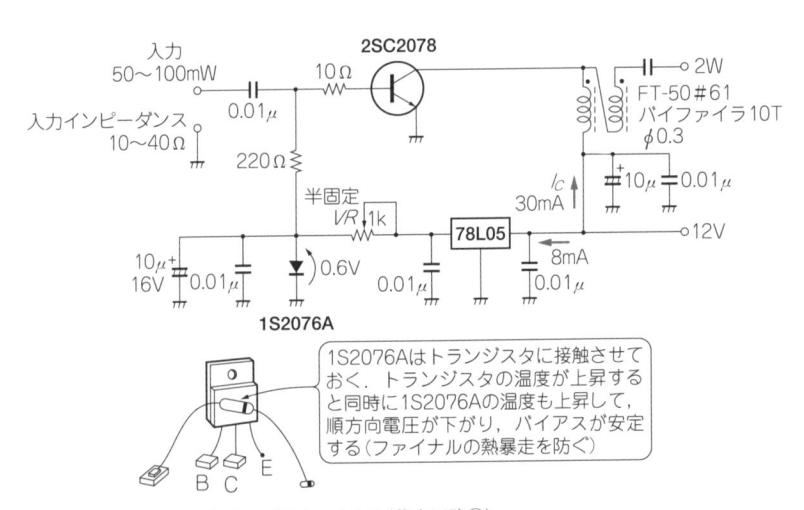

図1-3-7　2SC2078によるAB級ファイナル（基本回路⑤）

混合(ミキサ)，周波数変換，検波，変調

混合回路や周波数変換回路は，入力周波数に対して，発振回路で発振させた信号を注入して，出力に別の周波数に変換する回路です．検波は，高周波信号に発振信号を加えて，音声信号に変換するものです．その反対に，音声信号と発振信号を混合して，変調波として取り出すのが変調回路です．それぞれの回路について説明します．

● 2SK241の混合・周波数変換(基本回路⑥)

図1-3-8に回路を示します．この図のRF増幅回路を基本としていますが，ドレイン電流I_Dが0.2mA程度になるようにR_Sを設定し，ソースに局発信号f_{LO}を注入すると，$f_{IN} \pm f_{LO}$の周波数成分が2SK241のドレインに出力されます．そこで，LC共振回路により変換された出力信号f_{OUT}を取り出します．受信機の混合器として使いやすい回路です(写真1-3-6)．

なお，FCZコイルの2次側のリンク・コイルから入力します．並列共振から入力するよりもインピーダンスが低くなり，動作が安定するためです．電源回路に入っている100Ωは，デカップリング用です．

● 2SK241による検波(基本回路⑦)

入力周波数f_{IN}に対して，音声信号分だけ離れた信号f_{LO}を注入して出力付加を抵抗とし，直流カット用のコンデンサを入れます．すると，出力に低周波信号f_{OUT}が現れます．これが検波によって，目的の信号を取り出すという動作になります．

周波数変換との違いは，f_{LO}の入力信号に対する周波数差と出力負荷が，共振回路であるのか抵抗結合であるのかどうかです．図1-3-9にその回路を示します(写真1-3-7)．受信機の検波回路に使います．

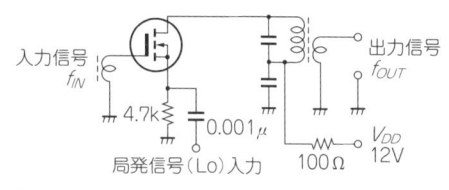

図1-3-8 2SK241GRによる混合(ミキサ)回路(基本回路⑥)

写真1-3-6 2SK241を使った周波数変換・混合基板
(実寸：35×35mm)

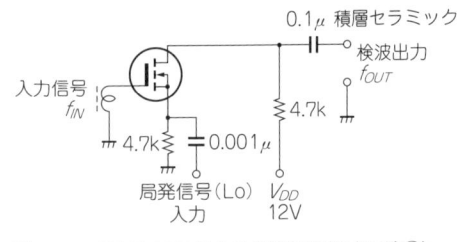

図1-3-9 2SK241GRによる検波回路(基本回路⑦)

写真1-3-7 2SK241による検波基板(実寸：35×35mm)

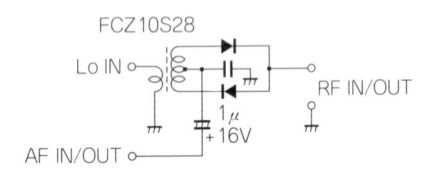

図1-3-10 SBMによる検波・変調回路(基本回路⑧)

写真1-3-8 1N60を使ったSBM基板
(実寸：35×30mm)

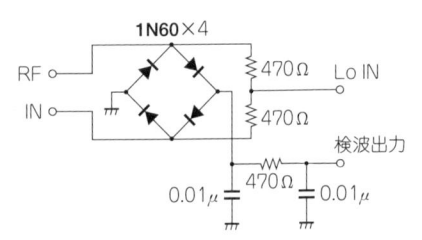

図1-3-11 1N60を使ったリング検波回路(基本回路⑨)

● 1N60を使うSBM(基本回路⑧)とリング検波(基本回路⑨)

　図1-3-10は，シングル・バランスト・ミキサ(SBM)です(写真1-3-8)．SBMは，IN/OUTはAF信号が可逆的に働き，変調と検波に使うことができます．この場合，FCZ10S28をトランスとして使うことができます．

　SBMがダイオードを2個使うのに対して，ダイオードを4個リング状に組んだダブル・バランスト・ミキサ(DBM)というものがあります．周波数変換や検波・変調に使われますが，局発信号の注入に抵抗でバランスさせたものが，リング検波です．利得はありませんが，中間周波2段と組み合わせて使うと，とてもバランスが良く静かな受信回路を実現できます．図1-3-11に，リング検波の例を示します．

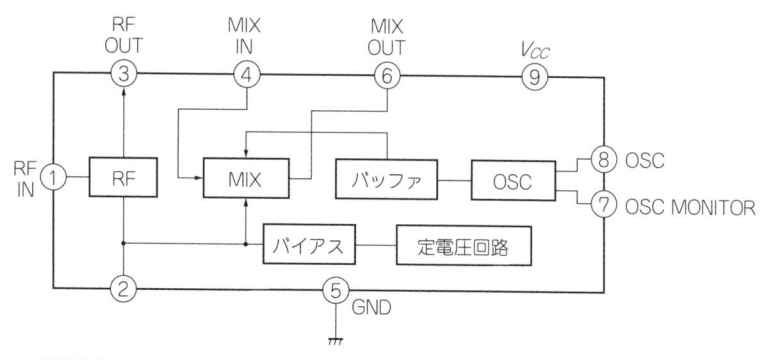

・電源電圧：1.6〜6.0V（MAX 8V）　・局発停止電圧：0.9V

(a) TA7358Pの内部構成

(b) 混合回路（周波数変換）

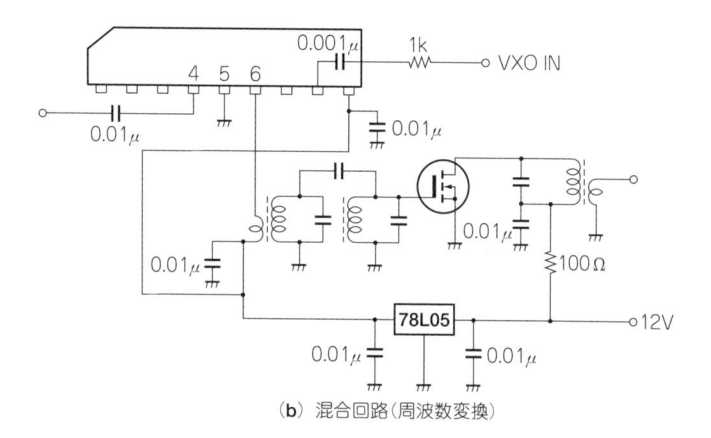

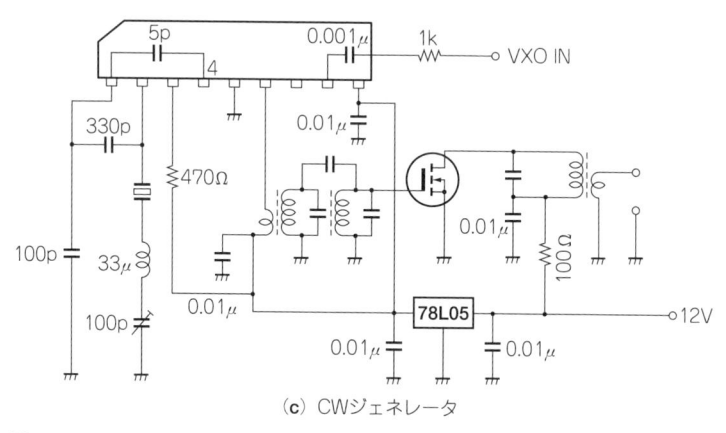

(c) CWジェネレータ

図1-3-12　TA7358Pによる周波数変換回路（基本回路⑩）

1-3　トランシーバの基本回路と自作するコツ

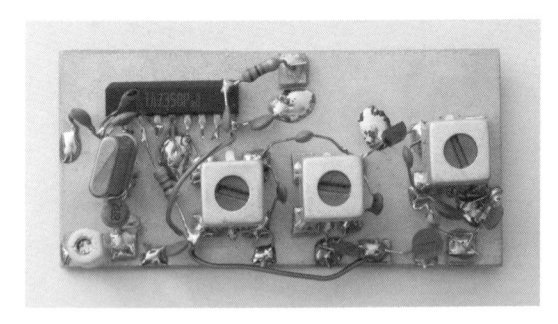

(a) CWジェネレータ基板 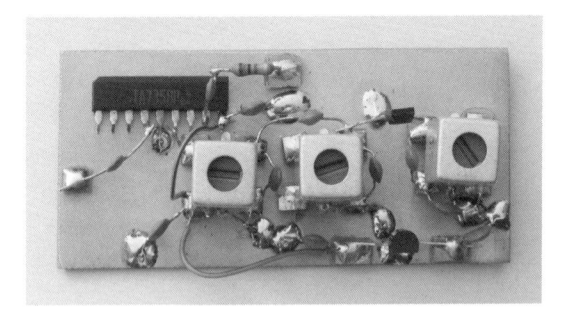　　　　　　　　　　　　　　　(b) 送信用混合回路基板

写真1-3-9　TA7358Pを使った周波数変換基板(実寸：35×75mm)

● TA7358Pを使った周波数変換(基本回路⑩)

　TA7358Pは，FMフロントエンド用のICですが，RF増幅，混合，LO(バッファ)回路がワンチップに収められています．このICの混合は，DBMとなっていて高利得でスプリアスの少ない回路構成になっています．送信機の周波数混合にとても使いやすいく，本書では送信部の周波数変換には欠かせない存在です．

　図1-3-12(b)は，基本的な周波数変換回路です．4ピンに入力された信号は，8ピンにVXOからの信号と混合されて，6ピンに出力されます．複同調で目的の信号を取り出します．

　図1-3-12(c)は，RF増幅回路を局部発振回路として組んだCWジェネレータの例です(写真1-3-9)．図では，12.288 MHzの水晶発振のときの定数となっていますが，扱う水晶の周波数によっては，コイルL，コンデンサCのカット＆トライが必要ということもあります．

　なお，回路の構成上，複同調の後に2SK241GRのアンプを組み込んであります．また，78L05も組み込んで，TA7358Pに与える電源電圧を5Vにしています．

低周波増幅回路

● 2SC1815を使ったマイク・アンプ(基本回路⑪)

　図1-3-13は，2SC1815を使った自己バイアス回路の低周波増幅器です(写真1-3-10)．トランジスタ増幅回路の基本中の基本となる回路です．

　コンデンサ・マイクのアンプとして使いますが，LM386の入力がちょっと足りないというときに使うこともできます．$C=10\mu F$，$R=1k\Omega$はデカップリング用です．なくてもよいのですが，発振したり，動作がおかしいときに入れると効果があります．念のために入れておいたほうが安心でしょう．

● LM386を使った低周波電力増幅(基本回路⑫)

　スピーカを鳴らすには，このICを使うのがもっとも簡単で，お手軽です．受信部の低周波増幅は，図1-3-14のようにすることができます(写真1-3-11)．

Column　TA7358Pをうまく働かせるコツ

● ICの動作確認…電流測定

ICの等価回路を見ると，複雑でどうにも動作がわかりにくく不安になりますが，ICが動作しているかどうかは，直流電源の電流で判断することができます．

まず，ICの直流動作を確認します．適当な基板の上に，ICを両面テープで固定します．⑤ピンをアースしてください．次に，⑨ピンにリード線をはんだ付けします．図のように，テスタの電流計を入れて，5Vの電源をつないでください．3mA程度流れると思います．この状態で，③ピンから，リード線を引き出して，電流を測定します．やはり3mAほど流れます．⑥ピンも同様ですが，ミキサにはほとんど電流が流れず，0.1mA程度です．③，⑥，⑨ピン合わせて6mA程度です．

回路を組んでみて動作しない，調整がうまくいかないときは，この電流測定に戻って直流動作を確認します．なお，電源は5Vです(MAX8V！)．

● 発振回路を仮に組んでみる

例えばp.134～の記事にあるVFOを組むとき，まず⑨ピンに3mA流れていることを確認します．次に，RFプローブを⑦ピンにあて，発振を確認します．発振しない場合は，470pFを100～1000pFくらいの範囲で変えながら発振するまで調整を行います．

次は，周波数の確認です．受信機で3MHz付近をサーチして，キャリアを見つけます．バリキャップに与える逆電圧の変化で，2.900～2.950MHzを発振するようにコアを調整します．この範囲に入らないときは，220pF，20pFをカット&トライします．検波用VXOも同様です．うまく発振しなければ，絶対に回路は動作しません！　確認してから受信基板に進みます．

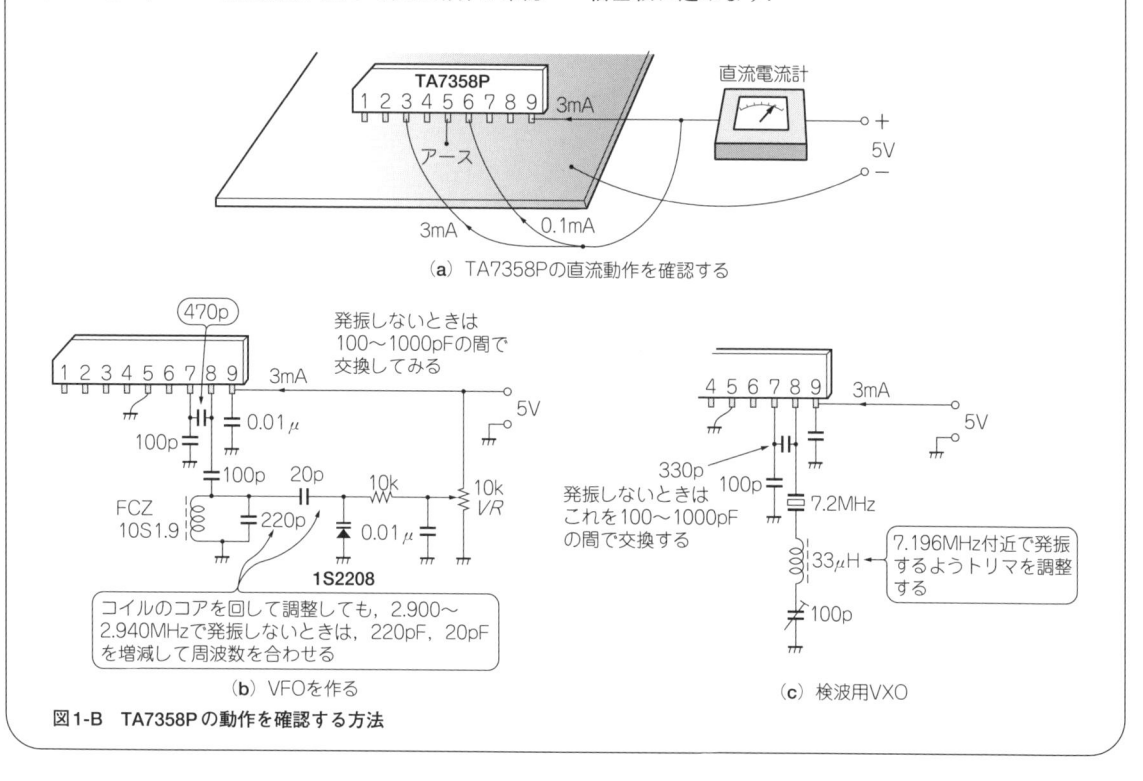

(a) TA7358Pの直流動作を確認する

(b) VFOを作る

(c) 検波用VXO

図1-B　TA7358Pの動作を確認する方法

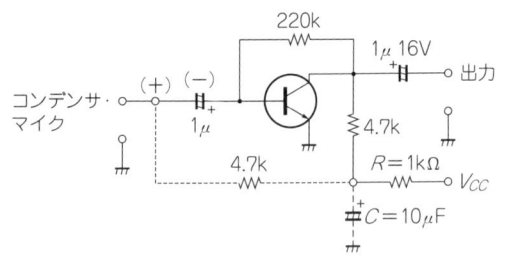

図1-3-13 2SC1815によるマイク・アンプ（基本回路⑪）

点線：コンデンサ・マイクを使用したとき4.7kΩを入れる．1μFの極性は逆とする

写真1-3-10 2SC1815を使ったマイク・アンプ基板（実寸：35×35mm）

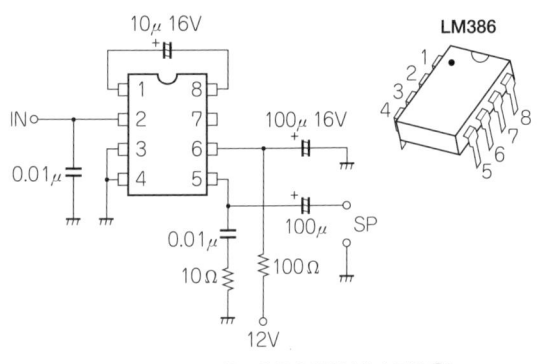

図1-3-14 LM386による低周波電力増幅（基本回路⑫）

写真1-3-11 LM386による低周波電力増幅基板（実寸：35×35mm）

さまざまな付加回路

発振，高周波増幅，混合，低周波増幅回路が，メインとすると電源コントロール回路，水晶フィルタ，ローパス・フィルタ（LPF）など，無線機器を構成するために欠かせない回路があります．

● 電源コントロール（基本回路⑬）

これは，トランジスタによるエミッタ・フォロア回路が元になっています．ベース電流が流れるとエミッタにV_{CC}とほぼ同じ電圧が現れることを利用して，機器の電源のON，OFFをPTT（キー）でコントロールしています．

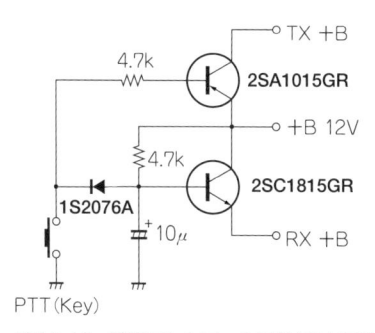

図1-3-15　電源コントロール回路(基本回路⑬)

写真1-3-12　トランジスタを2個使った電源コントロール基板(実寸：30×35mm)

　図1-3-15を見てください．CWトランシーバでは，キー・ダウンと同時に送信，離すと受信に切り替わります．また，SSBなどではマイクのPTT回路として使える便利な回路です(**写真1-3-12**)．なお，1S2076Aは，2SC1815の保護用です．このダイオードがない状態で，SW(キー)に電圧がかかった場合，過剰なベース電流が流入すると，過大なI_Cが流れて最後はトランジスタが壊れてしまいます．
　2SC1815のベースに入っているコンデンサは，受信への復帰時間を遅らせて，送受信を切り替えたときのクリック音を減らします．10μFが入っていますが，実際の回路では切り替えのタイミングを見ながら容量を決めるとよいでしょう．

● **自作する水晶フィルタ(基本回路⑭)**
　安価な水晶発振子を組み合わせたラダー・フィルタは，自作になくてはならない存在となっています．
　このラダー・フィルタには，LSB型とUSB型の二つの方式がありますが，キャリア・ポイントの設定により，LSB，USBのどちらでも使えるLSB型が一般的といえるでしょう．USB型は通過阻止帯域が，周波数の下側にあります．したがってキャリア・ポイントの設定は，USBのみとなります．
(a) LSB型ラダー・フィルタ
　図1-3-16(a)に，3素子の水晶フィルタを示します(**写真1-3-13**)．段数を重ねるとスカート特性が良くなりますが，通過時の減衰量も多くなります．CWの受信用では，3～5素子のもので十分に切れの良いものができます．SSB用には，スカート特性を良くする必要があるので，5～8素子にします(**写真1-3-14**)．
(b) 2素子USB型ラダー・フィルタ
　通過阻止帯域が上側にないので，受信用のフィルタとしては適しませんが，図1-3-16(b)のように2素子でも切れが良く，USBの信号を作るには減衰もなく，とてもすばらしい自作フィルタを実現することができます．

ハイパス・フィルタ(HPF)特性のため,高域が伸びます.つまり,音質が豊かなSSBの信号ができあがります.

● 水晶フィルタのインピーダンス・マッチングについて

ラダー・フィルタは,帯域を自由に設計することができますが,50〜500Ωほどの入出力インピーダンスになります.フィルタの性能を引き出すには,インピーダンス整合をとる必要があります.

図1-3-17(a)のトランス結合は,FETなど入力インピーダンスが数kΩと高い素子との間で信号の受け

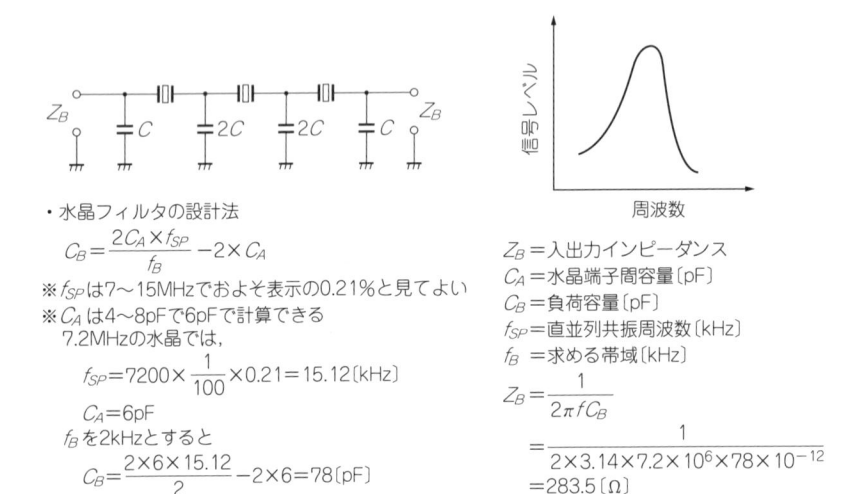

・水晶フィルタの設計法

$$C_B = \frac{2C_A \times f_{SP}}{f_B} - 2 \times C_A$$

※ f_{SP} は7〜15MHzでおよそ表示の0.21%と見てよい
※ C_A は4〜8pFで6pFで計算できる
7.2MHzの水晶では,

$$f_{SP} = 7200 \times \frac{1}{100} \times 0.21 = 15.12 \text{[kHz]}$$

$C_A = 6\text{pF}$
f_B を2kHzとすると

$$C_B = \frac{2 \times 6 \times 15.12}{2} - 2 \times 6 = 78 \text{[pF]}$$

$Z_B = $ 入出力インピーダンス
$C_A = $ 水晶端子間容量[pF]
$C_B = $ 負荷容量[pF]
$f_{SP} = $ 直並列共振周波数[kHz]
$f_B = $ 求める帯域[kHz]

$$Z_B = \frac{1}{2\pi f C_B}$$
$$= \frac{1}{2 \times 3.14 \times 7.2 \times 10^6 \times 78 \times 10^{-12}}$$
$$= 283.5 \text{[Ω]}$$

(a) LSB型ラダー・フィルタ

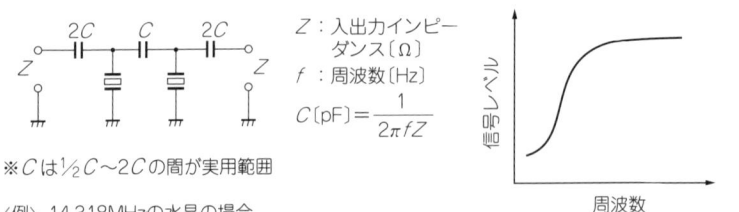

※ C は½C〜2Cの間が実用範囲

〈例〉14.318MHzの水晶の場合

$$C = \frac{1}{2\pi f Z}$$
$Z = 600\text{Ω}$
$f = 14.318 \times 10^6 \text{[Hz]}$

$$= \frac{1}{2\pi \times 14.318 \times 10^6 \times 600} = 18 \text{[pF]}$$

Z:入出力インピーダンス[Ω]
f:周波数[Hz]
$$C\text{[pF]} = \frac{1}{2\pi f Z}$$

36p 18p 36p

14.318MHz

(b) USB型ラダー・フィルタ

図1-3-16 水晶発振子を使ったラダー・フィルタ(基本回路⑭)

渡しをするときに便利です．また，図1-3-17(b)のように，50Ωを200〜450Ω程度へ変換するときは，ステップアップ・トランスを使います．

3.5MHz SSBトランシーバの例では，通過帯域2.5kHz(−6dB)の設計では，入出力インピーダンスは128Ω程度になります．受信部は，FETとの整合でトランス結合，送信部は50Ωを128Ωに整合するので，1：4のステップアップ・トランスにより，整合を取っています．

写真1-3-13　3素子LSB用フィルタ基板

写真1-3-14　5素子LSB用フィルタ基板

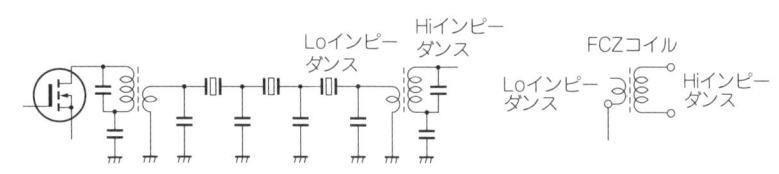

FCZコイルの1次側Loインピーダンス，2次側Hiインピーダンスとなることを利用して，インピーダンス整合をとる．広範囲に使えて便利

(a) トランス結合（同調型トランス）

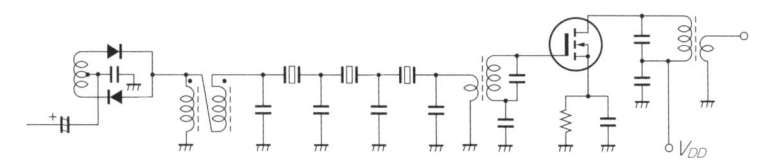

送信部のSBMの出力は50Ω．これは1：4で200Ω，1：9で450Ωになるので，その前後のインピーダンスで伝送することになる．
本例では，128Ωのインピーダンスで，1：4のステップアップしている．また，フィルタの出力側は，FCZコイルのリング結合としている

(b) 1：4，1：9のステップアップ・トランスを使う（伝送型トランス）

図1-3-17　水晶フィルタのマッチングについて

● ローパス・フィルタ（**基本回路⑮**）

　規定の法令を遵守するには，スプリアスの少ないきれいな信号でなければなりません．広帯域ファイナルでは，出力信号以外の高調波成分も含まれているため，高調波をカットしなければなりません．そのためにローパス・フィルタ（LPF）は必須です．

　トロイダル・コアを使ったLPFは，計算どおりに設計したコイルとコンデンサを組み合わせるだけで実現可能で，再現性がきわめて良いフィルタになります．たとえば，2段では第2高調波を40dB減衰させることができますが，1W以上の出力では3段としたほうが安心です（**写真1-3-15**）．**図1-3-18**にバン

（a）2段のフィルタ 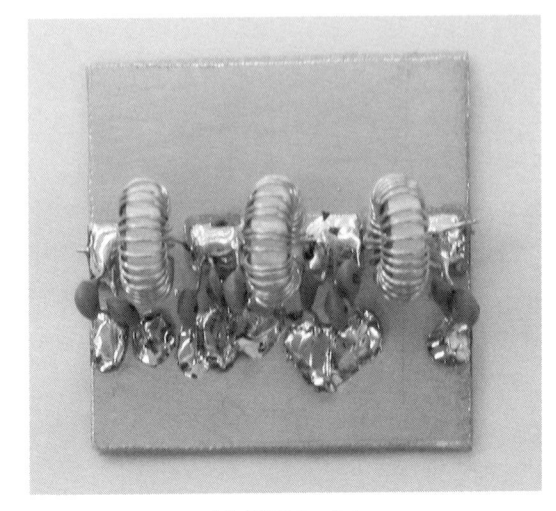　　　　　　　　　　　　（b）3段のフィルタ

写真1-3-15　トロイダル・コイルを使ったローパス・フィルタ

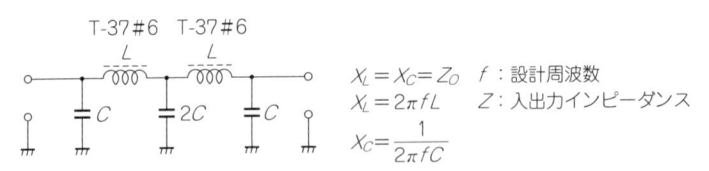

$X_L = X_C = Z_O$　　f：設計周波数
$X_L = 2\pi f L$　　Z：入出力インピーダンス
$X_C = \dfrac{1}{2\pi f C}$

バンド〔MHz〕	巻き数〔回〕	C〔pF〕
1.9	37T	1600
3.5	25T	860
7	19T	470
10	16T	330
14	14T	220
18	12T	170
21	11T	150
24	10T	130
28	10T	110
50	7T	60

コンデンサは，並列に接続して，必要な容量を確保することもできる

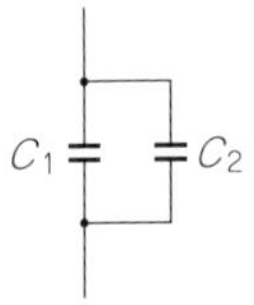

$C = C_1 + C_2$

図1-3-18　ローパス・フィルタの設計（**基本回路⑮**）

ド別LPFのデータを示します．

基本回路の組み合わせによる無線機を製作するコツ

本書で紹介する無線機を製作するには，共通のノウハウがあります．それについて簡単に説明しておきます．

本書で紹介する各回路には，前項で紹介した基本回路が使われています．基本回路をそのまま基板にした場合もありますし，基本回路を組み合わせてユニットにしていることもあります．

本書に出てくる製作例のすべてが，基本回路のままか，もしくはその応用程度ですから，製作を始めて回路が理解できないというときには，基本回路の働きに戻って見直してください．

● ケースに入れて，アースをしっかり取る

本書の製作例は，すべてランド方式による基板によって構成されます．ランド基板をケースに固定する

Column　製作日誌（日記）をつけよう！

本書にある製作記事を作ろうと思い立ったら，製作の記録を付けるようにしましょう．あとあとの製作時に，良い参考資料になります．

まず，ノートを用意してください．筆者は普通の大学ノートを使っています．ノートをめくり，2ページ目の見開きのページの左のページの上半分に作ろうとするユニットの回路図を描き写します．下半分には，上の回路図を見ながら，ランド基板の配置図を考えます．これが設計図になります．

右のページはメモとして使います．必要なパーツを書き出したり，製作の途中で気のついたことや他の資料などで調べたことなど，何でもメモしておきます．雑誌などに掲載された製作記事を作る場合もノートに描き写します．

自分でランド基板の配置図を考えながら描くと，とてもよい脳のトレーニングになります．回路も頭に入りやすく，自作の上達が早くなります．時間がないけど作ってみたいという方は，ちょっとした時間を使って，製作ノートで上記の作業をしておきます．いつも持ち歩いて，今度は何をどうするのかを頭に入れます．

ノートを広げれば即，製作に入ることができます．ノートは設計図であり，実験記録であり，メモでもあり，そしてログ（日誌）でもあります．気のついたことは何でも記録します．きっとすばらしい宝物になることでしょう．

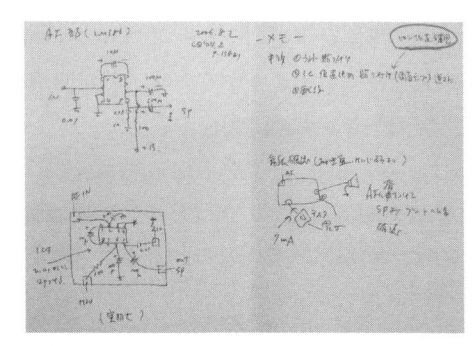

写真1-C　既成のノートを利用して，製作日誌を付ける．回路図はもとより，気づいたこと，測定値など自由に書き込んでいく．この日誌がたまったら，それは本人だけの宝物である

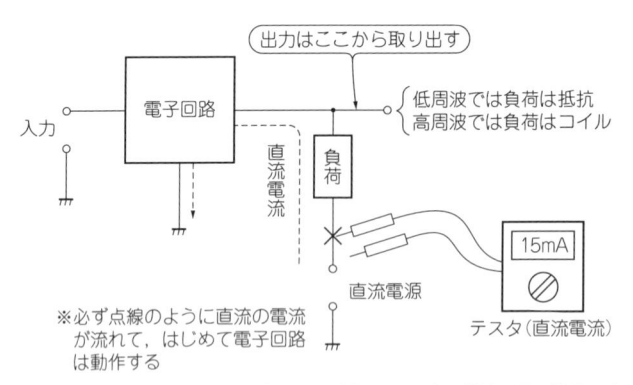

図1-3-19 交流を扱う電子回路では回路電流(直流)と信号が同じ線路上を流れている

場合は，ビス止めするなりした上で，各基板のベタ部分からケースへアースをしっかりと取ってください．

各ユニットを1枚の基板に乗せてからケースに付ける場合は，ユニット基板をベース基板にはんだ付けすることにより，しっかりとアースを取った上で基板をケースにビス止めします．

● **自作が成功するコツ，回路の電流測定を励行しよう**

高周波を扱う電子回路では，たとえば図1-3-19のように，直流動作している回路上に，重ねるように交流信号を入力して，負荷側に現れる交流出力を取り出すということが多く出現します．

電子回路が正常に働くには，回路がきちんと動作しているかどうかを調べる必要があります．回路が動作しているかどうかは，まず回路電流(直流電流)が正常に流れていることを確認するのが第一です．なぜなら，電子回路はトランジスタ，FET，ICなどの能動素子が，まず直流的に動作していなければ，増幅も，発振もありえないからです．

本書の製作事例の回路図には，それぞれの回路の参考電流値を記入してあります．動作電流が流れないときは，どこかで接触不良やはんだ付け不良がありそうだと予想することができます．また，極端に電流が多く流れるときは，逆にショートの可能性があると判断します．

そういったときは電源をすぐに切って，回路をもう一度チェックしてください．そして，電流値が参考値と大きく違わないで直流動作が確認できて，初めてその回路の調整が始まることになります．

ICには，必ず電源ピン(V_{CC}, V_{DD})とアース・ピン(グラウンド，V_{EE}, V_{SS})があります．図1-3-20のように，テスタ(直流電流モード)を入れて直流動作の確認をすることができます．ICがうまく働かないというときは，ICが壊れていないかどうかを確認することも可能です．

● **トラブルに出会ったら**

製作の途中でトラブルが発生したとき，例えば受信部の異常発振が起こったような場合は，回路に挿入指示がない場合であっても，電源ラインに0.01μFのパスコンを入れてみてください．

また，VXOがうまく発振しない，あるいは異常発振するといった場合には，本書のVXO調整といった

(a) マイク・アンプの例（低周波増幅）

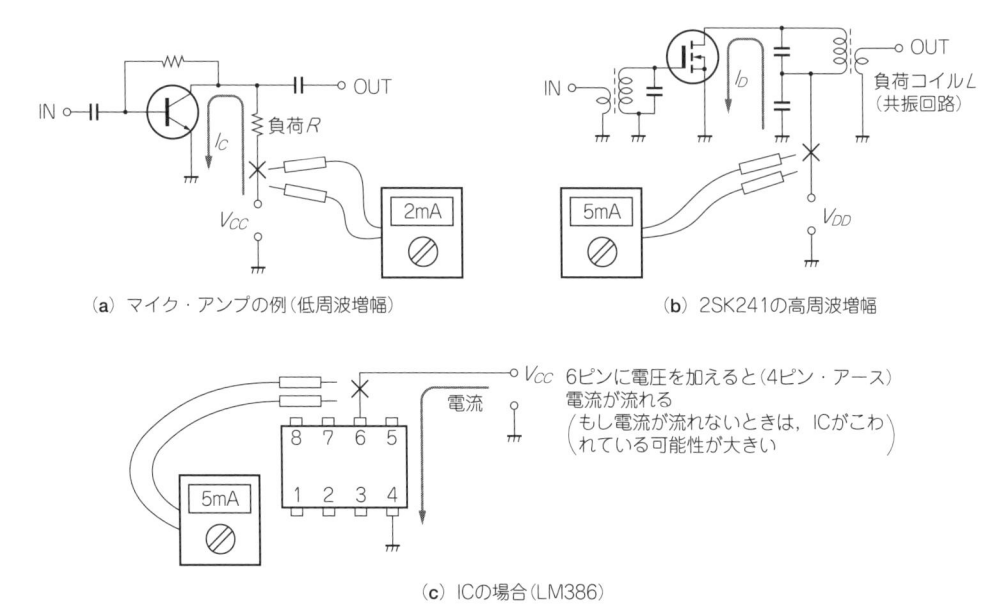

(b) 2SK241の高周波増幅

(c) ICの場合（LM386）

6ピンに電圧を加えると（4ピン・アース）電流が流れる
（もし電流が流れないときは，ICがこわれている可能性が大きい）

図1-3-20　増幅や発振状態を確認する前に，回路が直流的に動作しているかを確認する

記事を参考にしてみてください．トラブルを回避するヒントが見つかると思います．

● 送受信切り替え回路とアッテネータ（ATT）

　製作例として取り上げたトランシーバにおいて，アンテナの切り替えは，コネクタよりコンデンサを介して，受信部アッテネータに入力してあります．

　このアンテナと送受信の初段，終段をつなぐコンデンサの大きさは，各バンド用FCZコイルの共振用コンデンサと同等の値になります．多少の多寡は問題になりませんが，極端に大きかったり小さかったりすると，本来の性能が出ない恐れがあります．

　また，受信用フロントにはアッテネータとして$2k\Omega$のボリュームを使っていますが，これは$10k\Omega$でもかまいません．アッテネータは混変調を避けたり，自作機の調整や至近距離での交信のときに受信信号を減衰させて，信号強度を調整できてとても便利です．

1-4 自作機でオンエアする前に 自作トランシーバで保証認定を受ける

自作したトランシーバで運用するには，公的に認められている認証機関によって，保証認定を受けなければなりません．

保証認定を受けるための条件

保証認定を受けるための送信機に必要な条件は，
① スプリアス発射が少なく，その電界強度が電波法令に決められた値以下であること．
② 送信電波の周波数は，正確で安定なものであること．
③ 発射される電波の占有周波数帯幅は，電波法令に定められた許容値の範囲であること．
となっています．

①～③の条件を満たす前提で，保証認定の規定では，
(a) 発振段におけるキーイング．
(b) 発振器を直接アンテナに接続すること．
の二つは認められていません．つまり，発振器だけで構成した送信機は認められないということです．保証認定を受けるためのもっともシンプルなCW送信機を考えた場合，最低でも，発振器のあとにファイナルを設けた2ステージ構成にしなくてはならないということです．

さて，キーイングはファイナルで行う場合を考えてみます．このとき，発振段におけるキーイングは認められませんが，ファイナルでキーイングを行うと同時に，発振段の信号の断続を行うことは可能です．ファイナルからの出力には，スプリアスを抑えるために終段管とアンテナとの間にローパス・フィルタ(LPF)を挿入して，図1-4-1のような構成にします．

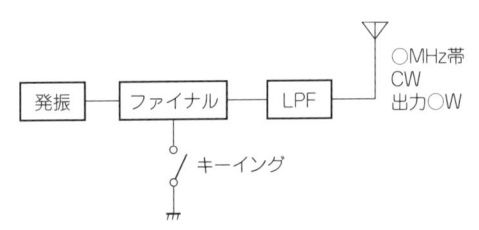

図1-4-1 もっともシンプルなCW送信機の系統図
ファイナルにダイオードを使えば，1石送信機として認定される

トランジスタ1石で送信機は作れるか？

ところで，能動素子たとえばトランジスタ1石で送信機の保証認定を受けることができるでしょうか？ 上記の保証認定の規定の(a)(b)では，発振器だけの構成による送信機は，認められていません．そこで，発振器の後に，ダイオードによるキーイング回路を入れてみます．この場合，ファイナルはダイオードということになります．

ダイオードには増幅作用がないので，発振段の高周波出力をキーイングするだけですが，ダイオードをファイナルとした2ステージの構成になります．こうすれば，能動素子であるトランジスタの1石送信機は認定されるということになります．しかし，1石送信機ということにこだわらない限り，終段をきちんと置いて，増幅動作をさせたほうが安全で一般的でしょう．

トランシーバでは，VXOの信号と局部発振器の信号を混合して，増幅，ファイナル，LPFといった構成になります（**図1-4-2**）．SSBやDSBでは，平衡変調回路でDSB波を作り，水晶フィルタの働きによりDSB信号からSSBの信号を作り出します．この場合，**図1-4-3**に示すDSB送信機，**図1-4-4**に示すSSB送信機のような系統図となります．

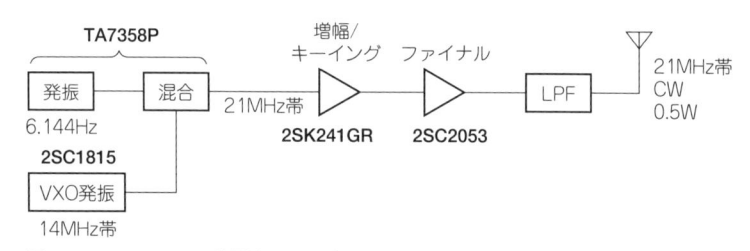

図1-4-2　21 MHz CW送信機の系統図

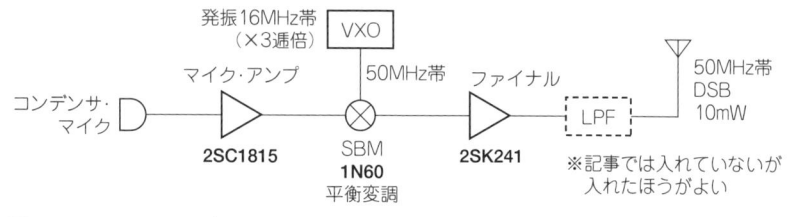

図1-4-3　50 MHz DSB送信機の系統図

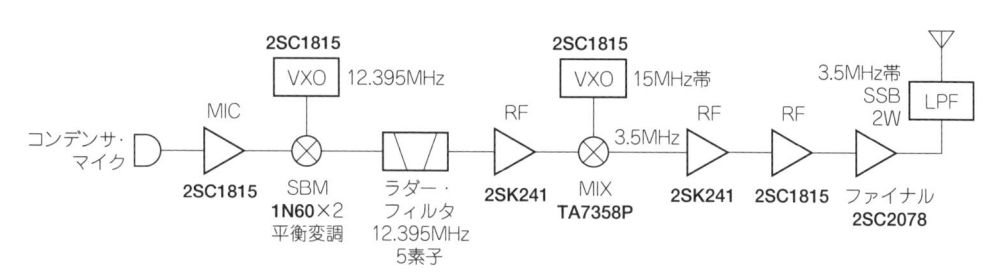

図1-4-4　3.5 MHz SSB送信機の系統図

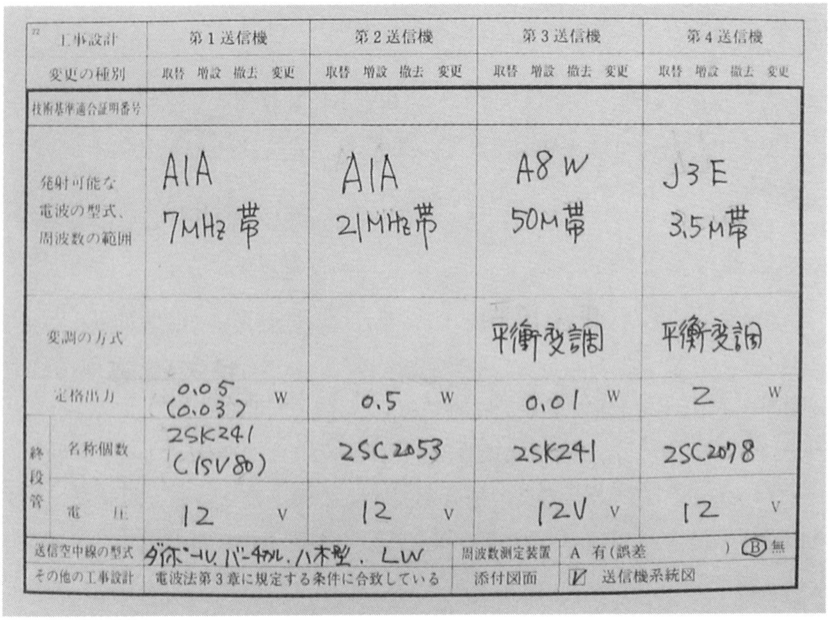

工事設計	第1送信機	第2送信機	第3送信機	第4送信機
変更の種別	取替 増設 撤去 変更	取替 増設 撤去 変更	取替 増設 撤去 変更	取替 増設 撤去 変更
技術基準適合証明番号				
発射可能な電波の型式、周波数の範囲	A1A 7MHz帯	A1A 21MHz帯	A8W 50M帯	J3E 3.5M帯
変調の方式			平衡変調	平衡変調
定格出力	0.05 (0.03) W	0.5 W	0.01 W	2 W
終段管 名称個数	2SK241 (1SV80)	2SC2053	2SK241	2SC2078
終段管 電圧	12 V	12 V	12V V	12 V
送信空中線の型式	ダイポール, バーチカル, 八木型, LW		周波数測定装置	A 有(誤差) Ⓑ無
その他の工事設計	電波法第3章に規定する条件に合致している		添付図面	☑ 送信機系統図

写真1-4-1 保証認定を受けるための工事設計書の記入例(カッコ内の「0.03」「1SV80」は1石送信機の場合)

工事設計書の書き方

実際に，自作トランシーバの保証認定を受けるには，工事設計書を作成する必要がありますが，送信機の系統図，電波型式と周波数の範囲，変調の方式，定格出力(W)，終段管の名称個数と電圧(V)を記入する必要があります．

送信機系統図は，各回路の周波数(帯)，使用素子の型番などを記入して，周波数構成と信号の流れがわかるように記入します．**写真1-4-1**に，工事設計書の記入例を示します．変調方式のところは，CWでは記入しません．DSB，SSBについては，平衡変調とします．

ファイナルの名称，電圧，定格出力は，免許されるよりも大きな出力が出てしまう可能性のあるファイナルを使った場合，回路構成上，免許される出力以下であることを，しっかりと明記しなければ認められません．できるだけ，出力に見合ったファイナルを選んだほうが得策と言えるでしょう．

本書の製作例で扱っているファイナル，2SC1971，2SC2078などでは，高周波出力として5W以上は取れそうにありませんから，10Wの免許では問題なく認定がされるようです．

本書では，製作例のすべてに構成図を載せてありますから，そのまま系統図を作成することが可能です．なお，提出書類としては送信機系統図だけが必要ですから，トランシーバでは受信系の構成図は記入しません．

出力100mW以下の送信機では，LPFを入れてない製作例もありますが，スプリアス低減を考慮してLPFを入れたほうがよいでしょう．

第2章

CW送受信機の製作

無線通信の基礎
CWトランシーバの
製作事例

2-1 出力30mW, 50mW 7MHz QRP CW送信機を作る

ここでは，最初の製作としてCW用の30mW, 50mW QRP送信機を題材とします．QRPといっても実用性のある回路です．

毎週日曜日の朝8時から，7.003MHz付近で，JARL QRPクラブによるオン・エア・ミーティングが行われています．ランダムな交信で，誰でも参加できます．実際に聞いてみると，5W以下の局同士による交信が聞こえてきます．送信出力が，1W以下の運用をしている方も少なくありません．中には2mWと，とんでもない小パワーの方もいて驚かされます．こんなに小さなパワー(QRP)でも，CWであれば遠くのハムと交信のチャンスがあるのです．ぜひ，自作でQRP運用を始めてみましょう．

搬送波を作る水晶発振回路とVXO

まず，電波のもとになる搬送波(キャリア)を作り出す必要があります．これを担うのが水晶発振回路ですが，ここでは図2-1-1にあるVXO回路(基本回路①)にしました．VXOはVariable X'tal Oscillator(可変周波数水晶発振器)のことで，本来は周波数が安定して動かないという特徴を持つ水晶発振回路ですが，自作QRP機器などで有利になるように，少しだけ発振周波数を動かせるようにしたのがVXO回路です．7.00MHzの水晶を使って，7.000～7.003MHzのCWバンドをカバーしています．

図2-1-1の回路ではポリバリコンだけですが，VXO用コイルを入れるのが一般的です．VXO用コイルを入れると，コイルの最適インダクタンス値を選ぶことで，可変幅を表示周波数の下側に0.5%ほどを安

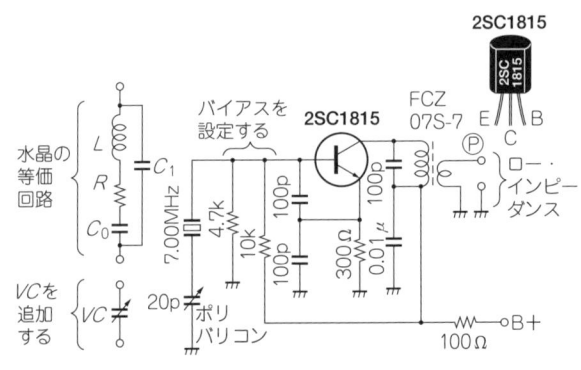

図2-1-1　基本回路① VXO回路 (7MHz)

定して動かすことができます．しかし，個々の水晶によって最適インダクタンス値が異なり，カット&トライが必要です．そこで，ここでは周波数の変化幅は少なくなりますが，VXOコイルを省略して再現性を優先させたLなしVXOとしました．なお，コイルLを付加しないVXOでは，表示周波数の上側に動きます．

FCZコイルは，07Sタイプ，10Sタイプなどの14 MHz以上のものは，上下どちらの向きからでも調整することができます．図2-1-2(a)のように，逆さまに取り付けることが可能です．しかし，9 MHz以下のコイルについては，図2-1-2(b)のように上向きに取り付けないと調整することができません．そこで，ピンに合わせてランドを作り，コアの調整が上部からできるように取り付けます．

バリコンの最小容量が小さいほど上側に周波数が伸びるので，トリマの位置が全部抜けたところに合わせておきます．また，基板とバリコン間はできるだけ短く配線します．長いと浮遊容量で周波数が上に伸びません．エミッタの300 Ωの抵抗のアース側のところはランドにしておきます（後でここをキャリブレーションに使う）．

すべての作業が終わったら調整を行いますが，電源を入れる前にトランジスタのピン，FCZコイルの向き，はんだ不良などを確認します．電源と基板の＋の間には，必ずテスタを入れて回路の電流を測ります．およそ5〜20 mAくらいの範囲になるので，実測値がこの値と大きくかけ離れているときは，回路に間違いがないかよくチェックします．回路電流の測定は，自作を成功させるためのカギです．

筆者が行った実験では，電流が8 mAほど流れました．周波数カウンタまたは受信機を7.00 MHz付近に合わせてキャリアを確認します．発振を確認できたらRFプローブを図2-1-1のⓅに当てて，プローブのメータの振れがピークを示すようにコイルのコアを調整すれば完了です．なお，RFプローブは無線機を自作する際にはどうしても必要になりますので，持っていない方は作っておきましょう．筆者は100円ショップのバッテリ・チェッカの中にRFプローブを組み込みました（図2-1-3）．

FCZ研究所のQRPパワー計で測ったところ，30 mWが得られました．バリコンを回して周波数をチェックします．7.000〜7.003 MHzくらいの範囲で動けばOKです．

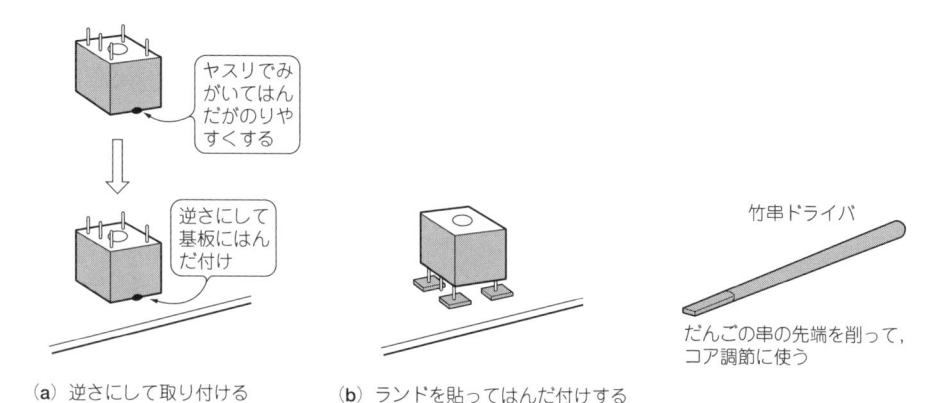

（a）逆さにして取り付ける　（b）ランドを貼ってはんだ付けする

図2-1-2　FCZコイルの取り付け方とコアの回し方

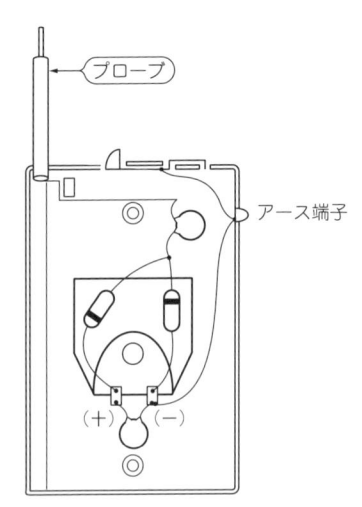

(a) プローブを各回路図の Ⓟ 点にあて
　　出力最大になるようにコアを調節する

(b) ダイソー製バッテリ・チェッカを
　　利用して，RFプローブを作る

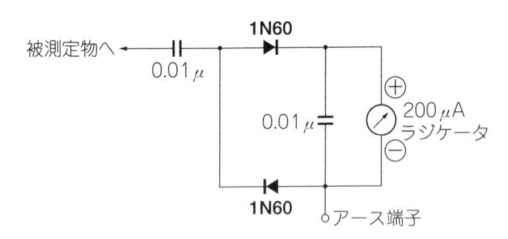

※1N60はRF用ショットキー・ダイオードでもOK

図2-1-3　RFプローブの作り方

VXO発振器を7MHz 1石CW送信機に変身させる

　搬送波を作るVXO回路は完成しました．2SC1815のエミッタ抵抗の300ΩのアースをはずしてキS(電鍵)をつなぎ，アンテナを付ければ立派な送信機になります．しかし，発振段のみでキーイングすることは認められておらず，このままではアマチュア無線局として免許を受けられません．

　そこで，発振回路の後にダイオードによるキーイング回路を入れて，かつ高調波を低減させるローパス・フィルタ(LPF)を入れます．アンテナから発射される電波に小出力でも高調波が含まれていると，BCIやTVIなどの原因になります．この対策として，π型2段のLPFによりスプリアス抑圧比−40 dBを確保します．

　キーイングは電子回路をON/OFFすることで信号を作るので，回路の中にキーを入れてON/OFFすれば良いのです．ダイオードでもトランジスタでも同じようにできます．

　図2-1-4に1石送信機の回路を示します．基板の空いている所にダイオードによるキーイング回路を作ります．このダイオードにはPINダイオードを使いますが，PINダイオードは直流電流(バイアス電流)が流れたときにだけ，高周波も導通状態になります．そのため高周波電力を通したり，止めたりすることができます．これには1SV80，1SV99，1SV128，MC301などのPINダイオードを使うことができます．

　ダイオードを通過した出力は，コンデンサで直流成分がカットされてLPFに導かれます．また，100 µHのチョーク・コイルは，高周波出力がキーを通してアースに逃げるのを防いでいます．

　2SC1815のエミッタ抵抗300Ωのアース側のランドを配線してキャリブレーション(受信機との周波数合わせ)に使います．発振段も同時にキーイングしています．

　別基板にLPFを組みます．コイルは，トロイダル・コア T-37#6 に φ0.3のエナメル線を19ターン巻き

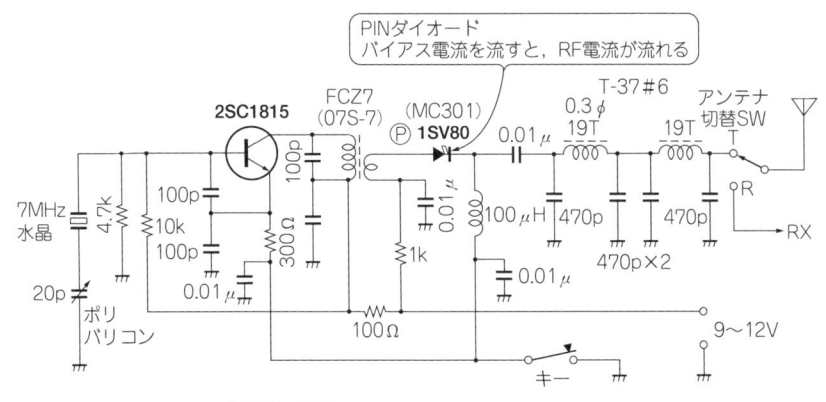

図2-1-4　7MHz 1石CW送信機の回路

ますが，線材は0.2〜φ0.4の太さでOKです．全体の結線をすると，7MHz 1石CW送信機（30mW）の完成です．

2SK241を使ったRFアンプと50mW送信機

基本回路③の応用である2SK241によるRF増幅回路を，**図2-1-5**に示します．

シングル・ゲートMOS FETの2SK241は，価格が安くて再現性が良く，高周波増幅の定番と呼べるデバイスです．受信機の高周波増幅部や数十mW以下の送信機の発振，バッファ，増幅など，アマチュアの間でも幅広く使われています．**図2-1-5**は，FCZコイルと組み合わせることにより20dB程度の高利得が得られ，1.9〜144MHzまで働くというとても便利な回路です．

FETによるRFアンプを製作したら，動作の確認を行いましょう．テスタを直流レンジにして，10mA前後の電流が流れていればOKです．問題がなければ，1石送信機とLPFの間につなぎます．1石送信機を送信状態にして，RFプローブまたはQRPパワー・メータをアンテナ端子につなぎ，出力が最大になるようにFCZコイルのコアを調節します．筆者の場合，50mWが得られました．

1石送信機のファイナルのPINダイオードの代わりに，このRFアンプを使うことを考えてみましょう．**図2-1-6**にその回路を示します．1石送信機で使ったPINダイオードを取り除き，直接2SK241のソースにキーを入れて回路をON/OFFするようにしています．こうすれば，増幅とキーイングが同時にできる

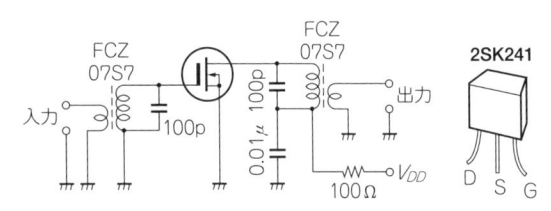

図2-1-5　基本回路③ 2SK241を使ったRFアンプ（小電力用）

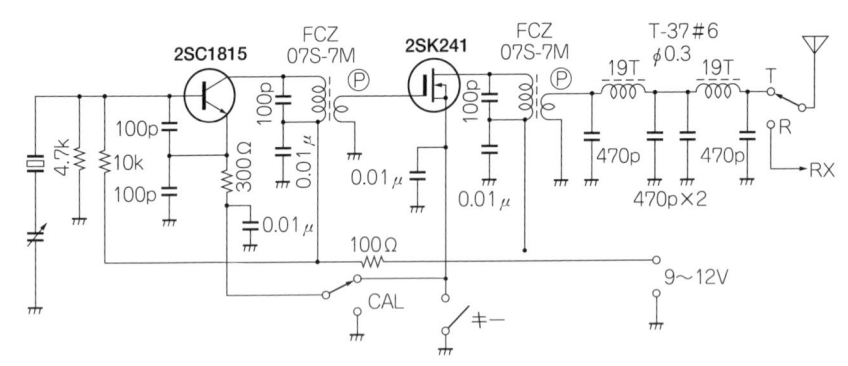

図2-1-6 ファイナルに2SK241を使った7MHz CW送信機

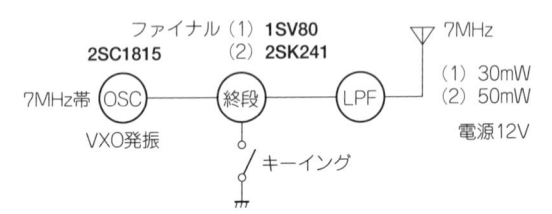

図2-1-7 JARL保証認定を受けるためのブロック図

ようになります．また，VXOの後ろに2SK241を直接つなぐときは，入力側のコイルを省略することができます．

自作送信機を使ってQSOしてみよう

　各基板はケースにビス止めして，しっかりとアースを取ります．アンテナと受信機を用意します．キャリブレーションをONにして，受信機でキャリアが受かるところが送信周波数になります．アンテナ切り替えスイッチをONにしてキーダウンしてみると，受信機で本装置から出る7MHzの電波をモニタすることができると思います．パワーが小さいので，受信機のフロント・エンドを壊すこともありません．

　ここでは30mWと50mWタイプの7MHz CW送信機を紹介しましたが，これらは立派な実用送信機です．保証認定を受ける際に必要なブロック図を**図2-1-7**に示しておきます．

2-2 2SC2053をファイナルに使った 7MHz出力500mWの2石CW送信機を作る

　2-1節で製作した1石送信機と2SK241ファイナルの2石送信機は，保証認定を受けられるもっとも簡単な送信機です．その30～50mWのパワーは，ダイポール・アンテナを使えば（コンディションにもよるが），そこそこ交信のチャンスがあります．じっくりと構えて，コツコツと交信数を重ねていくにはやりがいのあるパワーと言えます．
　もう1桁上の出力になると格段に交信の可能性は上がります．しかし，出力が大きくなるとファイナルの負荷が発振段に影響を与えて，キーイング時に周波数変動を起こす，いわゆるチャピリ現象（chirpy）を起こすことがあります．それを防ぐには，発振とファイナルの間に緩衝増幅器を入れなければなりません．もう1段回路が必要になるわけです．
　このチャピリを起こさないようにするには，発振-ファイナルの2ステージでは500mWくらいが限度のようです．そこで，シンプルな2ステージにこだわり，2SK241の代わりに2SC2053をファイナルに使用した7MHz 500mWの2石CW送信機を紹介します．

2SC2053をファイナルに使った2石送信機

　VXO発振回路に使用した2SC1815やRFアンプの2SK241と同様に，2SC2053も製作記事などによく登場し，価格も安く，100～500mWクラスのファイナルにはとても使いやすいトランジスタです．
　図2-2-1に基本回路③となる2SC2053ファイナルの回路を，**写真2-2-1**に完成したようすを示します．
　トランジスタは，バイアス（V_{BE}）電圧のとり方でA級，B級，C級増幅と異なった動作をします．A級増幅は，常にコレクタ電流が流れるようにバイアス電圧を設定しておき，入力に比例して増幅される直線（リニア）増幅器です．主にSSBの増幅に使われますが，効率はあまりよくありません．
　一方，本回路で採用したC級増幅は，RF信号が入力されたときにだけコレクタ電流が流れるようにベース抵抗を決めます．出力の歪も大きくなるのですが，出力を効率よく取り出せるので，電信用送信機のファイナルとしては有利です．電信（CW）の信号は搬送波の断続によって発生させるので，歪んだ波でも問題はありません．

● 出力回路は広帯域設計

　2石送信機の出力回路は，インピーダンス・マッチングだけの広帯域方式にしています．電源電圧を12VにしたときのRF出力ですが，500mWクラスの出力インピーダンスがおよそ50Ωとなり都合がよい

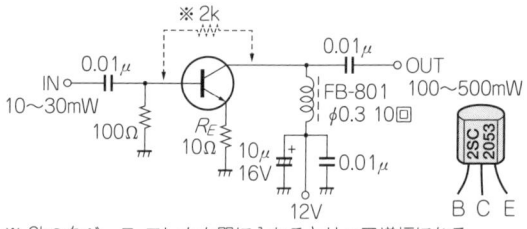

※ 2kΩをベース-コレクタ間に入れるとリニア増幅になる

図2-2-1 基本回路④ 2SC2053ファイナル（500mW）
基本はC級動作だが、※印の2kΩをベース、コレクタ間に入れて適切なバイアス設定をすることでA級動作となり、SSBのリニア増幅にも使えるようになる

写真2-2-1 終段に2SC2053を使った500mWファイナル・ユニット
7MHzだけでなくHF〜50MHz程度の終段として使うことができる

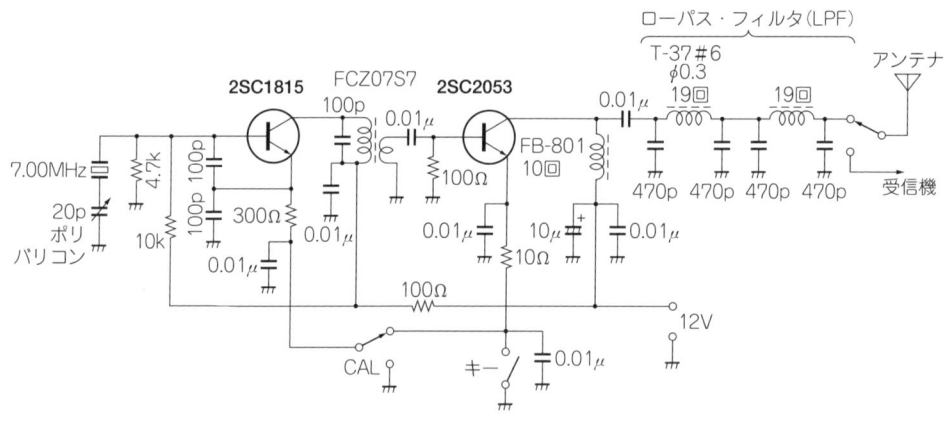

図2-2-2 2SC2053ファイナル2石送信機（手動スタンバイ・タイプ）

のです．回路を追加することによって整合を取る必要がなく，V_{CC}を供給し，高周波負荷となるRFC（フェライト・ビーズ）を挿入するだけで済ませることができます．この方式は広帯域増幅に対応しており，1.9〜50MHzまではこのままの回路を使うことができます．当然，周波数が高くなるほど効率は落ちますが，10〜30mWの入力に対して100〜500mWの出力が得られます．

　図2-2-2に，7MHz 2石500mW送信機の回路を示します．発振段は，2-1節と同じ2SC1815のLなしVXOです．その後が，2SC2053のC級動作による広帯域ファイナルです．広帯域増幅器は高調波を多く含むため，その後ろにローパス・フィルタを入れて不要輻射波を取り除きます．キーイングは，ファイナルの2SC2053のエミッタの10Ωとアース間で行っています．送信時に発振段を動作させておくほうが安定しますが，受信機を動作させた状態ではキャリアを受信機が拾ってしまい送信モニタとしては使いづら

いので，発振段の2SC1815のエミッタも同時に断続します．

2-1節の2SK241を使った7MHz送信機を作ったなら，ファイナル基板のみを作って，2SK241と差し替えればOKです．

● **基板へのはんだ付けと調整**

2SC2053のピン配置は，2SC1815とはベースとエミッタが逆になるので注意が必要です．2SC2053のエミッタ抵抗10Ωのアース側にランドを作っておいて，そこにキーをつなぎます．ファイナルの調整箇所はとくにありません．

電源投入時には，忘れずに電流計（テスタ）を入れて電流監視を行います．LPFの後にパワー計を入れキーダウンしながら，VXOの出力コイルを調整してピークを取り直します．筆者の場合，出力は450mWほど得られました．キーダウン時のコレクタ電流は75mAほどです．

気をつけたいのは，この電流がキーに直接流れるため，キーの接点が汚れているとパワーが少なかったり，動作が不安定になることです．キー接点はいつもきれいにしておきましょう．

パワーは300mW以上出てきたなら良しとします．欲張ってパワーを得ようとすると，チャピリなどの思わぬトラブルに見舞われます．なお，パワーを抑えたいときには2SC2053のエミッタ抵抗10Ωをさらに大きくします．

フル・ブレークイン方式に改造する

無線機も手動切り替えでは，受信から送信へ，送信から受信へといちいち切り替えなくてはなりません．もし，電鍵操作でキーダウンと同時に受信から送信に切り替えることができればとても便利です．電鍵を押さえると送信状態になり，電鍵を上げると直ちに受信状態にもどる電鍵操作をフル・ブレークイン方式といいます．そこで，ファイナルのキー接続部とアンテナの切り替え部にリレーを使い，リレーをキーイングでコントロールするフル・ブレークインに改造しました．

図2-2-3では，PNPトランジスタのベース電流I_Bを適正に設定すると，エミッタ-ベース間がONになり，負荷R_Lに電源を供給します．図2-2-3の右に実際の回路を示します．ベースとアース間に入れる4.7kΩの抵抗のアース側にキーを入れると，キーダウン時に負荷R_Lにかかる電源をコントロールすることができます．

そのためキーダウン時には，キー自体を流れる電流はほんの数mAになるので，接点の汚れはそれほど気にする必要がありません．負荷R_Lに12V 2回路2接点のリレーを使い，一方を2SC2053のキーイング，他方をアンテナの送信と受信の切り替えに使います．なお，負荷に圧電ブザーを入れれば，簡易的なCWモニタになります．

図2-2-4に，リレー・コントロールによるフル・ブレークイン送信機の全体の回路を示します．2SA1015を使ってリレーをコントロールしますが，コレクタに現れる電圧は，電源電圧からみて0.3V（$V_{CE(\mathrm{sat})}$分）ほど低くなります．CAL（キャリブレーション）にスイッチング・ダイオードを入れたときは，約0.6Vほ

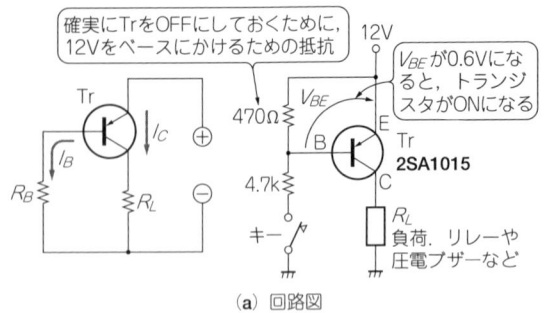

図2-2-3 2SA1015を使ったリレー・コントロール回路

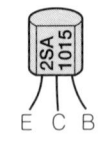

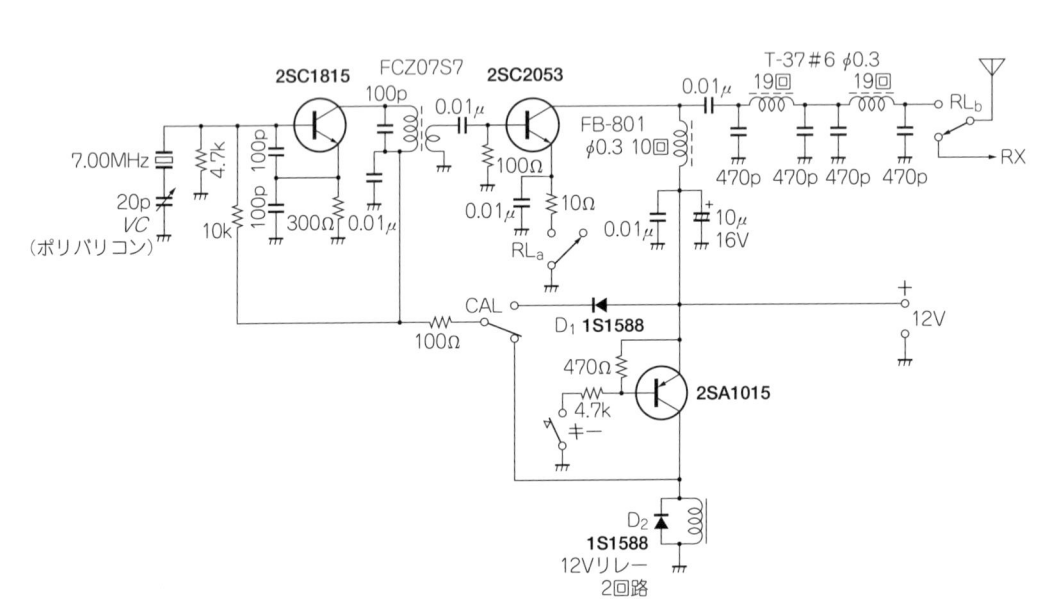

(a) 回路図
(b) PNPトランジスタの例

確実にTrをOFFにしておくために，12Vをベースにかけるための抵抗

V_{BE}が0.6Vになると，トランジスタがONになる

負荷．リレーや圧電ブザーなど

少ないベース電流I_Bで大きなI_Cをコントロールする．Trのh_{FE}が100の場合，例えば，I_B＝1mAで，I_C＝100mAを制御できる

図2-2-4 2SC2053ファイナルの7MHzフル・ブレークイン送信機，wood pecker (WP-7)

ど電圧降下（V_F）が起こります．

　D_1はCAL時と送信時の電圧を補正しています．また，リレーのD_2はコイルの逆起電力防止用です．手動で動作は確認ずみなので，リレー・コントロールのキーイングに改造するだけです．

　リレー回路を別基板に組みます．リレーを基板に取り付けるには，背の部分に両面テープを貼り，ピンが上になるようにして基板に貼り付けます．基板ができ上がったら，キーをつないでキー操作と同時にカチカチとリレーが動作するかを確認しておきます．回路図，実体配線図（p.6）を参考にして結線を行います（**写真2-2-2**）．2SC1815のエミッタ抵抗300Ωはアースに接続します．そして，2SA1015のコレクタから電源を取り出します．

　リレーは電磁石により接点を機械的に動かすため，コイルへの電流がONになってから実際に接点が接触し終わるまで，ほんのちょっと時間の遅れが出ます．キーダウンと同時に発振が始まり，ほんのちょっ

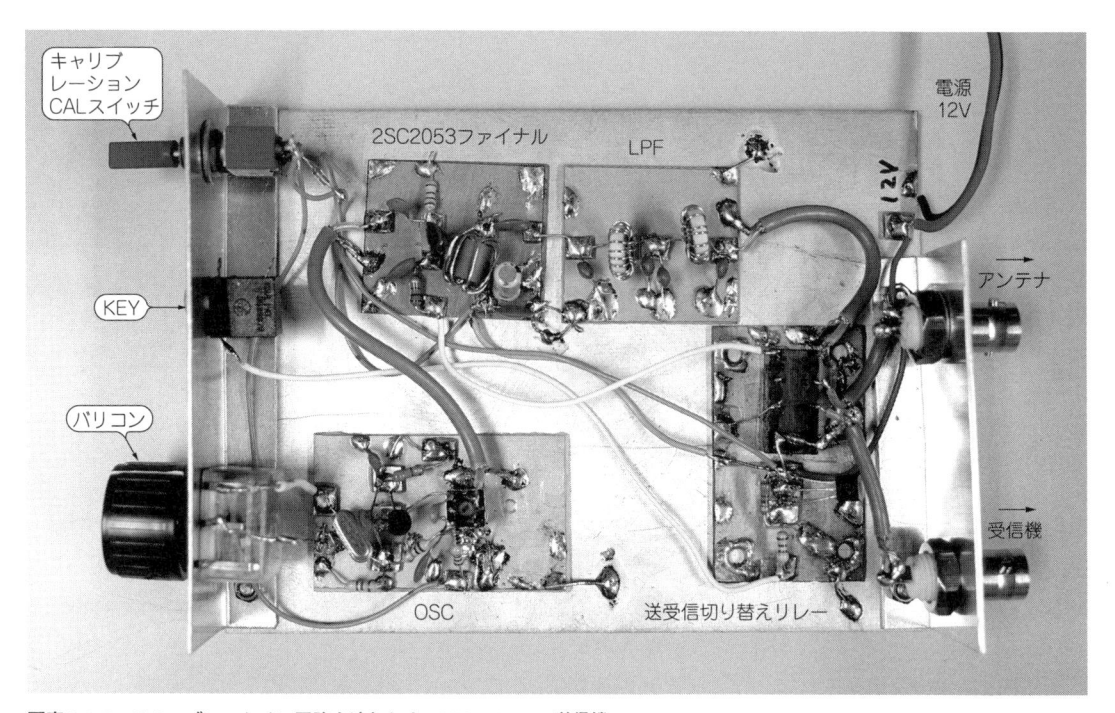

写真2-2-2　フル・ブレークイン回路を追加した7MHz 500mW送信機
横長の基板を三つに分けたため見た目が異なるが、同じ回路で組み上げてケースに入れた．7MHzのアンテナと受信機，12Vの電源を用意すれば立派な小電力のCWセットとして通用する

と遅れてファイナルが働きます．瞬間ですが，発振部のあとでキーイングを行うことになるため，周波数の安定度が上がります．しかし，実際は発振段のエミッタを断続したキーイングのときと，まったく変わりはありませんでした．

ブレークインの使い方

　受信機やアンテナなど，必要な結線をしたら，送信機の電源を入れてCALをONにします．受信機は常時スイッチを入れておきます．送信時500mWのパワーがアンテナに送り込まれますが，受信機とはリレーによりアンテナから物理的に切り離されており，通常であれば受信機を壊すことはありません．受信機で7.003MHz付近のキャリアを確認します．VXOのバリコンを回して，周波数をチェックします．
　おそらく7.000～7.003MHzくらいの変化幅が得られます．CALをOFFにしてキーダウンすると，リレーがカチッと動いて送信状態になり，受信機から送信の信号音が聞こえてきます．キーを離すと受信状態に戻ります．キー操作と同時に，気持ち良くリレーがカチカチ動いてフル・ブレークイン操作になります．エレキーも使うことができます．
　本機のキーを操作するとリレーが動き，その音が「きつつき」のように聞こえるので，この500mW出力送信機をWood Pecker (WP-7)と名づけました．

2-3 送受信切替回路を不要にした 7MHz CW トランシーバ

ここでは，ファイナル2SC2053の2石送信機に，ダイレクト・コンバージョン方式の受信機を組み合わせた7MHzトランシーバを紹介します．

周波数混合回路とダイレクト・コンバージョン

図2-3-1に示すように，目的の入力信号に対して局発信号を注入して，別の周波数を出力する回路を周波数混合といいます．7.003MHzの入力信号に対して7.002MHzの周波数を注入すると，1kHzまたは14.005MHzの出力が現れます．14.005MHzの高周波出力を取り出すときは，負荷をLCの同調回路とします．一方，信号を取り出すための負荷を抵抗にすると，1kHzのビートとして聞こえてきます．

7.003MHzの高周波信号が1kHzの可聴周波数に変換されることを検波(復調)といいます．このように受信信号を直接検波(復調)して，低周波出力を得る受信方式がダイレクト・コンバージョン(以下，DCと略す)です．検波方式にはダイオードによる直線検波，またFETやトランジスタなどでは，出力電流が入力電圧の2乗に比例するような特性をもつ2乗検波(図2-3-2)があります．

図2-3-3に，基本回路⑥となる2SK241による混合回路を示します．

7MHz CWトランシーバの回路について

図2-3-4に，7MHz CWトランシーバの構成を示します．

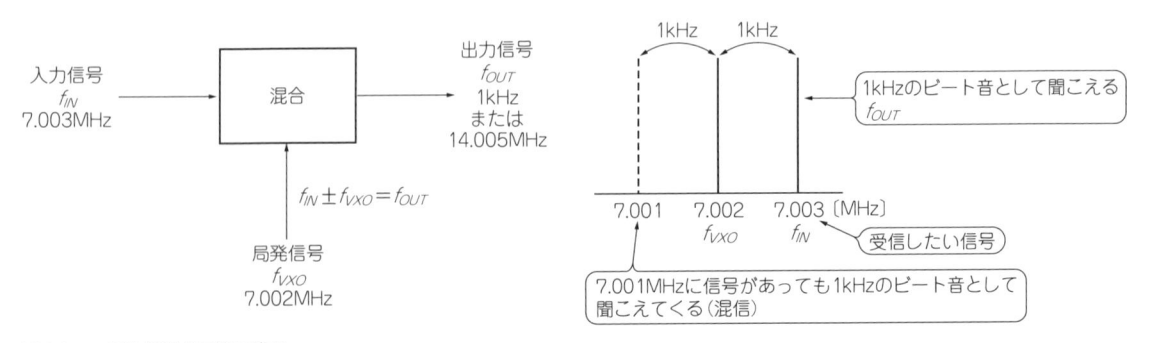

図2-3-1 周波数混合回路の働き
このとき7.003MHzのほかに7.001MHzの信号も1kHzのビートとして聞こえる．つまり，局発信号に対して±1kHzの信号がビートとして聞こえる．目的信号に対して，逆サイドの信号がイメージ混信として現れるという欠点もあるが，DC受信機は構成がシンプルになり自作向き

受信部は，高周波増幅された信号が2SK241の混合（検波）回路に入力されます．一方，局発信号としてVXOの発振出力を注入すると，検波・復調された低周波信号を$0.1\mu F$によって取り出します．この低周波出力をLM386で増幅してヘッドホンを鳴らしています．混合回路以外は，これまでに紹介した基本回路の組み合わせです．

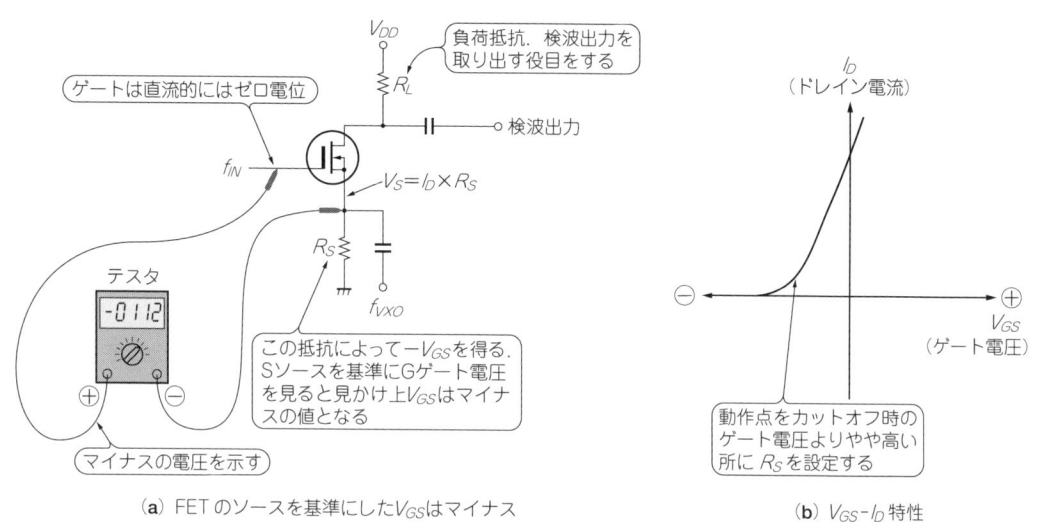

(a) FETのソースを基準にしたV_{GS}はマイナス

(b) V_{GS}-I_D特性

図2-3-2　FETによる2乗検波回路
ディプリーション型MOS FETである2SK241を使った検波（混合）回路．FETのソース抵抗R_Sにより生まれる電圧降下（$V_S = I_D \times R_S$）によりマイナスのバイアス電圧V_{GS}を設定する

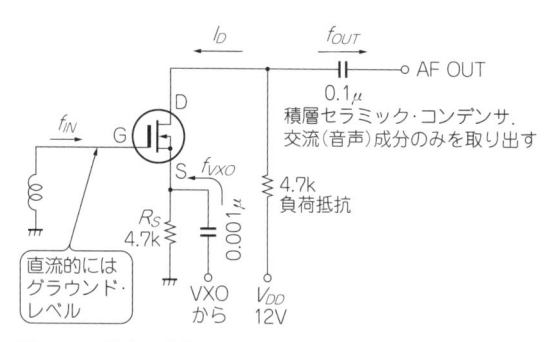

図2-3-3　基本回路⑥ 2SK241による混合（検波）回路

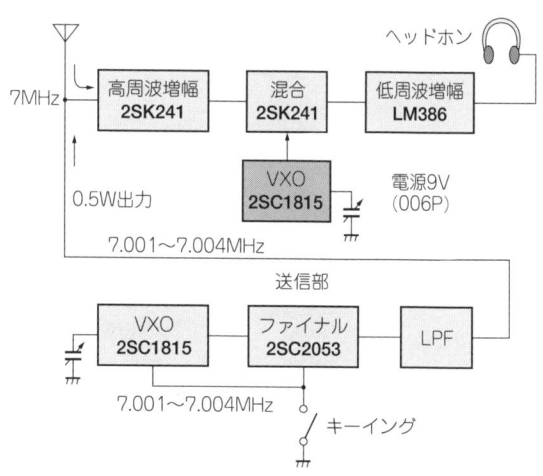

図2-3-4　2SC2053ファイナルの500mWトランシーバの構成
送信部はp.80の2石7MHz送信機そのもの．送信部と受信部は共用部分はなく独立させる．また，電源電圧を9Vにして，006Pの乾電池を使うと，QRPの移動運用にも使える

2-3　7MHz CWトランシーバ

図2-3-5を見てください．局部発振は，7.000 MHzの水晶を用いた再現性のよい，L（インダクタンス）を付加しないVXOです．アンテナから入ってきた目的信号は，100 pFを通って2 kΩのアッテネータ兼ゲイン・コントロールのボリュームに入ります．ここに100 pFのコンデンサを使うことで，送信と受信のアンテナ切替回路を不要にしています．このコンデンサが大きすぎると送信パワーのロスが増え，また小さいと減衰が大きくなり受信感度が悪くなります．100 pFが，送信パワーと受信感度の減衰がない適度な大きさです．

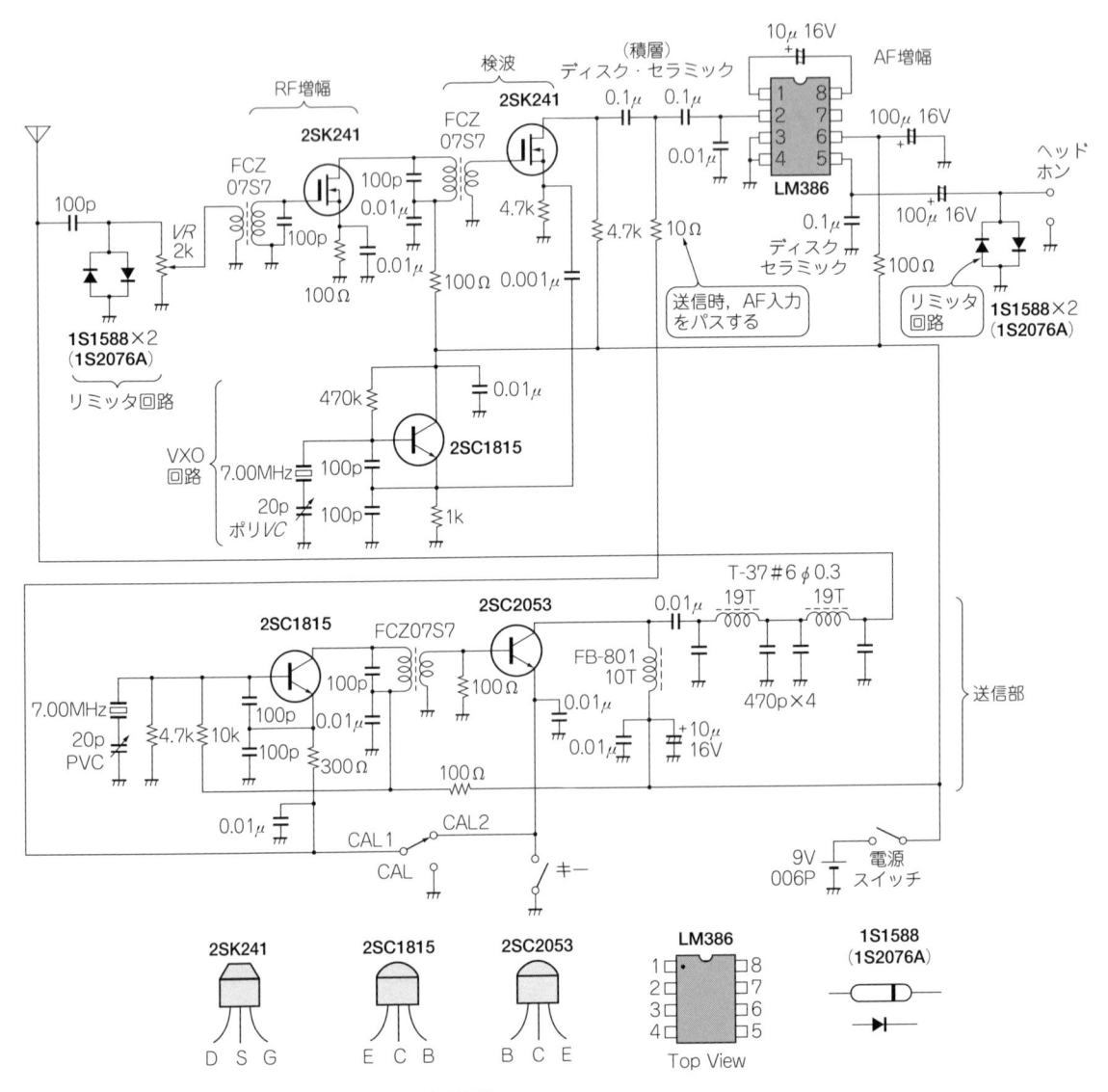

図2-3-5　7 MHz QRPトランシーバ(Meeting Mate)の回路
送受信切替回路を省略したが，QRPであるがゆえに使える技だ．受信部の入力は100 pFによる結合とした．他バンドにこの方法を応用する場合，このコンデンサは次段FCZコイルの同調用コンデンサと同容量にすればよい．その後，高速スイッチング・ダイオードによるリミッタを入れて2SK241の保護としている．RF入力は約1 V$_{P-P}$以下に抑えられる．ちなみに，ヘッドホンの前にも低周波用のリミッタを入れてある

ボリュームからの信号は2SK241の高周波増幅に入ります．基本回路④にはなかったソース抵抗100Ωは，ドレイン電流を抑えて消費電流を減らしています．受信部の局発VXO回路ですが，基本回路とバイアス電圧の取り方を変えており，抵抗を1本減らしました．また，出力もエミッタから取り出して出力コイルも省略しました．VXO出力は2SK241のソースに注入され，ドレインから0.1μFを通して低周波出力を取り出してLM386で増幅しています．ここで，2個の0.1μFの間から10Ωの抵抗がキーにつながっています．キーダウンしたとき，送信出力を受信部が拾いビートとしてAF信号になりますが，500mWを直接拾うことになるわけです．そのためAF出力も大きくなりがちなので，キーダウンと同時に10Ωでアースすることにより，ヘッドホン出力を信号受信音と同レベルにしています．モニタ音が大きいときや小さいときには，ここを直接アースに落とすか，1～20Ωの抵抗を入れて聞きやすい音量になるように調整します．

　受信部の電源は常時，通電しています．送信出力を拾ってモニタしているので，ときには過大入力もありえます．入力側のダイオード×2は，過大入力から2SK241を保護しています．また，LM386の出力側で同じく過大入力をクリップしています．

　送信部は2SC1815によるLなしVXO，ファイナルは2SC2053です．電源電圧が12Vのときはエミッタに10Ωの抵抗を入れましたが，9Vの電源では電圧が低い分だけコレクタ電流を多く流すことで，500mWのパワーを得ています．多少のミス・マッチングは覚悟の上です．ただし，キーには90mAほどの電流が流れるので，接点はきれいにしておく必要があります．

　ちなみに，本機は7.003MHzを中心としたため，毎週日曜日0800から行われているQRPクラブのオン・エア・ミーティング(CW)専用機としてぴったりで，その名も"Meeting Mate(MM)"としました．

基板の作り方と調整方法

　今回も生基板上に，小さく切った基板を瞬間接着剤で貼り付けてランド端子を作るいわゆるチップ貼り付け法で作ります．p.7の実体図を参考に配置を決めます．移動用に小さくまとめましたが，作業しやすさを優先させて大きく作ってもよいでしょう．送信部と受信部に基板を分けると作りやすくなります．

　最初に送信部を配線します．p.5の2石送信機とまったく同じものです．受信部は，まずVXO回路を組みます．そして，発振信号を別の受信機で確認します．確認ができたら，2SK241の高周波増幅回路，混合，LM386と順に組んでいきます．送信部はパワー計をつないで出力最大になるようにVXO出力コイルを調整します．受信部は，実際の信号を聞きながら，高周波増幅の同調コイルのコアを調整し，もっともよく聞こえる位置にします．

7MHz CWトランシーバの使い方

　電源には，必ず9Vの006Pなどの電池やバッテリを使ってください．DC受信機なので，商用電源はNGです．

7.003MHzに送信VXOを合わせて，CAL（キャリブレーション）をONにします．次に，受信VXOを左に回し切ります．そして，ゆっくり右に回していくと送信キャリアのビート音が聞こえてきます．さらに右に回していき，送信周波数にピタリと合うとビート音が消えます．ここがゼロ・ビートの点で，送信周波数にゼロインしたことになります（図2-3-6）．しかし，さらに右に回していくと，またビート音が聞こえてきます．このように，DC受信機は一つの信号が下側と上側の2か所で聞こえるのです．どちらかのビートに合わせたら，CALをOFFにします．そして，キーダウンすると電波が発射され，同時にヘッドホンでそのモニタ音を聞くことができます．

　実際にワッチして信号が入感したら，受信VXOを同じように左から右に回しながら，ゼロ・ビートを取ります．次に，CALをONにして，送信VXOでゼロ・ビートを取ります．そのまま受信VXOを右か左に回して信号を聞きやすい位置に合わせ，CALをOFFにすれば交信準備は完了です．なお，キー回路には，受信側のIC，LM386の入力側に10Ωで直接接続しているので，電鍵の端子に指などが触れるとハム音を拾います．また，電鍵によっては手を触れなくともハム音が出るものもあります．特に電鍵の基台が金属のものはハムを拾いやすいようです．

さらに使いやすくするために

　ダイレクト・コンバージョンは，シンプルな割に高感度でとても静かな受信方式ですが，混信にはとても弱いです．50kHzも離れたところからのQRMを受けたり，夜間には放送波の通り抜けによる混信などがあります．受信部トップの2kΩのボリュームを絞ることである程度改善できますが，これを少しでも減らすように簡単な水晶フィルタを入れてみました〔図2-3-7（a）〕．水晶1個でもかなりの改善が期待できます．しかし，近接波の除去には効果は少なく，7.003MHz付近で2～3局出てくると，まったくお手上げです．

　そこで，外付けのヘッドホン直前に入れる低周波用ローパス・フィルタ（LPF）を作りました〔図2-3-7（b）〕．27mHのチョーク・コイル2個と積層セラミック・コンデンサにより2段のLPFを組みました．

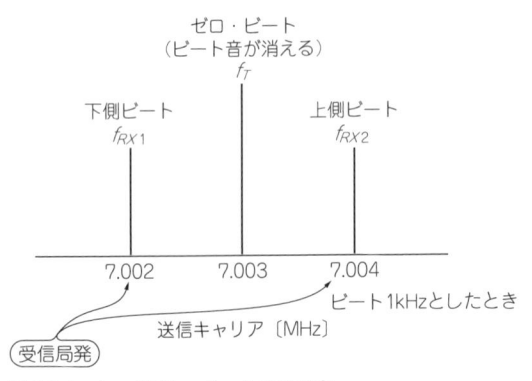

図2-3-6　キャリブレーションの取り方

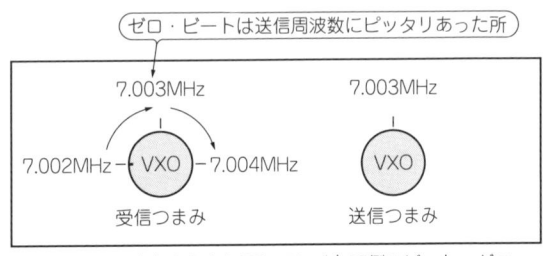

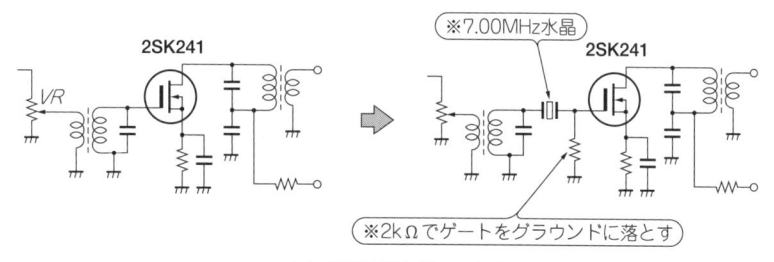

(a) 超簡易型水晶フィルタ

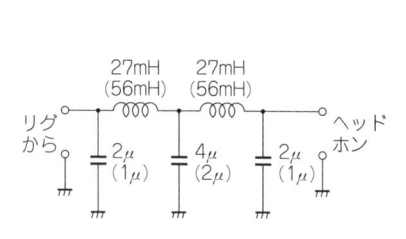

※7.00MHz水晶
※2kΩでゲートをグラウンドに落とす

(b) 低周波用ローパス・フィルタ

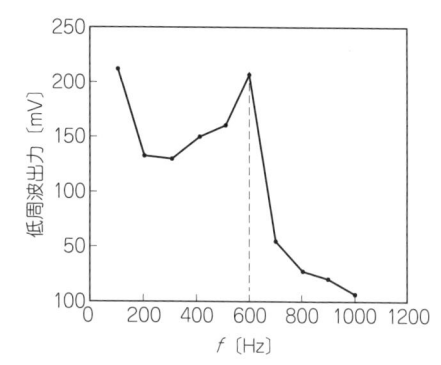

※（ ）内の値でも可．コンデンサは積層セラミック1μF(105)を2個(パラ)で2μF，4個パラで4μFとなる

(c) 低周波用ローパス・フィルタの特性

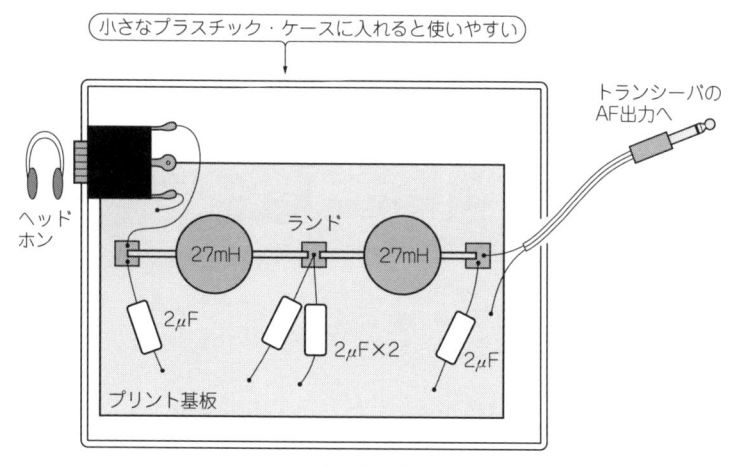

(d) ヘッドホン用LPF

小さなプラスチック・ケースに入れると使いやすい
ヘッドホン
ランド
27mH
27mH
2μF
2μF×2
2μF
プリント基板
トランシーバのAF出力へ

図2-3-7 二つの改良点
1素子の水晶(中波の通り抜け防止用)は特性がブロードなので，VXOに使った水晶と同じ周波数のものでOK．ただし，挿入損失が出るのはやむを得ない．
低周波ローパス・フィルタを外付けにした理由は，DCでは主に低周波でゲインを稼いでいるので，回路中にインダクタンスを入れると部品配置によってはハムを拾ったり，発振したりという，思わぬトラブルを避けるため

2-3 7MHz CWトランシーバ

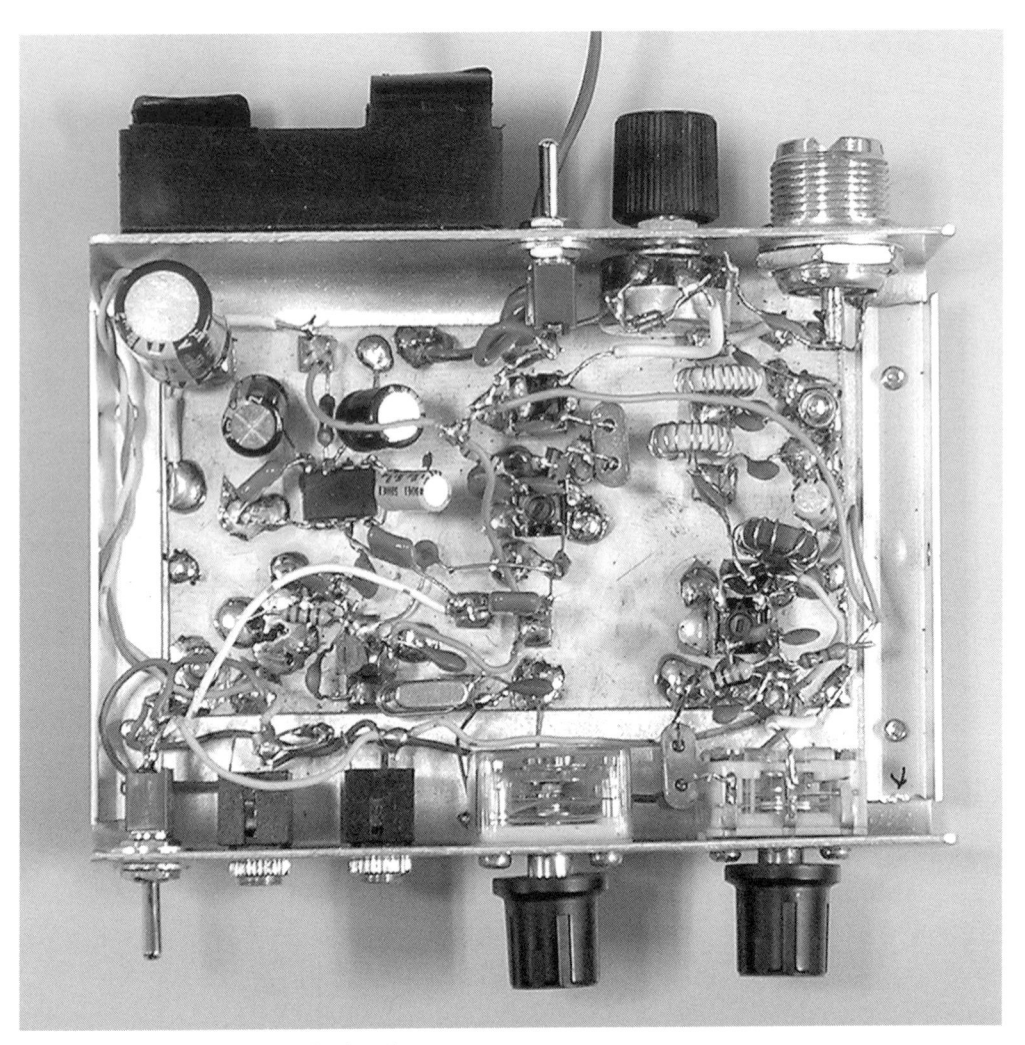

写真2-3-1　完成した7MHz CWトランシーバ

650Hzくらいのところから高い周波数が減衰して，とても聞きやすくなります〔**図2-3-7(c)**〕．ヘッドホン直前のフィルタのため，回路から発生するノイズも押さえられてとても静かになり，長時間聞いていても疲れません．おまけに，キーイング時のクリック音もかなり押さえられ，とても聞きやすくなります．

　このMeeting Mateが実用になるかどうかは，このAF用ローパス・フィルタのでき次第です．一度使ったら手離せなくなります．ぜひ，試してみてください．

2-4 とってもシンプル 50MHz 2石CWトランシーバ

　実用的でもっともシンプルなトランシーバの製作を考えてみると，SSBやAMなどよりもCWです．変調回路がない分だけ，回路が簡単になります．CWなら実用性もそこそこあるので，CW送信機として保証認定が受けられる発振-ファイナルという2ステージを構成し，それを試してみることにします．

　CWを受信するには，受信信号に局発信号を注入するプロダクト検波を行えば復調することができます．しかし，検波だけでは自局のモニタとして使うことはできますが，実用にするにはちょっと無理があります．

　受信機とするには，最低でもイヤホンを鳴らすだけのゲインが必要です．そこで，発振-ファイナルという構成で受信機はできないものだろうか，というのが本機の製作を思いついたきっかけです．

　もし実現できれば，送信，受信ともに発振部は必要になりますから，送信のファイナルだけで済みます．ファイナルは高周波増幅なので，受信系でも使うことができそうです．高周波増幅ができるのであれば，低周波増幅もOKでしょう．

　トランジスタによるファイナルは，受信時に高周波と低周波の増幅を同時に行うレフレックス方式として，たったの2石で50MHzのトランシーバを作ってみました（図2-4-1）．2石トランシーバなので，通称ツートラ（2TR）と名付けました．

2石CWトランシーバの回路について

　図2-4-2（a）は，自己バイアス回路による低周波アンプの基本回路です．この回路で，低周波と高周波を増幅することができるように考えたのが図2-4-2（b）です．

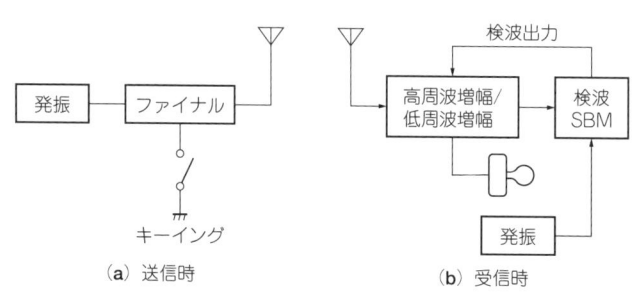

図2-4-1　2石の50MHz CWトランシーバの構成
（a）送信時
（b）受信時

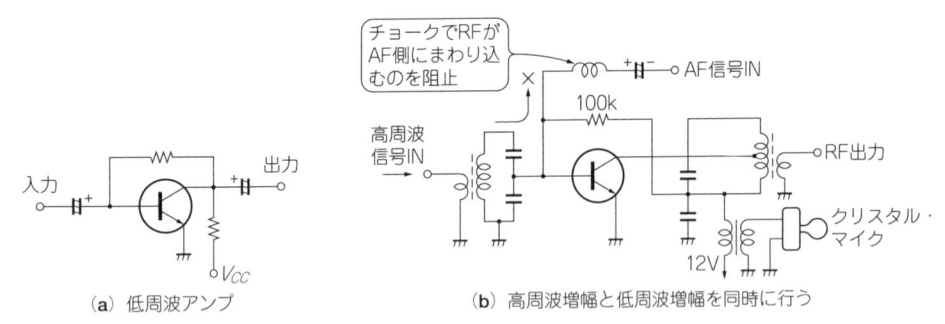

図2-4-2 トランジスタ・アンプを低周波増幅と高周波増幅で共用する

(a) 低周波アンプ
(b) 高周波増幅と低周波増幅を同時に行う

低周波回路には共振回路を入力と出力に入れて，高周波増幅と低周波増幅を同時に行うというものです．バイアスの設定が難しいのですが，カット＆トライをしながら100kΩにしました．1石しかないので効率は無視して実用になることを優先し，ベース電流I_Bを多めに流しています．

● 回路の設計と動作

図2-4-3に製作した回路を示します．高周波信号は，同調回路より2SC1815に入力されます．入力側は33pF＋33pFのコンデンサにより16.5pFの容量を持ち，FCZ10S50のコイルと共振させています．トランジスタの入力インピーダンスはFETより低いので，コンデンサの中点からベースに入力することにより，インピーダンスを下げています．コレクタ出力は，FCZ10S50の中点タップから取り出します．

送信では，エミッタでキーイングを行い，その後がファイナルになります．受信では，このファイナルがそのまま高周波増幅器になります．そのあと，SBMでVXOと混合されて検波へと向かいます．低周波信号はカップリング・コンデンサ1μFとRFCの100μHを介して，再びベースに戻されて，増幅されます．100μHのRFCは，高周波信号がSBMのほうに逃げないように阻止する目的で入れてあります．

低周波信号は，高周波用のコイルに対してはショートと同じ状態であり，このコイルの挿入による減衰はほとんどありません．

出力コイルを通過したあとのトランス負荷で，出力インピーダンスが20kΩに変換されて，クリスタル・イヤホンを鳴らします．ここには，インピーダンス変換用低周波トランスとして，ST-11（1kΩ：20kΩ）を使いました．低周波用トランスをいくつか試してみましたが，このST-11がもっとも出力ゲインが多く取れました．

低周波増幅のためのトランスは，実のところ送信時にはコレクタ電流を制限してしまい，出力を殺しています．本来は，トランスを送信時にショートすることができれば，より大きな出力が得られます．シンプルにするために，ここはそのままにしています．

こうすると送信時と受信時で同じ消費電流となり，送信と受信で電源電圧の変動がありませんから，VXOの電源を安定化する必要がなくなります．

VXOは50.25MHzの水晶を使って，50.150MHzから50.210MHzまで動かしています．送信時と受信時では，800Hzほど周波数をずらすためにRIT回路が必要になります．

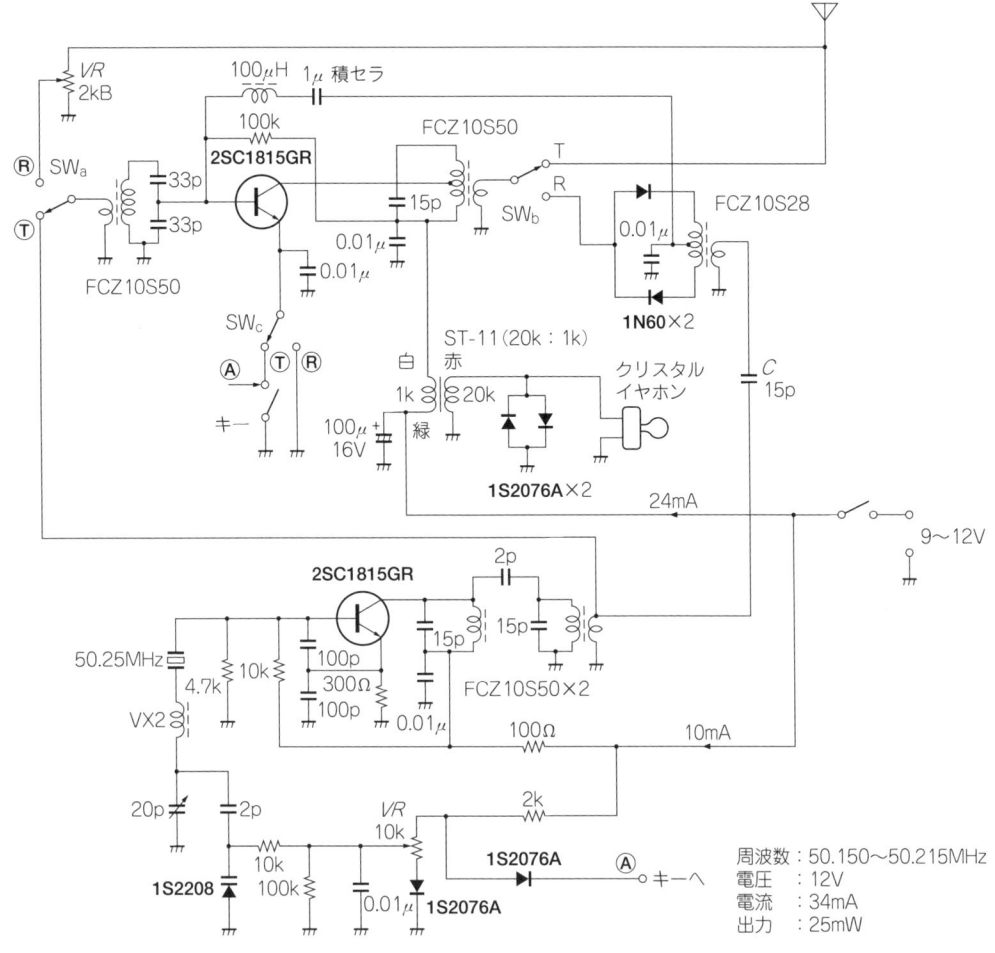

図2-4-3 2石50MHz CWトランシーバの回路

　RITは送信時ではキーダウン時，2kΩを介して1S2076を通ってアースされます．バリキャップに与えられる逆方向電圧は，1S2076の順方向電圧である0.6Vとなります．受信時では，RITボリュームを左に回しきるとVRとアース間の1S2076によりバリキャップにかかる逆方向電圧は，送信時と同じく0.6Vになるので，送信時と同じ周波数になります．VRを右に回してバリキャップの電圧を上げると，バリキャップの容量が減るために周波数は高くなり，CWがトーンとして聞こえてきます．

● 信号の流れ

　以上を総合して信号の流れを追ってみると，受信系ではアンテナから入った信号は，2kΩのアッテネータを通過してSW$_a$の®から2SC1815に入り，高周波増幅されます．SW$_b$の®で，SBMにより検波・復調されて，再び2SC1815で低周波増幅されて，クリスタル・イヤホンを鳴らします．イヤホンのところに挿入されている1S2076×2のダイオードは，送信時のクリック音を和らげる働きをしています．

送信時には，VXOのキャリアは3か所のSWで同時にT側に切り替えて，2SC1815に直接入力されます．キーダウンにより，ファイナルとして動作します．ファイナルから直接アンテナに接続していますが，高調波除去という意味では，ファイナルの後にローパス・フィルタ（LPF）を入れたほうがよいでしょう．

SWは3回路2接点のトグル・スイッチで，信号ラインを3か所同時に切り替えています．得られる送信パワーは25mWほどになります．

製作してみよう

一枚基板（70×90mm）の上に，回路をランド法により組んでいきます．部品の配置例は，p.8の実体配線図を参考にしてください．

●仮調整とケーシングと配線

回路のはんだ付けが終わったら，VXOの動作を確認します．基板上でバリコンを仮付けして，高周波出力をコア調整で最大にしたあと，VXOの周波数カバー範囲が50.150〜50.210MHzほどになるかどうかを確認しておきます．このとき，RITの2pFは外した状態でOKです．

次に，基板をケースにビス止めします．ケースは，タカチのYM-130（W130×H30×D90mm）にちょうどよく納まります．送信と受信を3回路2接点のトグル・スイッチで切り替えるので，少しややこしいですから，間違えないように注意して配線してください．

なお，高周波信号を扱う部分は，1.5D-2Vの同軸で配線します．SW_aの受信のラインとVXOのライン，SW_bのLPFとSBMへのライン，VXOからSBMへのラインです．LPFからBNCコネクタまでの距離が長いときも，もちろん同軸ケーブルになります．

すべての配線が終わったら調整に移ります．

●調整は受信系を優先して行う

定石どおりVXOから始めます．基板上で仮調整してあるので，周波数カバー範囲が50.150〜50.210MHzくらいになるように再調整します．また，RITによって受信周波数が800〜1kHz動くことも確認しておきます．もし，動かないときは，2pFを3pFや5pFに増やしてみます．

次は，送信状態にするためキーダウンして，パワーが最大になるようにファイナルのFCZコイルのコア調整を行います．およそ25mW程度の出力が出てくると思います．パワーが出ればうまく動作しているのですから，受信もできるはずです．送信パワー最大と，受信感度の最大とは多少ずれるようです．聞こえないと何事も始まりませんから，受信感度のよいところに合わせて完成とします（**写真2-4-1**）．

2石50MHz CWトランシーバの使い方

たった2石のトランシーバですから，イヤホンをやっと鳴らす音量ですが，感度はまあまあです．電源

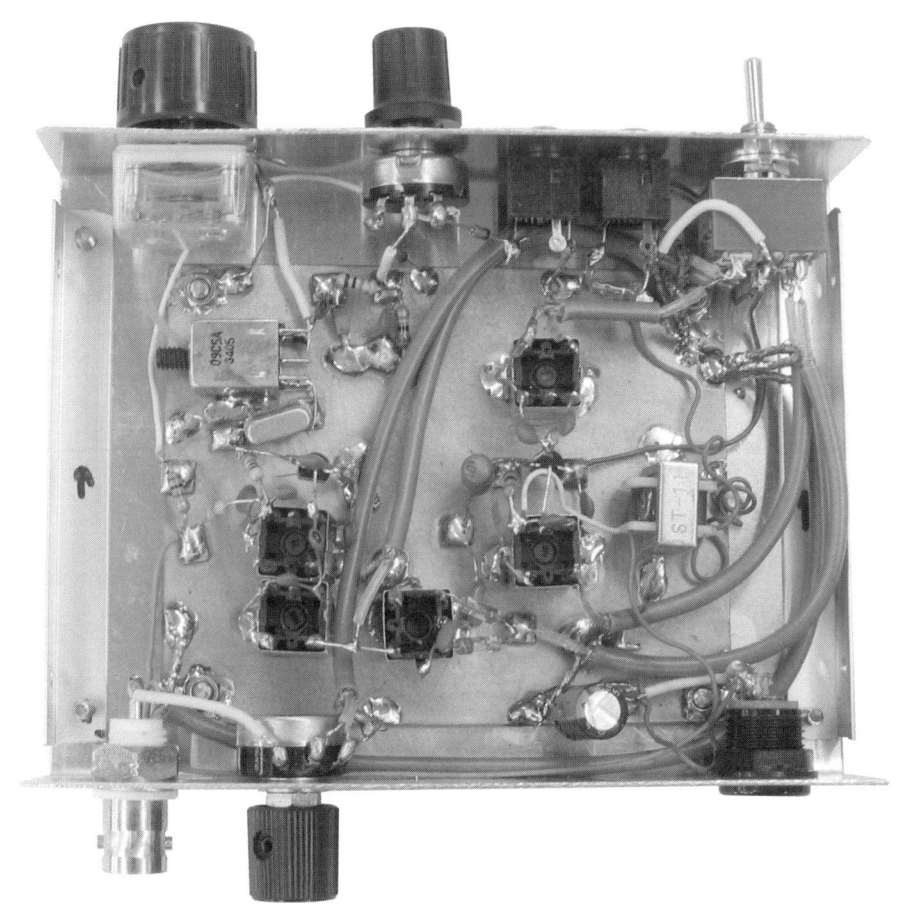

写真2-4-1　完成した2石50MHz CWトランシーバ

には，電池やバッテリを使用してください．

　RITを左に回しきった状態で，相手局の信号にゼロインします．そのあとRITを右に回していって，信号が聞きやすいトーンに合わせます．この状態で相手の周波数に合うことになります．

　25mWのパワーといっても，標高の高いところでは驚くほど飛びます．しかし，50MHzの信号を1石で受信するわけですから，QRMなどが厳しいときも多いでしょう．相手局の信号を受信することに集中するということも必要になります．

　アマチュア無線は，個人的な無線技術の興味による自己訓練と定義されていますが，この2石トランシーバを使いこなすのは自己訓練そのものです．交信できたときの感動は，実行した人しかわからないでしょう．

　筆者は，本機と同じ構成で7〜50MHzまでの各セットを作りました．パワーはどれも50mW以下ですが，コンディションのよいときにツートラでの交信を楽しんでいます．

2-5 周波数構成の考え方
50 MHz CW送信機とクリスタル・コンバータ

ここでは，本章で紹介したこれまでの基本回路を組み合わせた50 MHz電信バンド（50.05～50.10 MHz）の送信機と，7 MHzの受信機で50 MHzを受信するクリスタル・コンバータ（クリコン）の作り方を紹介します．

50 MHzの信号を7 MHzに変換するクリコン

入力信号に対して低周波ビート分だけ周波数が離れた，近接した局発信号を周波数変換回路に注入して，直接，低周波信号を取り出すのが検波回路です．また，出力信号を異なった周波数（高周波）の信号に変換して取り出すのが周波数変換回路です．

図2-5-1を見てください．50.05 MHzの入力信号に対して，43.05 MHzの局発信号を注入すると，7.0 MHzと93.1 MHzの信号が出てきます．このうち，7.0 MHzの信号だけを取り出す同調回路を設ければ，50.05 MHzの信号が7.00 MHzに変換されます．この信号を7 MHzの受信機に入力してやれば，50 MHzの信号が聞こえてきます．そして，局発信号を水晶発振子（クリスタル）によって作った周波数変換器のことをクリスタル・コンバータ（クリコン）と呼びます．

基本回路⑥となる2SK241を使った周波数変換回路を図2-5-2に示します．出力を取り出す負荷はLCによる同調回路にして，7 MHzの信号を取り出しています．局発信号を43.05～43.10 MHzまで変化させると，50.05～50.1 MHzの信号が7.00 MHzに変換されます．そこで，この局発信号を可変することができるようにVXOにすることにします．

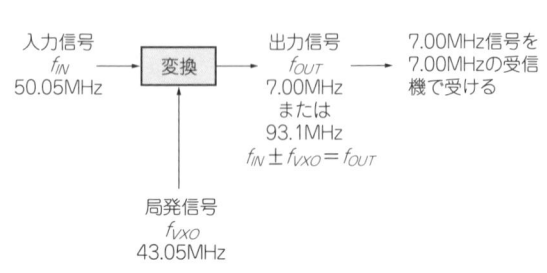

図2-5-1 周波数変換回路

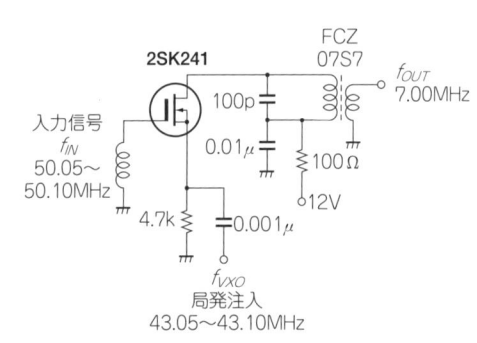

図2-5-2 基本回路⑥ 2SK241による周波数変換回路

自作機器はVXOの発振から

図2-5-3に基本回路①をベースにしたVXO回路を示します．43.15 MHzの水晶を使ったVXO回路ですが，基本回路①とは異なり水晶とバリコンとの間にVXOコイルを追加しています．また，出力側のコイルが複同調になります．

水晶のケースに表示されている周波数がおよそ20 MHzまでは基本波で，それ以上のものは3倍波のオーバートーン発振用になっています．VXOでは表示周波数の約0.5％ほど下側に動かしますが，電圧変動が周波数安定度に影響するので，電源電圧を安定化させます．

VXOは基本波で発振します．43.15 MHzの水晶はオーバートーン発振用で，43.15÷3の14.38〔MHz〕で発振しますが，発振と同時に2倍波，3倍波などの高調波も現れます．出力同調回路では3倍波である43.15 MHzを取り出します．また，高調波スプリアスを低減するために，複同調回路にしています．カップリング・コンデンサ C_C の容量は，FCZコイルと組み合わせた同調コンデンサの$\frac{1}{10}$以下が目安になります．

VXOでは表示周波数の約0.5％までは安定して動かすことができますが，実際は個々の水晶やVXOコイルの特性がまちまちで，思うように動かないこともあります．ここではFCZコイルであるVX3を使いましたが，これは50 MHzのVXO用に最適で，気持ち良いほどスムーズに周波数を動かすことができました．

50 MHz CW送信機とクリコンの回路について

図2-5-4にブロック図を，回路を図2-5-5に示します．受信系は，アンテナからの信号が15 pFを通りアッテネータVRに入ります．この15 pFは送信出力のロスが少なく，かつ受信感度を落とさない容量のコンデンサを使うことで，送受の切替回路が不要になります．容量としては，次段に入っているFCZコイルの同調用コンデンサと同じ値を選びます．アッテネータ用VRは普段は最大にしておきますが，強力

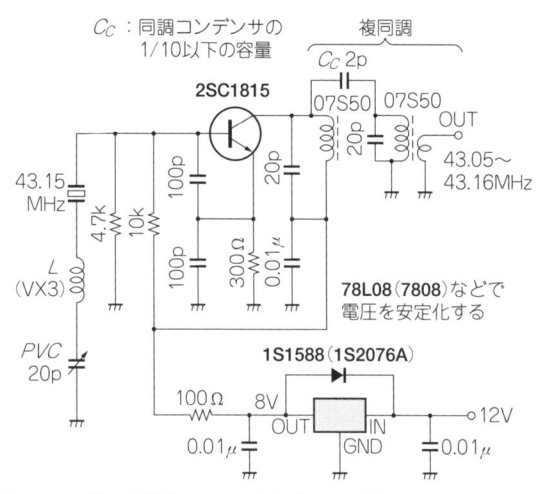

図2-5-3 基本回路①をベースにしたVXO回路

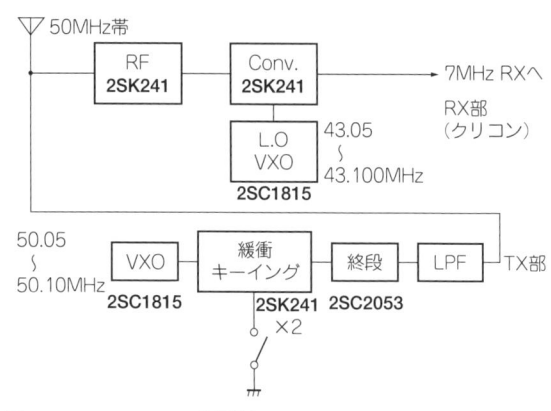

図2-5-4 50 MHz CW送信機と50→7 MHzクリコンのブロック図

な信号が入ったときに絞ると聞きやすくなります．なお，VXO局発の電源は送信VXO用8Vから取り込んでいます．

送信部は50.15 MHzの水晶を50.05 MHzまでVXOにより発振させます．ここも基本波発振なので，50.05 MHzの1/3の16.68 MHzから上に動くように発振させて，3逓倍した50.05 MHzの信号を取り出しています．

HFでは1石のVXOでも十分な出力を得られますが，50 MHzともなると効率が落ちてきます．そのため，次段の2SK241の出力は10 mWほどで，ファイナルを十分にはドライブできません．そこで，2SK241を並列接続にして15 mWを取り出しました．これでC級ファイナル（2SC2053）をドライブできるパワーが得られ，最終的に280 mWを取り出せました．ちょっとパワーが欲しいときには，2SK241のパラレル接続は便利です．

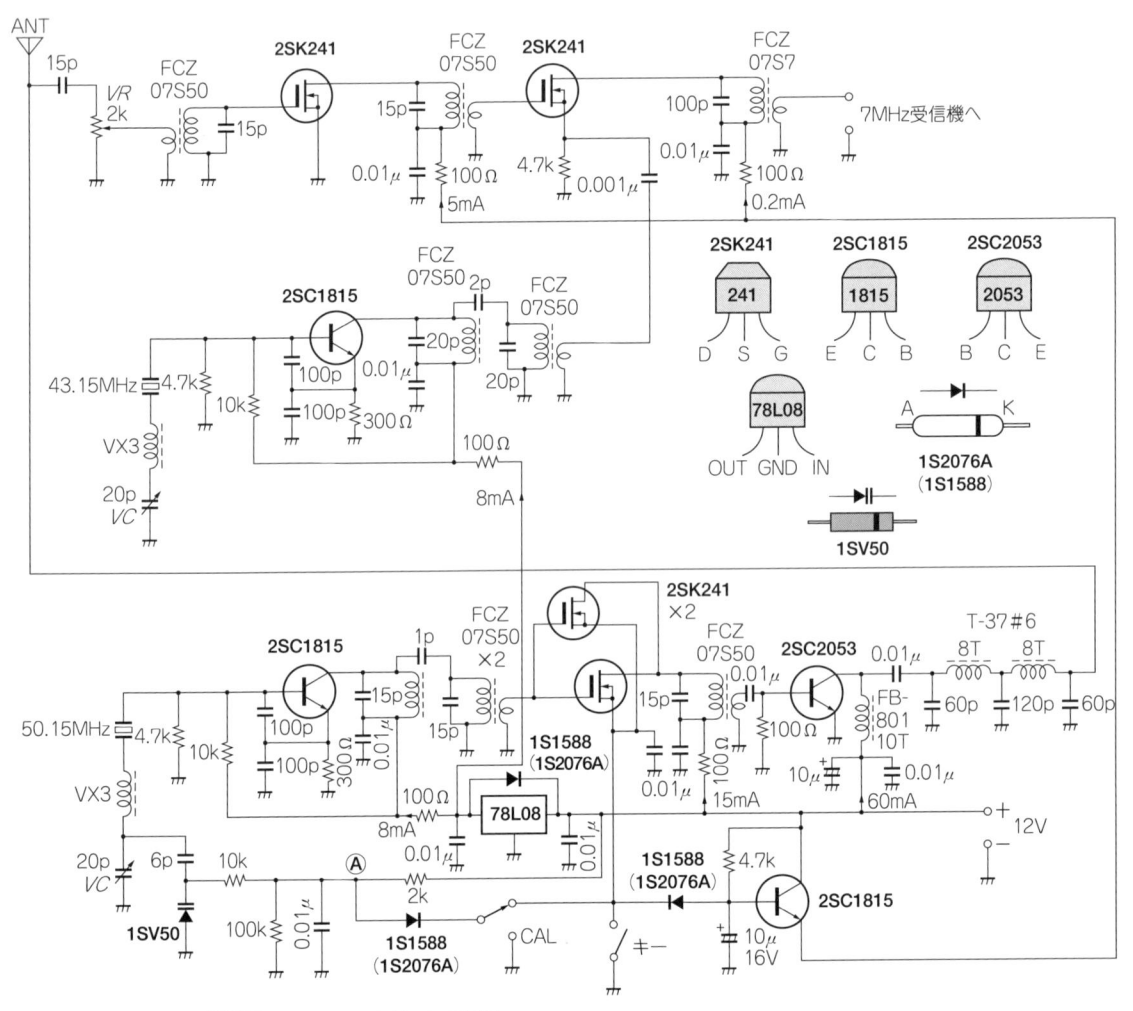

図2-5-5　50 MHz CW送信機と50→7 MHzクリコンの回路

送信VXOのシフト回路とスタンバイ回路

　送信VXOコイルと6pFのコンデンサをとおして，周波数のシフト回路を設けました．大きく周波数を動かすVXO回路では，周波数の安定度を上げるために，電源は常時通電しておきます．しかし，相手の信号に合わせておくわけですから，受信時に送信VXOの信号が常時聞こえて，相手の信号が聞こえなくなります．そこで，電圧の変化により容量を変えられるバリキャップを利用して，受信時には周波数をずらしておき，キーイング時に相手の信号に合わせるようにするのがシフト回路（図2-5-6）の働きです．

　Ⓐ点は受信時に12Vの電圧がかかりますが，CALにしたときは0.6Vになります．一般的には，バリキャップは逆電圧が低いほど容量が大きく，高くなると容量が減ります．発振周波数はバリコンとバリキャップの合わせた容量で決まりますが，送信時に0.6V，受信時に12Vという電圧の変化が周波数の変化として現れます．シフト幅を決めるのは，VXOコイルにつながった6pFです．受信時には，およそ5kHzほど上側にずらすようにします．

　次に，図2-5-7を見てください．2SC1815にバイアス電流I_Bを流しておくと，エミッタに電圧が現れます．ベースをアースに落とすとI_Bは流れず，エミッタには電圧が現れません．通常は電流が流れていて，キーダウンのときに電圧が切られて回路が停止します．この回路で受信部の電源をコントロールしており，キーイングと同時に受信部の動作を止めています．

　局発VXOは，周波数の安定度を上げるために，常時通電しておきます．混合の2SK241は電源を切った状態，すなわちカットオフ状態でも感度は悪いながら動作するので，送信出力と局発の混合で7MHzの信号となり，送信のサイド・トーン・モニタになります．

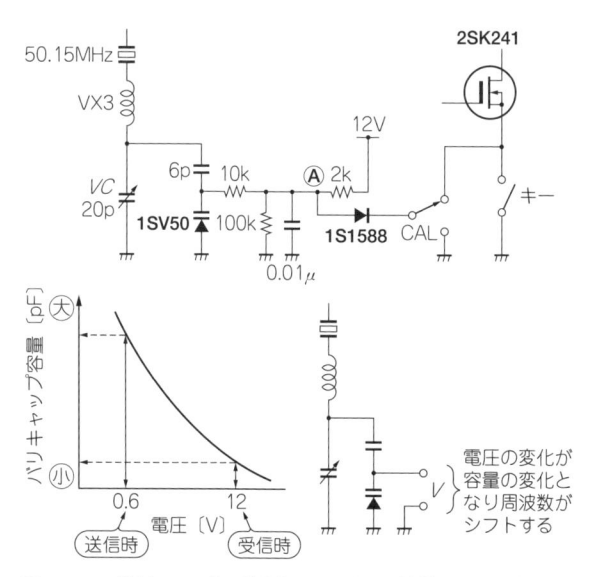

図2-5-6　バリキャップ・ダイオードによる周波数シフト回路

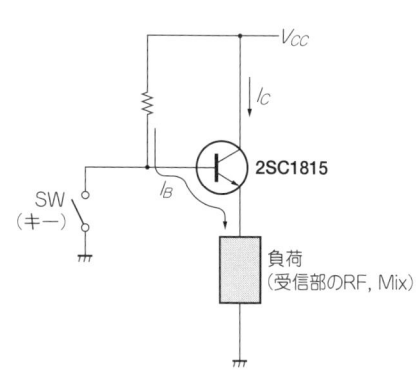

図2-5-7　2SC1815を使った受信コントロール回路
（エミッタ・フォロア）

2-5　50MHz CW送信機とクリスタル・コンバータ

ユニット基板による製作と調整

受信部は，高周波増幅-混合とVXO局発の二つの基板に分けて製作します(p.9参照)．送信部は，VXO発振-2SK241増幅(バッファとキーイング)，ファイナル，LPFと3枚のユニットに分けて製作しました．それと，2SC1815の受信部電源コントロール基板です．最初に作るのはVXO回路です．気を付けたいことは，VX3は逆さまに取り付けられないので，基板に横向きにしてはんだ付けすることです．

それぞれの基板ができたら仮調整を行います．まず，受信部VXO基板調製ですが，VXOコイルのコアを抜いた状態にします(この状態が発振しやすい)．そして，電源にテスタの電流計端子を入れて(8〜12V)の電圧を与えて，電流のチェックを行います．これにより，回路が働いているかどうかが判断できます．図2-5-5中に各基板の電流値の実測を示しますが，これらの値と大きく違っている場合は回路をチェックします．

その後，RFプローブを使って出力コイルのピークに合わせます．周波数カウンタがあれば出力側に当てて周波数を読みますが，ない場合はHFの受信機を使います．43.15〔MHz〕÷3の14.38〔MHz〕付近を受信しながらキャリアを探します．発振を確認できたらバリコンの容量を最大にして，VXOコイルのコアを押し込んでいくと周波数が下がるので，43.05 MHz(14.35 MHz)まで下がるようにコアを入れていきます．できたら，バリコンを最小にして周波数を確認します．筆者の場合，43.05〜43.16 MHzまで可変できました．

送信VXO基板には，キーイングの2SK241の回路までが載ります．ここで，2SK241の回路は，キーがつながっているソースをアースします．電圧12Vを与えて電流をチェックし，回路が動作することを確認しておきます(入力がなくてもドレイン電流が15 mAほど流れる)．次に，送信VXOを同様に調整しますが，このときシフト回路の6 pFのコンデンサを外しておきます(仮調整では外したままにしておく)．受信VXOと同じように，VXOコイルのコアを抜いた状態にします．そして，受信VXOと同じ要領でピークを取ります．ここで，発振が弱くて信号を確認できないときは2SK241の出力で確認します．周波数を確認しながら，VXOコイルのコアを押し込んでいきます．筆者の場合，50.05〜50.13 MHzまでの発振周波数になり，2SK241×2の後の出力は15 mWになりました．

受信基板は，電流の確認だけをしておきます．50 MHzの信号はしっかりと基板を固定しないと調整できないので，ケースや大きなプリント基板などを用意して，各基板をしっかり固定し，アースを取りそれぞれの配線をしていきます．

● 総合調整

送信VXOと受信VXOは上記のように動作を確認し，クリコン部も電流を確認しておきます．ファイナルはC級増幅なので，入力がないと2SC2053のコレクタ電流は流れません．まず，送信部から調整をします．電源側にテスタを入れてコレクタ電流を監視しながら調整を行います．送信VXOのシフト回路の6 pFのコンデンサは外したままにしておきます．アンテナに終端型パワー計を入れてキーダウンし，パワーが最大になるように各コイルのコアを調整します(VXOコイルはさわらない)．

次に，受信部の調整に移ります．クリコンの出力を受信機につなぎ，7.00 MHzに合わせます．CALを

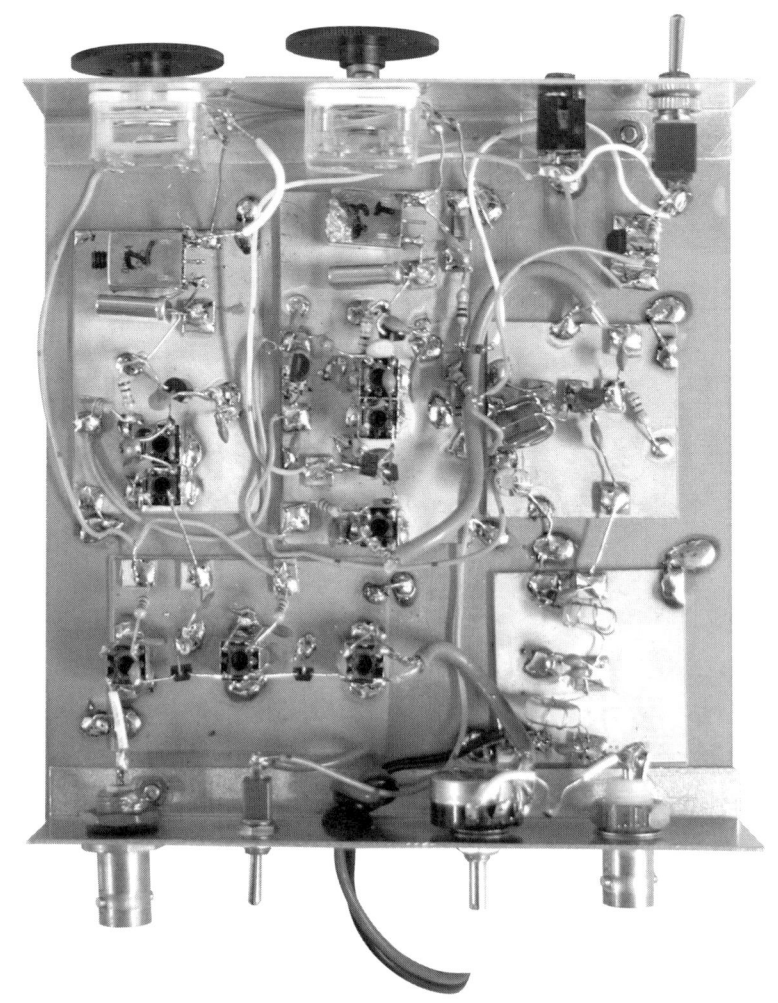

写真2-5-1 完成した50MHz CW送信機とクリコン

ONにして送信VXOダイヤルを回し，キャリアを確認できるところに合わせます．コアを調整する前でもかすかにキャリアが聞こえると思います．受信部の各コイルのコアを調整して，最大感度になるようすればOKです．

　ここで，シフト回路の6pFのコンデンサをはんだ付けします．CALをOFFにしたとき，発振が5kHzほど上側にシフトしていればOKです．もし，シフト幅が狭いときは6pFを8pFなどに変えてみてください．送信VXOは常時発振しており，受信VXOを回していくとキャリアを受けられますが，キャリブレーションを取ると聞こえなくなります．これで完成です．

　CALと実際の送信周波数に若干のずれが生じていますが，そのずれを頭に入れて補正をし，キャリブレーションを取ります．受信VXOをいじらずに，メイン受信機のダイヤルでも受信周波数を変えることができます．

2-6 水晶フィルタ方式 50MHz→7MHzクリコンをスーパ受信機にする

2-5節では50MHzを7MHz帯に変換するクリスタル・コンバータを作りましたが，それをフロント・エンドにして，後段に付加する水晶フィルタ方式の受信部を作ってみましょう．

筆者はこれまで，50MHz送信機＆クリコンを持って移動運用に行き，多くの方と交信してきました．図2-6-1に示すように，クリコンの親機（受信機）はBCLラジオです．50MHzの移動運用ではSSBバンドである50.15～50.25MHz付近にCWの局も出ています．そこで，その帯域でCWによる送信ができるように，送信VXOの水晶を50.25MHzに変更した結果，カバー範囲は50.15～50.23MHzとなりました．

受信部のVXOは固定にして，BCLラジオの周波数を変化させます．VXOを43.15MHzにしたとき，7MHzから上に50.15MHzから受信できます．受信コンバータ方式では親機（7MHz）を通り抜ける信号（LSB）が心配されますが，実際モガモガと多少は入りますが，50MHzはUSBであり判別することは可能です．交信はできませんが，たくさんのSSB局を受信できました．

p.84に紹介した7MHzトランシーバMeeting Mateのダイレクト・コンバージョンのシンプルな受信機でも50MHzの信号がちゃんと聞こえます．ダイレクト・コンバージョンの前にフィルタを入れれば，選択度が良くなります．そこで，フィルタのロスを考えてIF増幅を2段にした，図2-6-2のような受信機を作ることにしましょう．

これは外付けすることになりますが，クリコンから合わせて考えると高周波1段中間周波2段のいわゆる高一中二のスーパ受信機になるのです．つまり，クリコンとフィルタ以降の7.2MHzに固定した受信機との組み合わせです．受信VXOをそのまま利用できるように，フィルタは7.2MHzの水晶で作ることにしました．

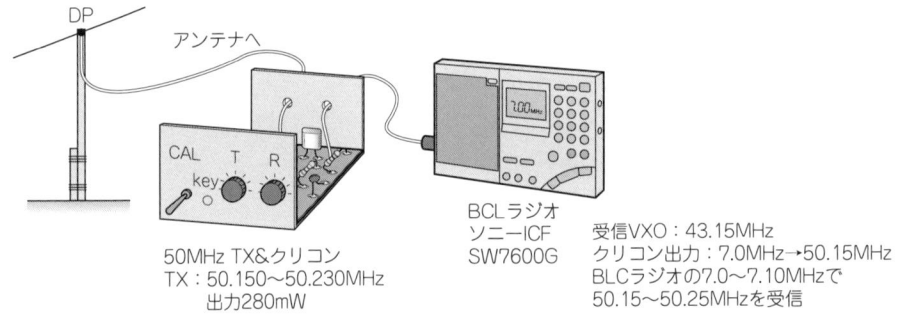

図2-6-1 移動運用時の機器構成

50MHz TX＆クリコン
TX：50.150～50.230MHz
出力280mW

BCLラジオ
ソニーICF
SW7600G

受信VXO：43.15MHz
クリコン出力：7.0MHz→50.15MHz
BLCラジオの7.0～7.10MHzで
50.15～50.25MHzを受信

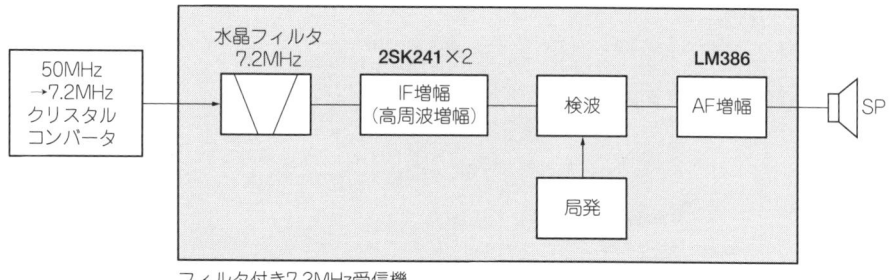

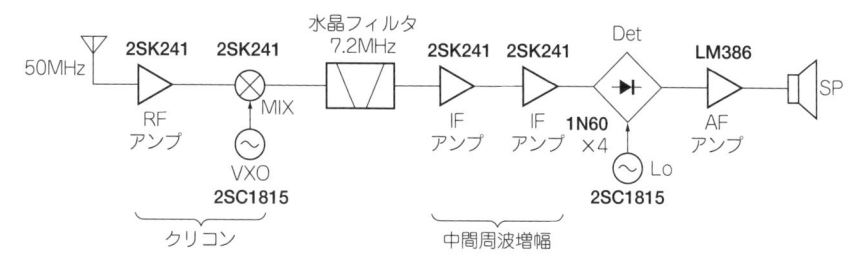

図2-6-2 高一中二受信機の構成

水晶フィルタ

　送信周波数は50.15〜50.23 MHzのSSBバンドにしましたが，この帯域は移動局などによるCW運用もたくさん聞かれます．今回製作したリグの受信VXOは，43.05 MHzから上側に周波数を動かしていますが，バリコンを最大容量にして，VXOコイルのコアを押し込んでいくと，42.95 MHzくらいまで周波数を下げることができます．上側に100 kHzほど動かすことができるので，7.2 MHzの水晶でフィルタを作ると，50.15〜50.25 MHzが受信範囲になります．

　図2-6-3に7.2 MHzの水晶を3個使った水晶フィルタを示します．水晶の両端をコンデンサによりアースすると並列共振点が下がり，直列共振点の帯域が狭くなることを利用して，フィルタを構成します．今回は，3段重ねたフィルタにしました．SSBも復調できるように帯域幅を2.0 kHzで設計しました．簡易的な実測ですが，そのときのフィルタ特性を図2-6-4に示します．

復調はリング検波

　図2-6-5に，リング検波の回路例を示します．ダイオードをリング状に組み合わせて局部発振からの信号を注入すると，基本回路⑨と同じように検波することができます．受動素子のみによる構成なので，信号のロスはありますが，検波時に発生するノイズが少ないため，とても静かな検波出力信号が得られます．ダイレクト・コンバージョンは局発信号を大きく変化させましたが，フィルタを通過する信号は7197.0〜7199.0 kHzだけなので，この範囲の周波数の局発信号を注入することになります．

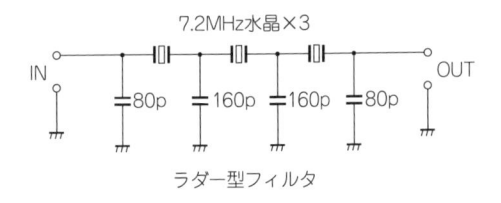

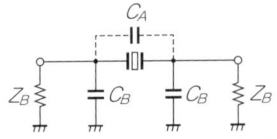

水晶フィルタの設計方法

- C_A：水晶端子間容量(pF)
- C_B：負荷の容量(pF)
- f_{SP}：直並列共振周波数(kHz)
- f_B：求める帯域(kHz)

$$C_B = \frac{2C_A \times f_{SP}}{f_B} - 2 \times C_A$$

※ f_{SP} は7～15MHzで、およそ表示周波数の0.21%とみてよい
※ C_A は4～8pFで、6pFで計算できる

水晶7.2MHzでは

$f_{SP} = 7200 \times \dfrac{1}{100} \times 0.21 = 15.12$〔kHz〕

$C_A = 6$〔pF〕

f_B：求める帯域を2kHzとする

$C_B = \dfrac{2 \times 6 \times 15.12}{2} - 2 \times 6 = 78$〔pF〕

図2-6-3　3段水晶フィルタ

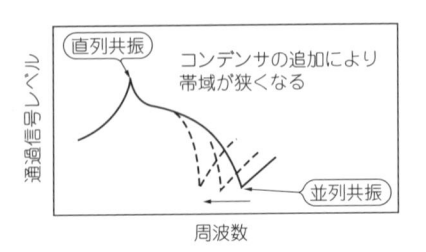

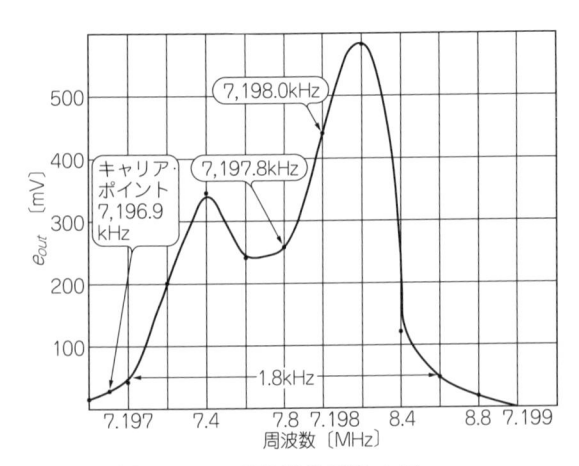

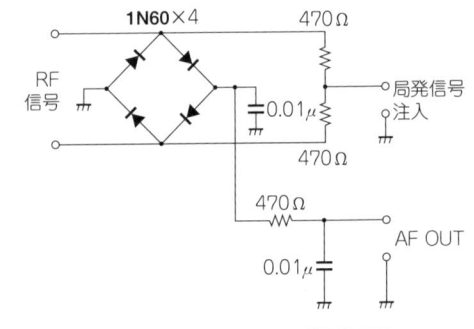

図2-6-4　水晶フィルタの特性(簡易実測による)

図2-6-5　ダイオードによるリング検波回路
(基本回路⑨)

　図2-6-6を見てください．ダイレクト・コンバージョンの検波では，局発信号の両側に信号があった場合，両方がビートとして聞こえます．しかし，フィルタ帯域端の周波数で局発信号を注入すると，逆サイドの信号があったとしてもフィルタの帯域外となり，聞こえてきません．ここのところの局発周波数をキャリア・ポイントと呼んでいます．

　フィルタは両端にキャリア・ポイントを設定することができますが，下側の端がUSB，上側に設定するとLSBになります．ここでは50MHzでUSBなので，キャリア・ポイントをフィルタの下側に設定することでSSBも聞こえるようになります．

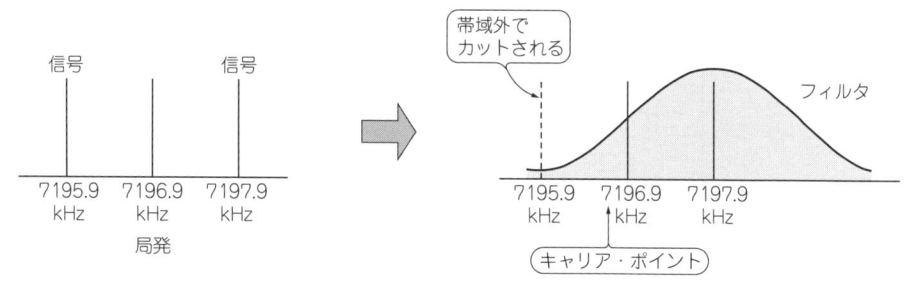

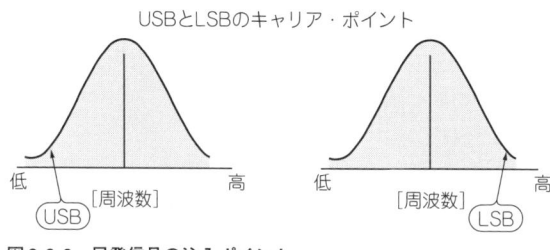

図 2-6-6　局発信号の注入ポイント

7.2 MHz 受信機の回路について

図 2-6-7 の回路を見てください．7.2 MHz の水晶フィルタを通った信号は，2SK241×2 段の増幅部に導かれます．ここは基本回路③の 7 MHz 高周波増幅ですが，フィルタによるロスを考えて 2 段にしてあります．キャリアの注入は 2SC1815 による VXO 回路で行っていますが，p.84 で紹介した Meeting Mate の受信部の局発と同じ回路で，470 kΩ で 2SC1815 のコレクタからバイアスを取っています．また，エミッタから出力を取り出し，エミッタ抵抗 R_E も 1 kΩ ですが，VXO コイルに 33 μH のチョーク・コイルと 50 pF のトリマを使用しました．トリマを調整することにより，7190〜7199 kHz を変化させることができます．

その後，ダイオード・リング検波により検波された信号を，LM386 で電力増幅してスピーカを鳴らしています．

水晶フィルタ以降の高周波増幅を中間周波増幅（IF）と言います．通常は，ここで AGC（オート・ゲイン・コントロール）をかけるのですが，回路が複雑になるのでここでは省略しました．

ユニットに分けて基板を作る

作りやすいように四つのユニットに分けました．フィルタ，2SK241×2 の中間増幅＋リング検波，局発 VXO，LM386 アンプ部の四つの基板に分けて作ります．基板が完成したら，基板ごとに仮調整を行いますが，フィルタの調整個所はありません．IF 部は 2SK241 の電流を個々にチェックします．リング検波は

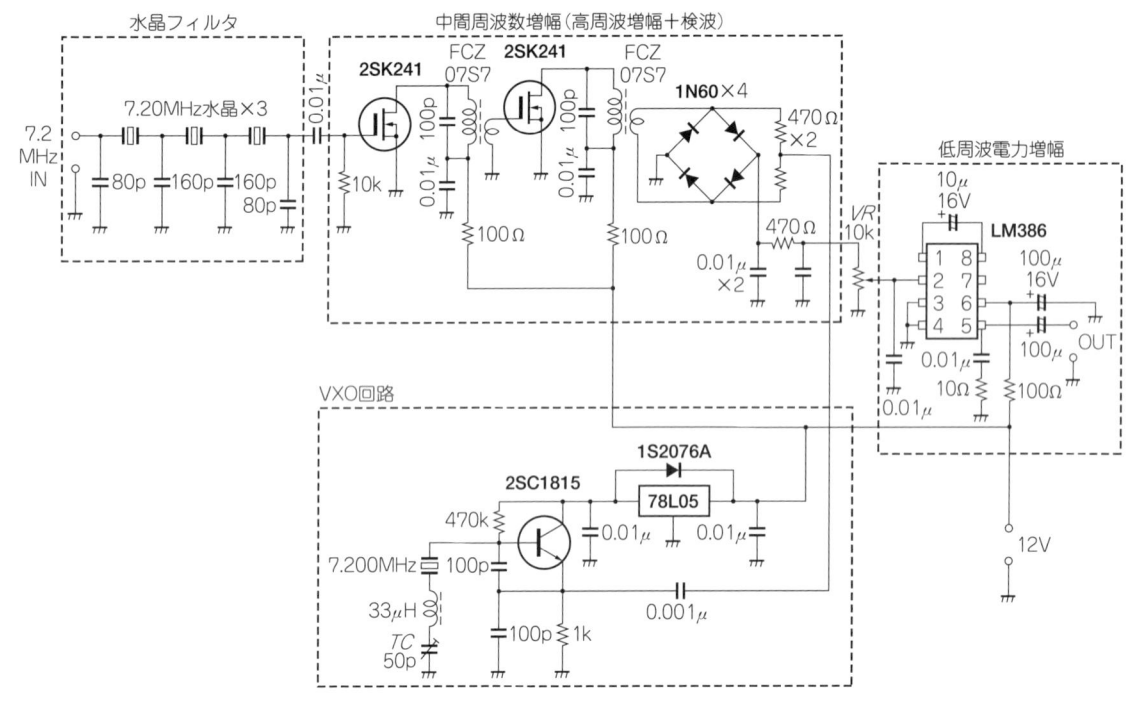

図2-6-7　7.2MHz受信機の回路

調整する必要はありませんが，ダイオードの方向に間違いがないか，もう一度，確認しておきます．VXO基板は，発振したらだいたいの周波数をチェックします．キャリア・ポイントは重要なところなので，7195～7199kHzくらいの間で発振するかどうか，トリマを回して確認します．LM386も動作チェックしておきます．

　各基板の仮調整と動作確認ができたら，ケースに取り付け，各基板間の配線をします．ケースはプリント基板を底板にして，前後のパネルをアルミ板で作ります．p.10の実体配線図を参考にしてください．

　調整は，まず50MHz送信機＆クリコンの動作を確認しておきます．送信VXOの水晶発振子を50.250MHzに変更し，50.150～50.230MHzくらいになるようにVXOコイルで調整しておきます．

　次に受信機をつないで，受信機の周波数を7.2MHzに合わせます．CALをONにして，受信VXOを真ん中くらいに合わせます．そして，送信VXOを回して受信機にキャリアが入るかどうか確認しておきます．それが確認できたら，クリコンの出力とフィルタ間を同軸ケーブルでしっかりと接続してください．

　まず，局発VXOの周波数を調整します．カウンタや受信機を使って，7197kHz付近に合うようにトリマを回します．CALをONにして，クリコンの受信VXOを回してキャリアの受かるところを探します．キャリアを確認できたら，FCZコイル(07S7)で最大感度になるように調整します．

　次に，キャリア・ポイントの微調整をします．ここまでできると，キャリアが相当大きな音として聞こえるはずです．局発VXOのトリマを回して，キャリアをもっとも聞きやすい周波数に合わせます．このときのキャリア周波数は，フィルタの下側のポイントです．あとは実際のCWやSSBの信号を聞いて，

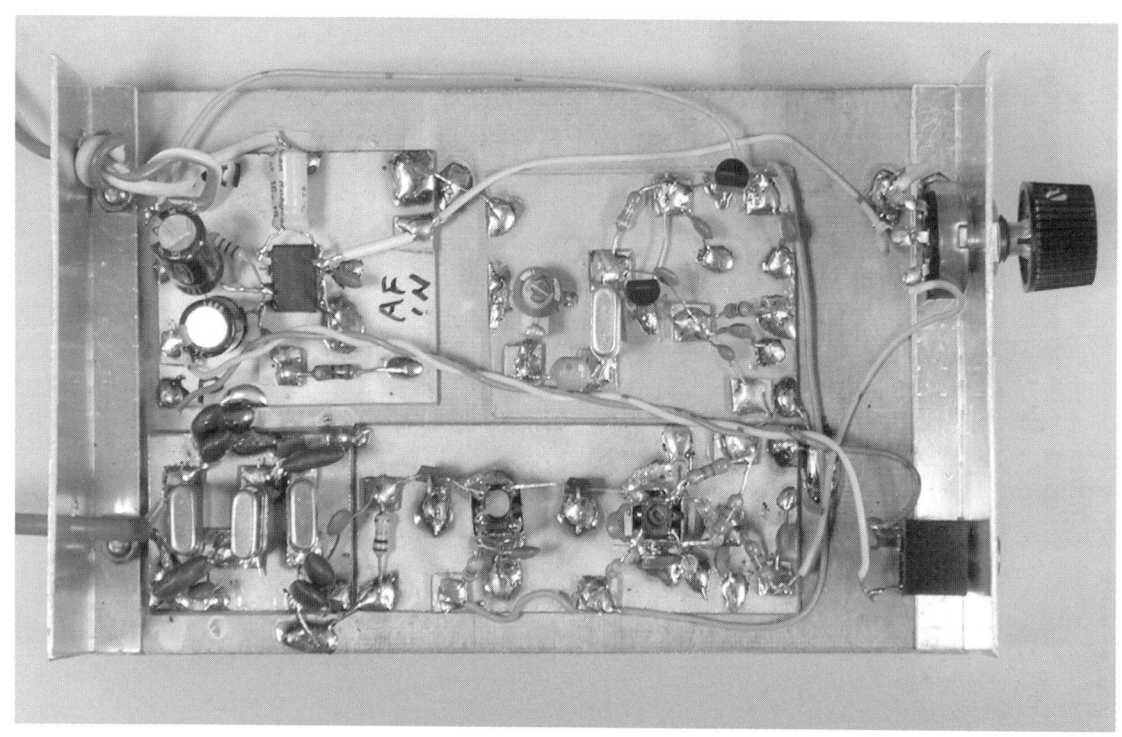

写真2-6-1 できあがった水晶フィルタ付き7.2MHz受信機

聞きやすいところになるように微調整します．トリマはぐるぐると何度も回していると壊れるので，ていねいにゆっくりと回します．

実際に運用して

3個の水晶による簡易フィルタでは，特性も甘いだろうと考えていました．そこで，SSBを聞くために帯域を2kHzに設定しました．しかし，なかなかどうして，実際にSSBを受信してみると帯域が狭いくらいです．キャリブレーションや強いCWの信号では，通り抜けることにより逆サイドの信号が若干聞こえてきますが，快適に受信することができます．また，AGCがないので強い信号はより強く，弱い信号はより弱く感じられますが，AFボリュームとクリコンのアッテネータをコントロールすればよいことです．また，キャリブレーションも強めで，音量も大きくなっていますが，これはAFのVRでコントロールしています．

今回の7.2MHzフィルタ以降の回路は，バンド別のクリコンを作ればほかのバンドを受信することもできます．安価なジャンクの水晶からVXOとフィルタになる周波数を探せば，いろいろな周波数に応用できます．また，送信機＆クリコンを一体にしてケースに入れて，トランシーバにすれば使いやすくなるでしょう．

2-7 スーパヘテロダイン方式 1.9 MHz CW受信機を作る

シンプルな受信方式として，ダイレクト・コンバージョン方式があります．感度もまずまずで自作しやすい方式です．しかし，いいところばかりではありません．最大の欠点は，CWを受信すると2か所で同じ信号が聞こえてくることです．また，夜間に入ってくるBC帯(放送バンド)の混信も問題です．
このダイレクト・コンバージョン方式の短所を改善したのが，スーパヘテロダイン方式です．ここでは，スーパヘテロダインとしての機能を持った入門用の1.9 MHzの受信機を作ります．

ダイレクト・コンバージョン方式の受信回路構成を図2-7-1に示します．回路がシンプルで，そこそこ実用性もあるため，特にHF帯のローバンドを中心に使われることが多い方式です．しかし，短所もあるので，本当に実用にするには苦しい，というのが本音ではないでしょうか．

1.9 MHz CW受信機の回路について

● CW用フィルタを装備する

図2-7-2は，スーパヘテロダイン方式のブロック図です．この方式の特徴は，CWを受信するために必要な選択度を得るためのフィルタがあることです．フィルタの前段は，高周波増幅とフィルタ周波数へ変換するための混合回路などにより構成されます．

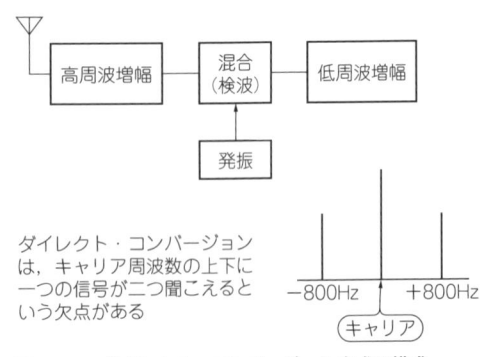

図2-7-1 ダイレクト・コンバージョン方式の構成

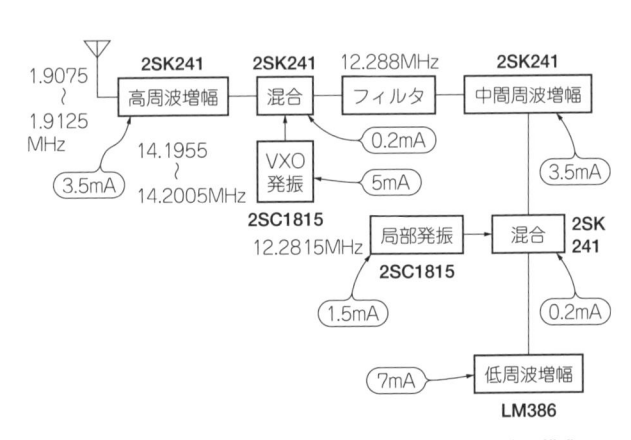

図2-7-2 1.9 MHz CW受信機(スーパヘテロダイン方式)の構成

フィルタの後ろの増幅を中間周波増幅といい，ゲインを取るために2段，3段にするのが一般的ですが，ここではゲインを取るというよりは，フィルタを通過する際の損失を補う程度と考えて1段としました．その後，検波，低周波増幅器を経てスピーカを鳴らします．

中間周波1段ではゲインの不足を心配しましたが，実際の信号を受信してみると音量は多少不足気味ですが，感度は十分でとても静かなすばらしい受信機になりました．

● 水晶フィルタの周波数と局発

フィルタは，12.288 MHzの水晶による3素子としました．水晶フィルタの周波数が決まれば，混合するVXO発振周波数も決まってきます．1.9075～1.9125 MHzを含む受信範囲とすると，14.1955～14.2005 MHzを発振させることになります．

実際には，42.666 MHzの水晶を基本波で使って発振させることにします．オーバートーンの水晶発振子を基本波で使う場合，発振周波数はその$1/3$よりも20～30 kHzほど低めの周波数で発振するため，VXO発振の周波数を決めるときには注意してください．12.288 MHzの代わりに12.395 MHzとして，VXOには14.318 MHzで作ってもよいでしょう．

● 回路は基本回路の集合

図 2-7-3の回路図を見てください．それぞれの回路は基本回路そのものです．1.9 MHzではフィルタの帯域を広めにしたほうがワッチしていて信号を見つけやすいので，2.8 kHzで設計しました．また，中間周波増幅のゲインが少ないので，フィルタでの減衰をなるべく少なくしたいという意図もあります．

フィルタの帯域の計算法は，**図 2-7-4**に示します．フィルタ以降の構成は，12.288 MHzのダイレクト・コンバージョンそのものです．高周波増幅1段，中間周波増幅1段のいわゆる高1中1受信機です．AGCはありません．全体のゲインが少ないので，付けたとしてもあまり効果を期待できません．また，AGCは検波の前後で信号を検波してAGC電圧を得て，その電圧をフィードバックするために，作り方によっては発振して苦労することもあります．

● AGCの有無とそのリカバリ

AGCがない受信機は，発振する心配がなくて再現性がよいのです．AGCの代わりにトップに入れたのが，2 kΩボリュームによるアッテネータです．強い信号や混変調のときに，このボリュームを絞ることによって聞きやすくします．AGCがないと，QSBなどバンドの状況がそのままダイレクトに反映されて，とても臨場感があります．筆者はこの感覚がとても好きなのです．

● 検波はアクティブ・タイプ

検波段には2SK241を使いました．ダイオードによる検波回路は，ノイズ的には有利ですがゲインがありません．全体のゲインが少ない今回の構成では，多少なりとも検波でゲインがあれば全体のバランスがよくなると考えました．実際の信号を受信しながら，ダイオード検波と比較した結果で決めたものです．

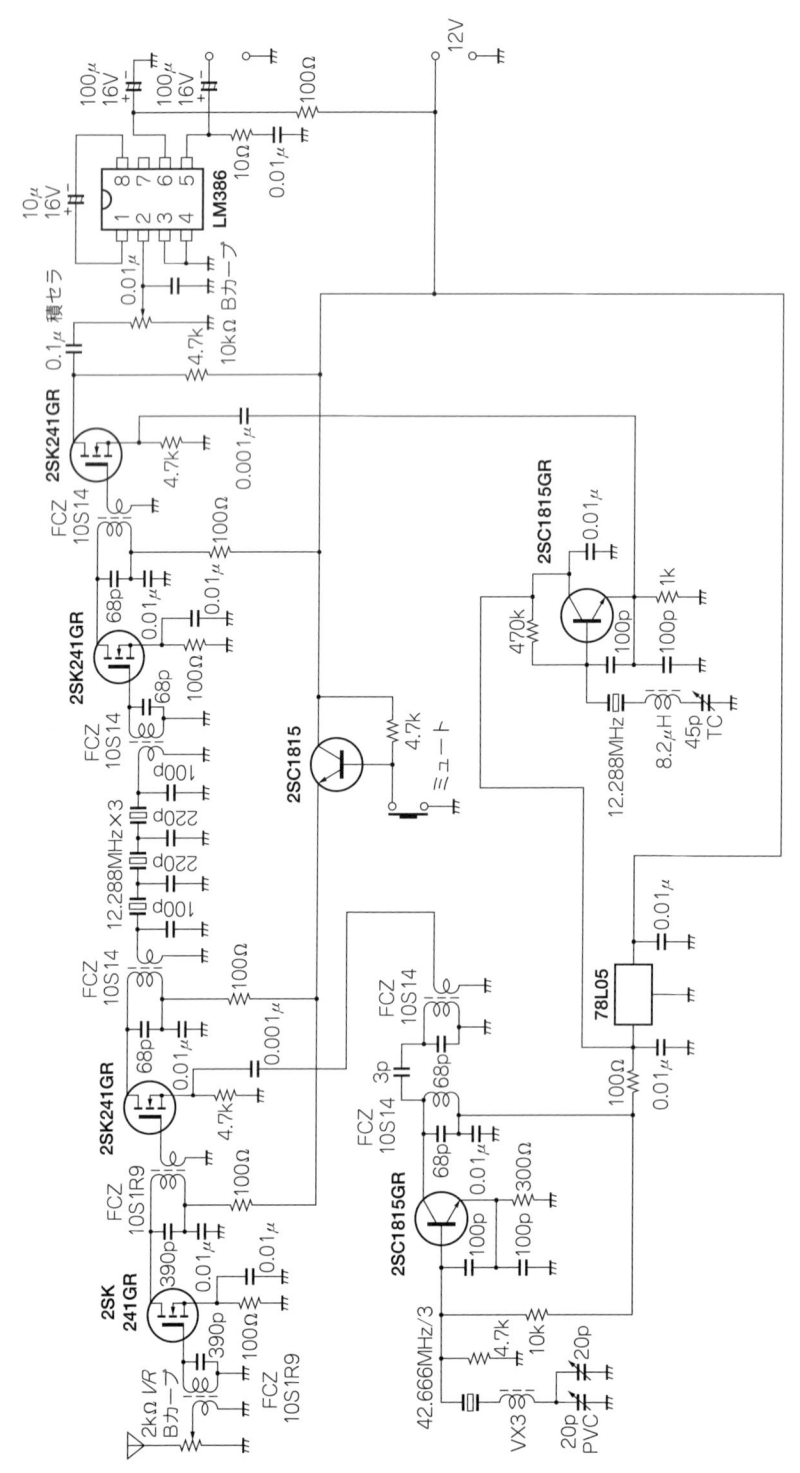

図2-7-3 スーパヘテロダイン方式の1.9MHz CW受信機の回路

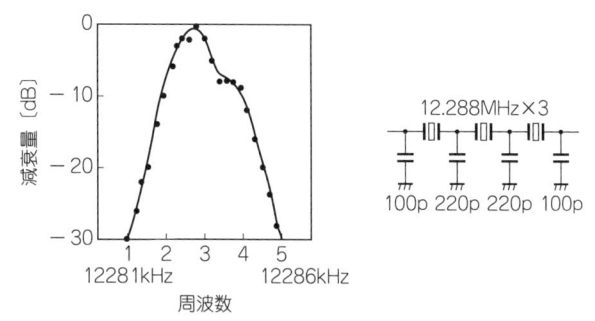

$$C_B = \frac{2C_A \times f_{SP}}{f_B} - 2 \times C_A$$

帯域を2.8kHzとして
水晶12.288MHzでは

$$f_{SP} = 12.288 \times \frac{1}{100} \times 0.21 = 25.8$$

$C_A = 6\text{pF}$として

$$C_B = \frac{2 \times 6 \times 25.8}{2.8} - 2 \times 6 = 98.5\text{pF} (\fallingdotseq 100\text{pF})$$

インピーダンスZ_Bは $Z_B = \frac{1}{\omega C_B} = \frac{1}{2\pi \times 12.288 \times 10^6 \times 100 \times 10^{-12}} \fallingdotseq 130 (\Omega)$

C_A：水晶端子間容量(pF)
C_B：負荷容量(pF)
f_{SP}：直並列共振周波数(kHz)
f_B：帯域(kHz)
※f_{SP}は7〜15MHzで表示周波数の0.21%とみてよい．
　C_Aは4〜8pFで，6pFで計算できる

図2-7-4　フィルタ帯域の設計と実測した減衰特性

● 送信機との組み合わせも想定しておく

　送信機と組み合わせて使うことも考えて，ミュート回路も入れました．トランジスタ・スイッチを利用して，ミュート回路をショートすると高周波増幅，混合回路の電源が切れるようにしました．
　混合回路は電源がなくとも，自局の送信出力を拾ってモニタすることができます．もし，モニタ音が大きすぎるときは，水晶フィルタ後ろの中間周波増幅の電源も切れるように配線します．

1.9MHz CW受信機の作り方と調整

　製作する基板は，フィルタの後ろの中間周波増幅，検波，局発を1枚基板(55×40mm)にしたほかは，p.11を参考にして作ってください．
　調整はVXOから始めます．14.1955〜14.2005MHzまで発振するように，VX3でコアの調整を行います．20pFのポリバリコンを使った場合，FCZ研究所製VX3では，多少インダクタンスが不足するようで，バリコンをパラレルに接続して，容量を40pFと増やしました．
　これでコアを押し込んでいくと，何とか目的の周波数まで下げることができました．もし，うまく周波数が下がらないときは，水晶発振子に2〜10pFほどのコンデンサを並列に入れるとよいでしょう．
　それぞれの消費電流が，図2-7-2に記載した値と大きく違わないかを確認しておけばよいでしょう．ケースは，タカチのYM-180(180×130×40mm)と同じ大きさです．大き目のケースでゆったり組みました．
　基板をケースにビス止めしてから配線します．調整は，最初に水晶フィルタ以降の中間周波増幅，検波，

低周波増幅の各部の動作を確認します．水晶フィルタの出力（中間周波増幅のFCZコイル1次側）にミノ虫クリップを使ってアンテナをつないで12.288 MHzの信号を受信しながら，中間周波増幅，検波のコアを調節して感度を最大にします．

　局部発振器(Lo)の周波数は，12.282 MHz付近にしておきます．次に，アンテナをつないで，1.910 MHz付近の信号を受信しながら，各コアで最大感度にします．最後に，Loのトリマで信号が聞きやすいところに設定します．フィルタが3素子であるために，強い局などは逆サイドの信号も聞こえてしまうので注意します．具体的には，逆サイドの信号が弱くなるように設定すればよいでしょう．信号源がないときは，夜間に実際にアマチュア局の信号を聞きながら，時間をかけてゆっくり調整します．

写真2-7-1　完成したスーパヘテロダイン方式の1.9 MHz CW受信機

1.9MHz CW受信機の使い方と応用

　筆者は，30mのロング・ワイヤをアンテナとしてつないで聞いています．スピーカを鳴らすにはちょっと音量が足りませんが，夜間，静かに聞くにはちょうど良いというところです．ヘッドホンで聞くにはまったく問題ありません．

　受信機から出るノイズがほとんどなく，とても静かです．受信機は感度だけではなくて，全体のバランスがよいとこれほどシンプルな構成でも十分に使えると改めて実感しました．

　もし，もう少しゲインが欲しい場合は，中間周波増幅をもう一段入れて2段にしてもよいですし，AGCを付加してもよいでしょう．

　この構成でフィルタとVXOの水晶を選べば，1.9〜50MHzの受信機にすることが可能です．

2-8 3W出力を目標にした 1.9MHz CW送信機を作る

保証認定を受けることができるCW送信機のもっともシンプルな構成は，発振－ファイナルの2ステージです．高周波出力が500mW以下であれば，この構成で実用機になります．1.9MHzの送信機では，出力はもう一桁上の数ワットが欲しくなります．

　1.9MHzの送信機で，2ステージにして数Wの出力を欲張ると，キーイング時にファイナルの負荷が発振段に影響を及ぼし，QRH（周波数変動）を起こしてしまいます．いわゆるチャピリ現象というもので，これを防ぐには，発振器の後ろに緩衝増幅器を入れる必要があります（**図2-8-1**）．

　周波数固定の水晶発振器を使えば，3段構成で数ワットの送信機はできますが，実際の運用では周波数を可変できたほうが，電力の小さなQRPでは交信のチャンスが広がります．

　ここでは，これらの諸条件を満たした1.9MHz CW送信機を作ってみます．

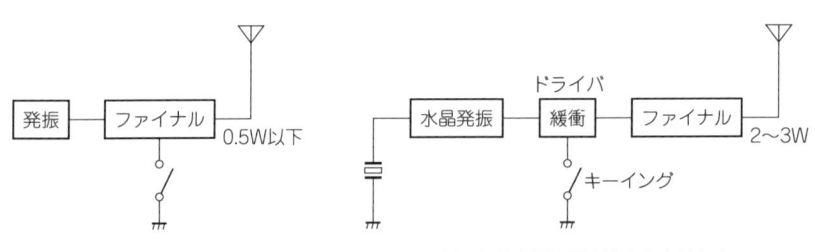

(a) 保証認定のとれる最小の2ステージ送信機
(b) 水晶発振は周波数安定度が良く3石で2～3Wの送信機ができる

図2-8-1 CW送信機の最小構成と実用的な構成

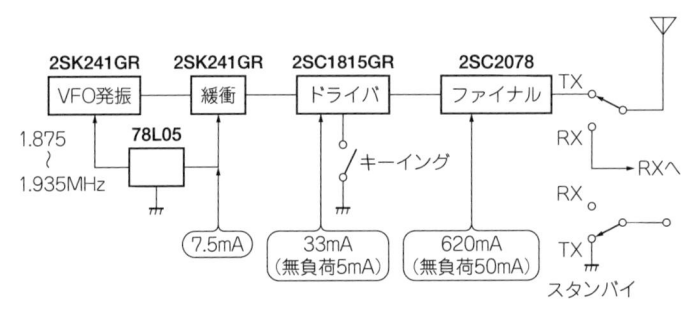

図2-8-2 1.9MHz CW送信機のブロック図

1.9 MHz CW送信機の回路について

図2-8-2に，1.9 MHz CW送信機のブロック図を示します．
この回路は，VFO（バッファを含む），緩衝増幅器（キーイング），ファイナルという構成です．送信出力は3W程度を目標にしました．

● VFO回路

発振段にはVXOを使いたいのですが，残念ながら低い周波数でVXOを構成するのは，非常に難しいのです．著者の経験からは，7 MHz以上のVXOは比較的簡単に周波数を動かすことが可能ですが，それ以下の周波数ではなかなかうまく動いてくれません．

そこで，水晶を使わないLC発振回路（VFO）を作ることにしました．VFOは周波数の可変幅を大きくすることができますが，安定度を保つことが難しい面があります．

ただし，ありがたいことに他のアマチュア・バンドと比べて周波数が比較的低い1.9 MHz帯のVFOは，それほど難しく考えなくても，実用可能な安定度のものを作れます．

また，高周波発振器にはいくつかの方式がありますが，ここではパーツの少ないハートレー発振回路にしました．この方式は安定度があまり良くないと言われていますが，1.9 MHzと周波数が低いこともあって，何とか実用可能な安定度を得ています．

本来は，トロイダル・コアと温度補償コンデンサを組み合わせたいところですが，ここではFCZコイル10S1R9とポリバリコン，それにセラミック・コンデンサを組み合わせて，心臓部の共振回路を構成します．20 pFのポリバリコンで，60 kHzほど周波数を動かしています．

● 1.9 MHz送信機の回路

図2-8-3の回路を見てください．LC発振用コイルにFCZコイルを使いました．コアを調整することにより，簡単に1.9 MHz帯に周波数を追い込むことができます．発振は，トランジスタを使うよりFETが安定度が良いとされているので，ここでは2SK241を使いました．

ゲートに入っているダイオード1S2076は，順方向電圧を利用したリミッタであり，発振レベルを一定にするためのものです．

VFOは，周波数を安定させるために受信時でも発振を止めることができないので，受信時にバリキャップ1SV101を使って周波数をシフトさせています．

キーダウンおよびキャリブレーションのときは，1S2076の順方向電圧の0.6 Vがかかりますが，受信時には5 Vの電圧がバリキャップにかかって周波数が5 kHzほど上側にシフトするようにしました．

発振段の後に2SK241によるバッファを入れています．これがないと発振周波数が変動して，周波数が動く原因になります．バッファは発振段と次段2SC1815との間で，お互いの干渉を避けるのが役目であり，利得はありません．普通はバッファまでを含めてVFO回路と言っています．

VFOの出力は，2SC1815により100 mW程度まで増幅されると同時に，ここでキーイングを行います．

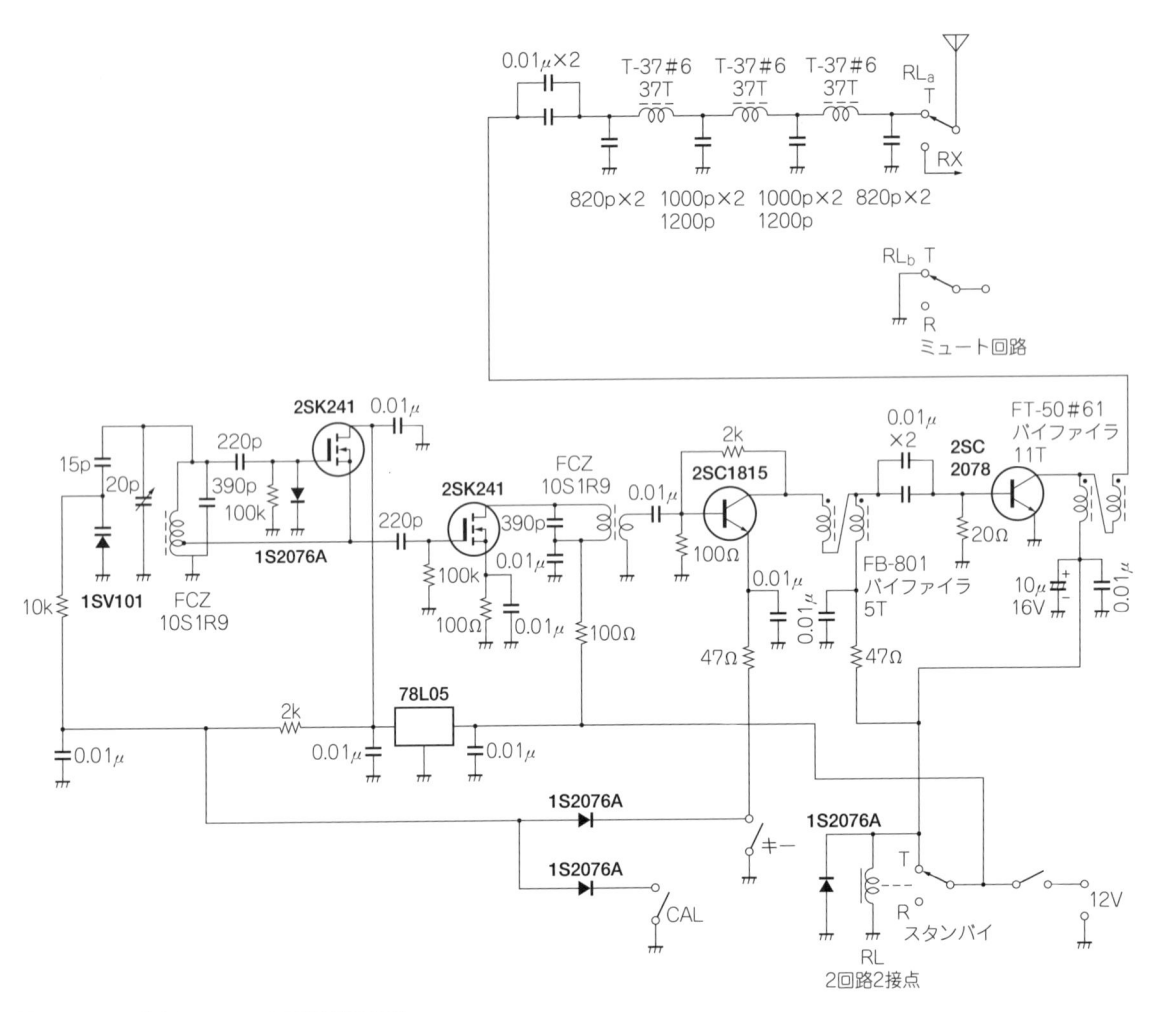

図2-8-3　3W出力の1.9MHz CW送信機の回路

　この回路は，基本回路の2SC2053と同じものですが，100mWとパワーが小さいために，2SC2053を使う必要もないので2SC1815に替えてみました．また，パワーを抑えるためにエミッタと出力トランスの電源側に，47Ωの抵抗を入れています．なお，出力トランスは200mW以下の場合は，4：1のバイファイラ巻きにします．続いて，ファイナルの2SC2078で3Wまで電力増幅されます．

　送信機の電源を入れるとVFOの電源が入ります．スタンバイは，トグル・スイッチの手動でキーイングの2SC1815と，ファイナル2SC2078の電源がONになると同時にリレーが駆動されます．リレーは12Vのもので，2回路2接点を使ってアンテナの送受信切り替えと受信用のミュート回路を動かすためのスィッチとしてあります．なお，キャリブレーションは，VFOの周波数がシフトされているため，バリキャップの回路をアースすることにより，送信周波数になります．

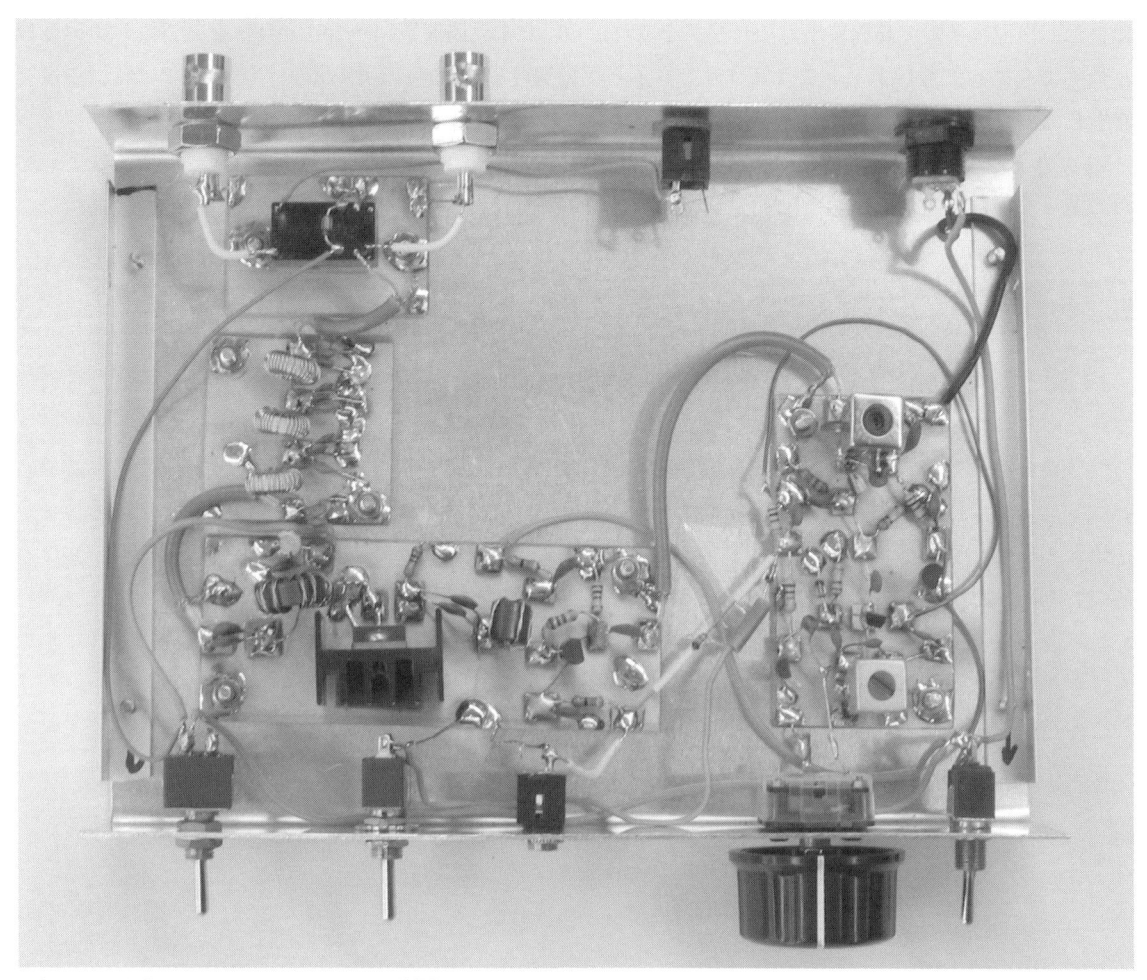

写真2-8-1　完成した3W出力の1.9MHz CW送信機

1.9MHz CW送信機の作り方と調整

　本機は，VFO基板（60×35mm），2SC1815-2SC2078ファイナル基板（90×35mm），LPF（35×35mm），リレー基板（35×25mm）と，四つの基板に分けて作りました（p.12参照）．

　VFO部は，作り方で周波数の安定度に影響が出るため，各パーツの足はできるだけ短く，小さく作ってください．また，VFO基板はしっかりと固定してから調整を行いますが，基板の段階で発振とおおよその周波数を確認しておきます．

　基板は，ケースにビスでしっかりと固定します．ケースは，タカチのYM-180と同じ大きさにしました．調整箇所は，1.9075～1.9125MHzがダイヤルの中央あたりになるようにVFOの発振用コイルのコアを

調整し，出力コイルで高周波出力のピークを取ればOKです．周波数幅が1.910 MHzを中心に±30 kHzほど動くようにしてあります．これは室温でも冬と夏の温度差が30度ほどあるので，ここでは特に温度補償をしていないので，温度による変化で同調範囲から外れないように広めにしてあるためです．

　VFOさえうまくいけば，特に調整するところはありません．もし，パワーが足りないときは，2SC1815のエミッタ抵抗47Ωを小さくしてください．筆者の実験では，3Wほどの出力が得られました．

使い方とVFOの安定度について

　2-7節で作った1.9 MHz CW受信機を用意してください．これ以外でも，ミュート回路を持った受信機であればどれでも使うことができます．

　受信機とは，アンテナとミュート入出力を接続します．キャリブレーション(CAL)で，相手の信号にゼロインすればOKです．VFOには初期変動があるので，送信は電源をONにして10分ほど経過してから使うようにしてください．VFOの安定度があまり良くないのですが，室内で使用し，ショートQSOの多い1.9 MHzを送信するにはそれほど心配はいりません．安定度を良くする方法はここでは触れませんが，もし不満があるようなら，対策してください．また，安定度を良くするには，プリミックスVXOにする方法もあります．スタンバイを手動スタンバイからセミ・ブレークインしてもよいでしょう．

　この送信機は，他のバンドでも同じように作ることができます．その場合，VFOの安定度の問題もありますから，7 MHz以上では基本回路のVXOにすればよいでしょう．

2-9 アカギ・スタンダード（AS15）本格的な21MHz CW QRPトランシーバ

ここでは，これまで紹介した基本回路を組み合わせて，AGCを持つ本格的な21MHz QRP CWトランシーバを作ってみましょう．筆者は本機を群馬県の上毛三山の一つ，赤城山にちなんで，アカギ・スタンダード（AS）と名づけました．

これまで，トランシーバの各基本回路を紹介しながら，QRP CWのリグを作ってきました．

基本回路を組み合わせることで，500mW以下の1.9～50MHzまでのVXO式の送信機，ダイレクト・コンバージョンやスーパ受信機を作ることができます．

ここではまとめとして，21MHzのトランシーブ操作のQRPトランシーバを作ります．

■ TA7358Pを使ったCWジェネレータ（発振・周波数変換）

一つのVXOで受信と送信ができるトランシーブ操作を行うには，受信と送信で周波数変換を行います．基本回路⑦2SK241の周波数変換・混合回路を使えば，受信も送信も周波数変換できますが，送信の混合に使った場合，入力信号や局発信号のレベルを適正な値に選ばないとスプリアスだらけの信号となり，各種のインターフェアの原因になります．

そこで，ここではTA7358PというFMフロント・エンド用のICを利用して，再現性が高い21MHzの信号を作ることにしました．このICには，ダブル・バランスト・ミキサ（DBM）というスプリアス対策に有利な周波数変換・混合回路が入っています．図2-9-1のように，VXOを共通にして，受信と送信のそれぞれの混合器で周波数変換をします．

TA7358Pは，図2-9-2のような構成で，RF増幅，DBM，OSC（オシレータ）がワンチップになっています．今回は，このIC本来の使い方と異なり，RF増幅部分で発振させるように回路を変更しました．また，OSC部分はバッファだけを利用して，VXOは別に作ることにします．図2-9-3に，基本回路⑩となるCWジェネレータ回路を示します．

発振と混合をTA7358P一つで行います．1～3番ピンが発振，4番ピンがMIXの入力，6番ピンがMIXの出力，8番ピンにVXOの出力を注入します．9番ピンが5Vの電源，5番ピンがアースです．5番ピンとアース間にキーを入れ，ICの動作をコントロールし，CW信号を作り出しています．

混合部（MIX）で周波数変換された信号は，複同調のバンドパス・フィルタで21MHzの信号として取り出され，2SK241で増幅，キーイングを行います．出力は，約20mWが得られます．なお，キーイングは

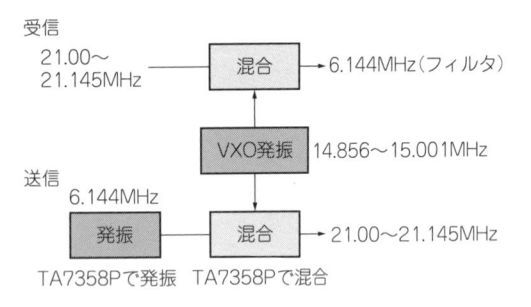

図2-9-1 送受信の周波数関係

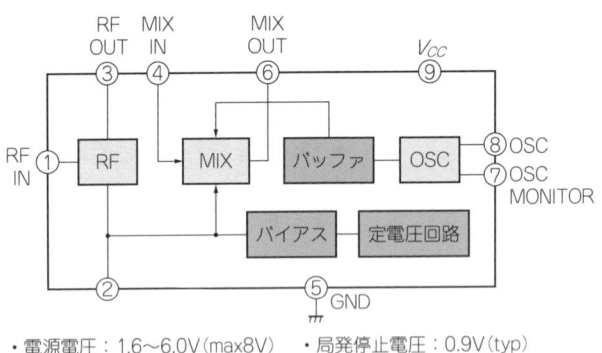

図2-9-2 TA7358Pのブロック図

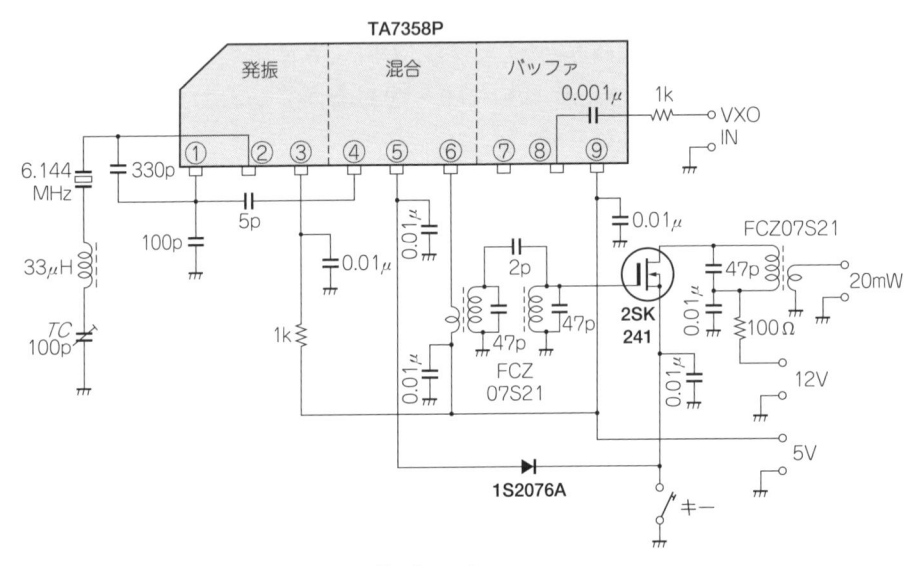

・電源電圧：1.6〜6.0V(max8V)　・局発停止電圧：0.9V(typ)

図2-9-3 基本回路⑩ TA7358PによるCWジェネレータ

TA7358Pの5番ピンと2SK241のソースの二か所で同時に行いますが，キーにかかる電圧が5V以上になるので，5番ピンとキーの間に逆流防止用のダイオードを入れてあります．

21MHz CWトランシーバの回路について

図2-9-4に，製作する21MHz CWトランシーバのブロック図を示します．VXO回路のみが共通で，送信部，受信部はそれぞれ独立しています．

全体の回路図は図2-9-5に示します．VXOには15MHzの水晶を使っています．うまく目的とする周波数の幅を動かすには，VXOコイルの最適インダクタンス値を選ばなくてはなりません．通常は，10Kタイプのボビンにコイルを巻いて，カット＆トライで巻き数を決めます．

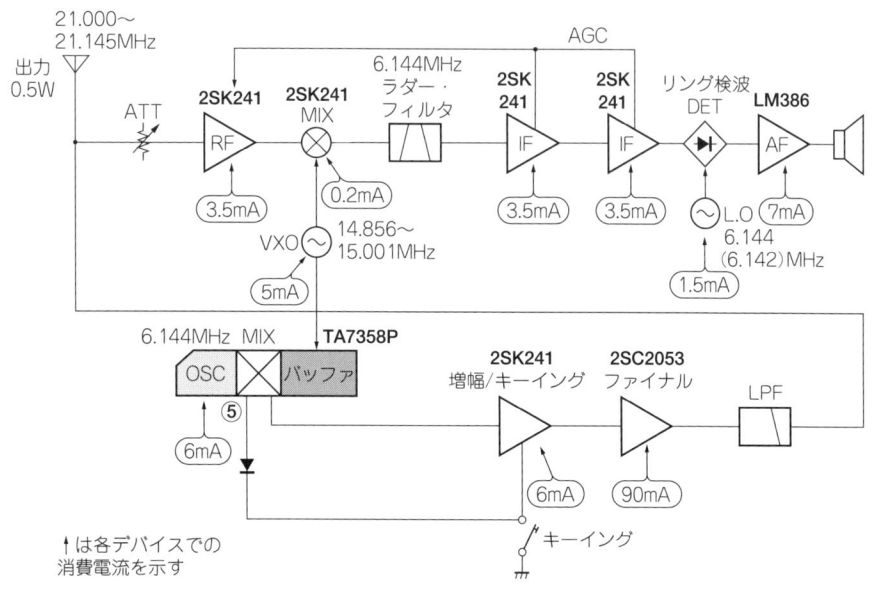

図2-9-4 アカギ・スタンダード(21 MHz)のブロック図

　ところで，50 MHz帯の水晶(3rdオーバートーン)の基本波は16 MHz帯です．この周波数はFCZ研究所製VX3コイルでカバーできる範囲なので，VX3コイルがVXOに使えそうです．そこで，水晶と並列に6 pFのコンデンサを入れてコアを押し込んでいくと，14.856 MHzまで周波数を下げることができました．この6 pFがないとインダクタンスが足りず，50 kHzほどしか下がりませんでした．

　このようときは，水晶と並列に1～15 pF程度のコンデンサを入れるとうまくいく場合があります．そのコンデンサの容量はカット&トライで決めます．また，同じ水晶を2個並列にしたスーパVXOにすると，周波数を動かしやすくなります(**図2-9-6**)．

　受信部から解説します．アンテナからの信号は，送受信切替回路を省略するための小容量C，47 pFの後に2 kΩのVRによるアッテネータ(ATT)へ入ります．ATTは，普段はあまり必要性を感じませんが，強力な入力信号などによって，増幅器が飽和しそうになったときに威力を発揮します．

　2SK241を使ったRF増幅以降は，p.96～で紹介した50 MHzのクリコン+周波数固定の受信機と同じ回路構成である高一中二受信部です．違いは，RF増幅とIF増幅の2SK241にAGCをかけたことと，100 Ωのソース抵抗を入れて消費電流を抑えていることです．直接，ソースをアースした場合，消費電流は7 mAですが，100 Ωを入れると半分の3.5 mAになります．ゲインをほとんど落とさずにRF，IF増幅で合計，11.5 mAの電流を減らすことができました．

　AGCはリング検波の直前から信号の一部を取り出し，ダイオードで整流して，マイナスのAGC電圧を得ています．そのAGC電圧をRFとIFの2SK241のゲートに加えますが，大きな信号が入るとマイナスの電圧も大きくなり，2SK241のゲート-ソース間電圧V_{GS}が低くなりドレイン電流I_Dが減って，ゲインが抑えられるという仕組みです．ただし，AGC電圧は増幅せずに使っているので，効き目はそれなりです．

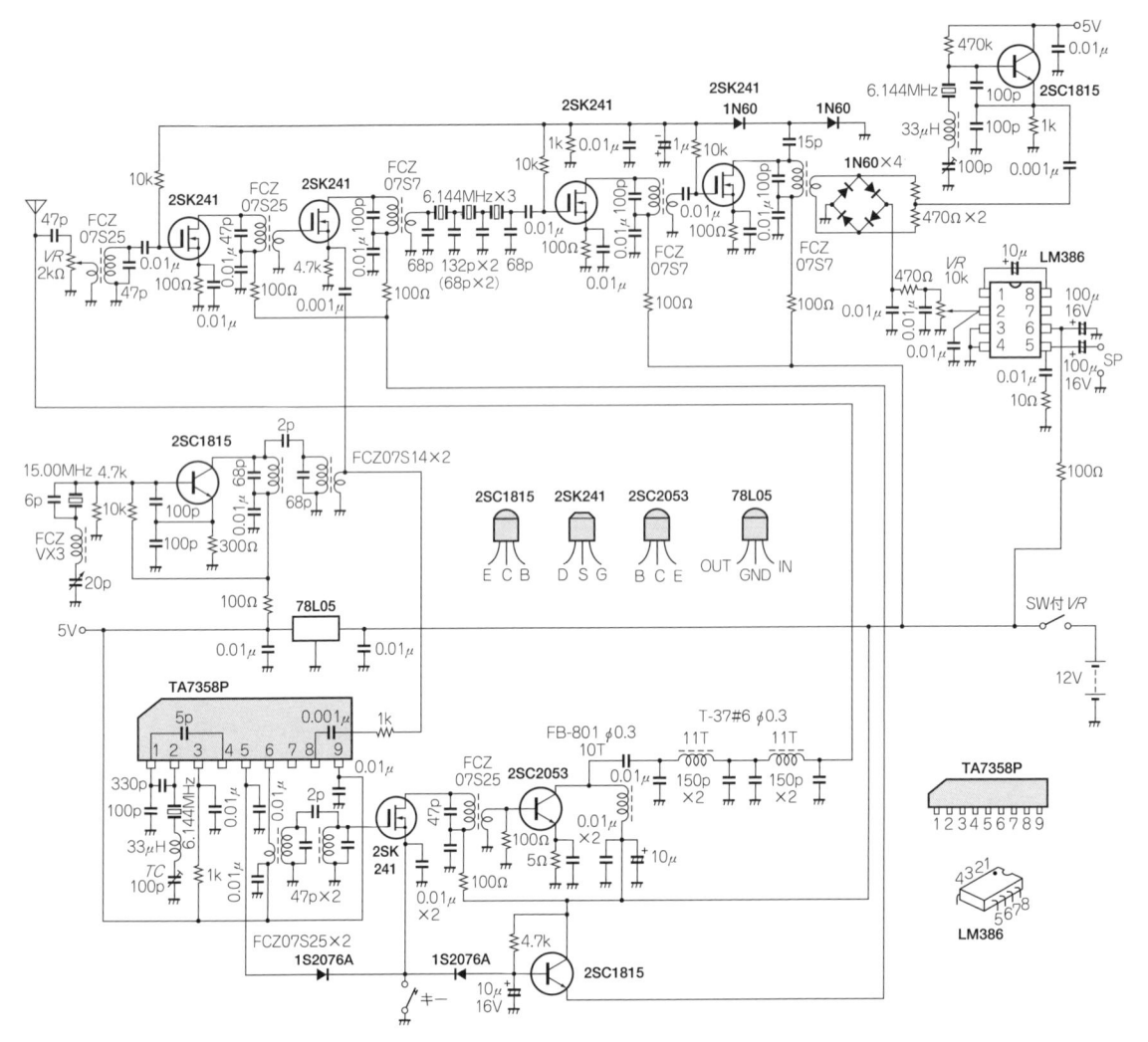

図 2-9-5　アカギ・スタンダード（21 MHz）の回路

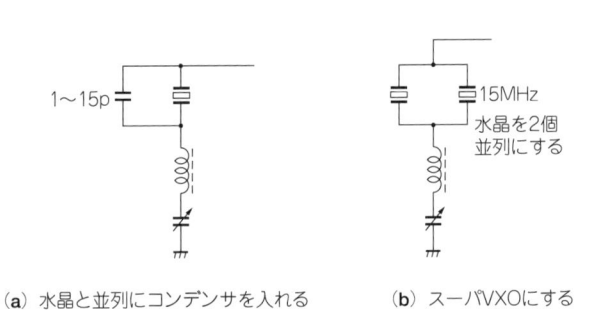

(a) 水晶と並列にコンデンサを入れる　　(b) スーパVXOにする

図 2-9-6　VXOをうまく動かすコツ

第2章　CW送受信機の製作

水晶フィルタは，6.144 MHzの水晶を使ったラダー・フィルタです．21 MHzであまり狭い帯域にすると使いづらくなるので，2 kHzにしました．計算では負荷容量65 pFになり，負荷インピーダンスは398 Ωになります．しかし，コンデンサの手持ちの関係で負荷容量を68 pFとして，負荷インピーダンスを計算し直すと380 Ωとなります．

　フィルタからの信号はIF段の2SK241に導かれますが，2SK241の入力インピーダンス（ソース接地）は数 kΩと高く，フィルタとミスマッチングになります．本来はフィルタの入力側と同じようにRFトランスによる結合にして，インピーダンス・マッチングを取るべきですが，RFトランスで結合した場合とフィルタから0.01 μFで直接入力した場合とで実際の信号を聞き比べてみても違いはわかりませんでした．回路をシンプルにするため，ミス・マッチング覚悟でトランスを省略しています．

　送信部はTA7358Pで発振，混合を行います．混合器からの出力側には，複同調にしたバンドパス・フィルタを入れて21 MHzの信号を取り出します．その後，2SK241，2SC2053それとLPFの組み合わせにより送信出力が得られます．筆者の場合は，500 mWほどでした．2SC2053のエミッタ抵抗 R_E は 5 Ω にしてありますが，10 Ωで300 mW，エミッタ抵抗なしでは700 mWほどの出力が得られました．この R_E でパワーを調整することができますが，安定した動作をさせるため5〜10 Ωの抵抗を入れるほうがよさそうです．

　特に注意が必要なのは，TA7358Pの動作電圧が6 V以下であることです．調整するとき，間違って12 Vを供給しないようにしてください．

　送信出力を拾ってサイド・トーンとしているので，受信部のIF段以降は，常時，通電しておきます．RF段と混合回路の電源を2SC1815による電源コントロール回路で，キーイングと同時に切ります．2SC1815のベースに入っているコンデンサ10 μFは，送信から受信に復帰する時間を遅らせて，クリック音を減らす役目をしています．

21 MHz CWトランシーバの製作と調整

　全体を，①VXO回路，②RF・混合，③IF・検波，④受信局発，⑤LM386，⑥TA7358P・2SK241，⑦2SC2053 - LPF，⑧RXコントロール2SC1815の8枚に分けました．

　回路を小さく組むために空中配線も使い，ランドの数を減らしました．

　⑥のTA7358Pは，図2-9-7のように基板に取り付けます．ピン間隔が狭いのではんだ付けにはコツが必要です．また，各ユニットのパーツ配置などはp.13の実体配線図を参考にしてください．各基板ができ上がったら，調整です．各ユニットの消費電流を実体配線図に，参考のために記入しておきました．

　送信部の発振・混合部の⑥TA7358P，2SK241ユニット以外はp.96〜で登場した，「50 MHz送信機＆クリコン＋受信機」と周波数は異なりますが，同じものです．調整のコツは，まずトランジスタ，FET，ICに規定の電流が流れているかを確認するために，必ずユニットの電流を測定します．直流的に動作していないのに，コイルやトリマをぐるぐる回しても，部品を壊すだけです．次は，各回路が正しく動作するように調整します．

　①目的の周波数に合わせる，②出力を最大にする—各ユニットを結線して，この二つの作業が総合的に

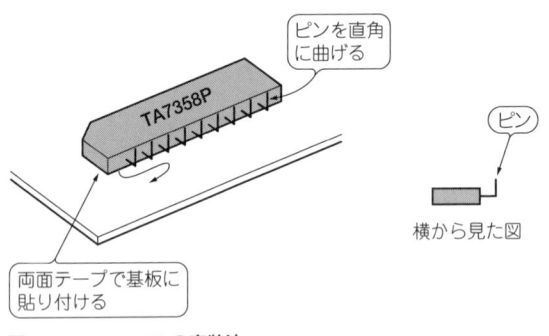

図2-9-7　TA7358Pの実装法

できると完成です．

　それでは，VXOの調整から始めます．筆者の場合，VXOの周波数範囲は14.856～15.001 MHzになりました．21.00～21.145 MHzまでが送受信の範囲になり，145 kHzの変化幅，つまり水晶の表示周波数の1％ほどを動かすことができました．うまく周波数が動かないときは，水晶と並列に入れてある6 pFを1～15 pFの範囲で取り替えてみます．または，水晶を2個並列にしてもよいでしょう．周波数の下のほうでは安定度が悪くなりますが，20分ほど経過すると安定してくるようです．

　次に，④受信用局発の信号を周波数カウンタや受信機でモニタしながら，発振周波数が6.1420 MHzになるようにトリマを回します．そして受信部のコアを回して最大感度に合わせます．

　送信部は，QRPパワー・メータをコネクタに接続して，キーダウンしながら各コアを回して最大出力に合わせます．次に，TA7358Pのトリマで，サイド・トーンが聞きやすくなるようにすればOKです．6.1410 MHz付近になっていると思います．

　おおまかな調整ができたら，実際の信号を聞きながら，受信局発のキャリア・ポイントを聞きやすいところに微調整します．ここでは，図2-9-8にあるように，フィルタの上側のキャリア・ポイント，すなわちLSBモードのポイントに合わせました．送信周波数はそれから800 Hzほど下になるように設定します．

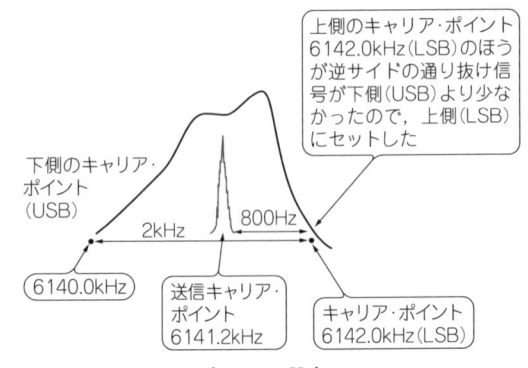

図2-9-8　キャリア・ポイントの設定

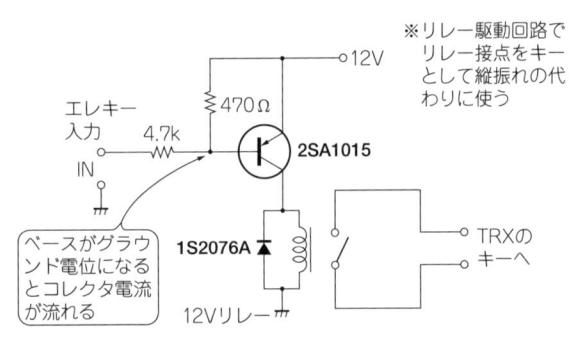

図2-9-9　エレキーを使いたい場合は…

第2章　CW送受信機の製作

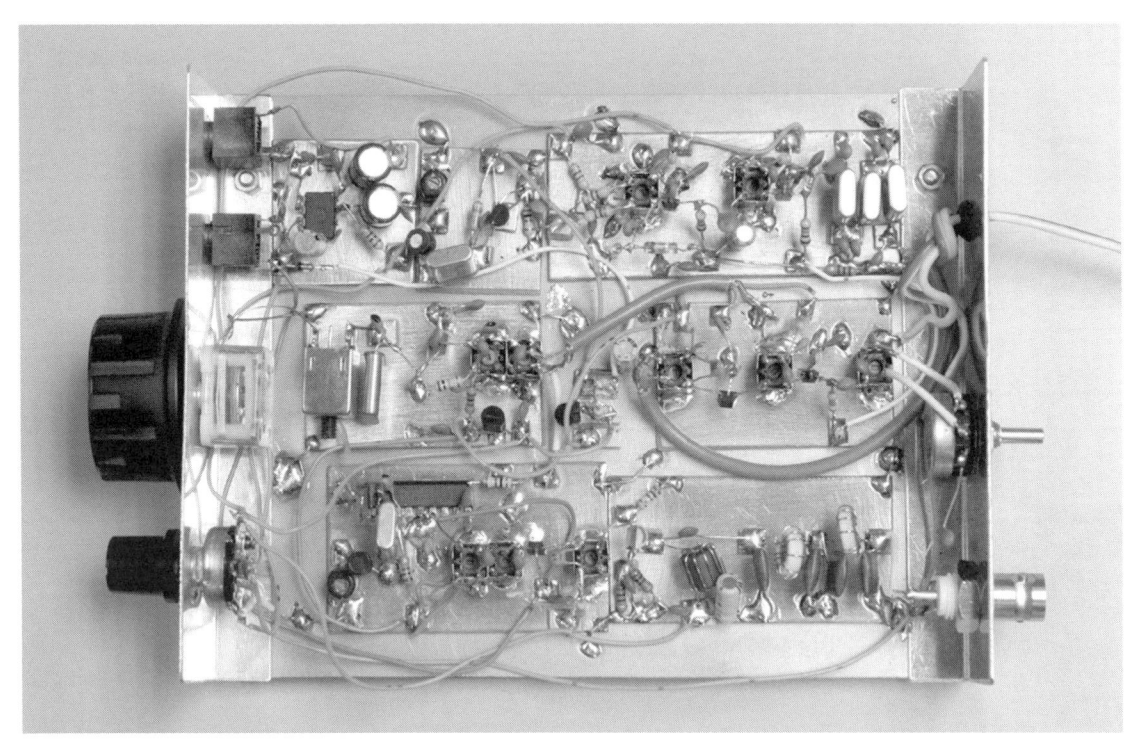

写真2-9-1　完成した21 MHz CWトランシーバ

なお，調整時にトリマをぐるぐると何度も回すと壊れますから，ていねいにゆっくり扱いましょう．

　標準的(スタンダード)な基本回路で作ったこのトランシーバは，フィルタとVXO用の水晶発振子を選べば，1.9～50 MHzまで応用することができます．

　受信時の電流24 mA，送信時の電流140 mA，出力は500 mWで移動運用に最適です．筆者自身，7 MHz，10 MHz用のトランシーバを作り，自転車による移動で愛用しています．なお，筆者はエレキーで運用したかったので図2-9-9の回路を追加していますが，各人の好みの範囲です．

2-10 自作機の周波数変更のポイント
21MHz機を7MHzトランシーバに変更する

ここでは，本章でこれまで作ってきた基本回路のおさらいをして，2-9節で作った21MHz CWトランシーバを7MHzに変更してみます．

7MHzアカギ・スタンダードを作る

2-9節の21MHzアカギ・スタンダードは，1.9～50MHzに応用することができます．その一例として，周波数を7MHzに変更する方法を紹介します．

まず，フィルタになる水晶を決めます．基本波(8.33MHz)で発振する水晶を使ってフィルタにします．もし，入手が難しいようなら25MHzの水晶でもOKです．一般的には，20MHz以上の周波数表示がある水晶のほとんどは3rdオーバートーン用であり，その$1/3$を基本波として使うことができます．

次に，VXO用の水晶を選びますが，これには3rdオーバートーン用水晶の46.15MHzを選び，基本波($46.15 \div 3 = 15.38$MHz)で使うことにします．$15.38 - 8.33 = 7.05$MHzで，50kHzほどVXOで動かせばよいことになります．なお，オーバートーン水晶を基本波で使う場合，発振周波数が表示周波数の$1/3$より若干低くなるので，注意が必要です．

以上で周波数が決まったので，それに合わせて共振回路を決めます．

21MHzトランシーバのフィルタ6.144MHzを8.33MHzに変更しますが，IFとVXOの周波数は，ほぼ同じ周波数になります．IFのFCZコイルには同じ07S7を使い，同調コンデンサは68pFに変更します．VXOは同じ定数で，水晶のみを15.38MHzに変更します．残りは，同調回路とローパス・フィルタ(LPF)を7MHzにするだけです．**図2-10-1**に回路を示します．

フィルタの帯域は1.3kHzで設計して，負荷容量を150pFとしました．フィルタの帯域幅は自分の好みに合わせて負荷容量を決めます．調整は，前節の21MHzの場合と同様でOKです．

このように，目的のバンドに合わせフィルタの水晶を決め，それに合わせてVXOの水晶を決め，必要な同調回路を選んでいきます．7MHzと10MHzで使えそうな水晶の組み合わせを**表2-10-1**に示しました．

再びVXO回路について

基本回路①のVXO回路は，1.9～50MHzまでの周波数で使えますが，VXOコイルの最適インダクタン

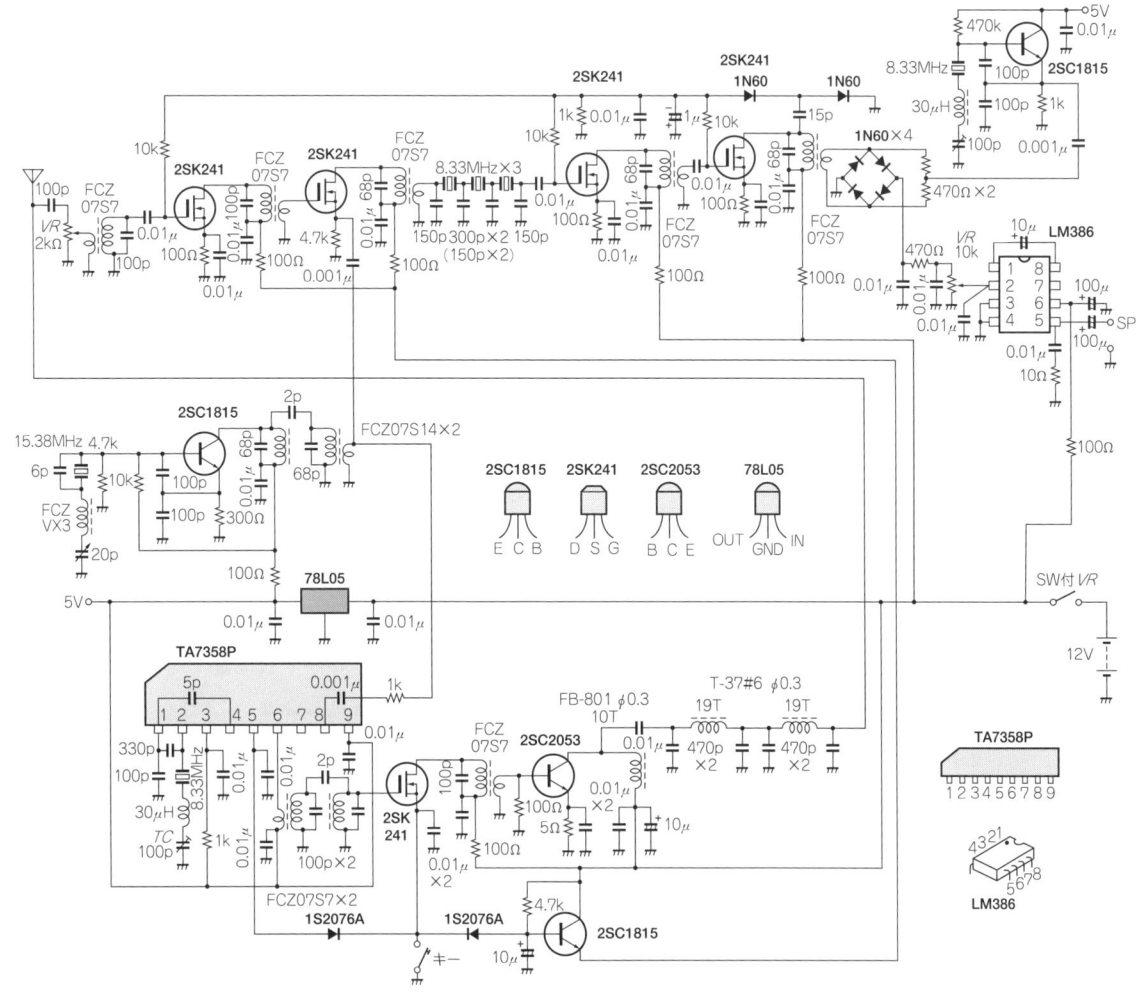

図 2-10-1　7 MHz トランシーバの回路図 (AS-40)

表 2-10-1　7/10 MHz 用セットに使えそうな水晶の組み合わせ

	フィルタとなる水晶	VXO回路の水晶
7MHz	9.914MHz	17MHz
	8.33MHz	46.15/3MHz
10MHz	26.54/3MHz	19MHz
	6.55MHz	50.15/3MHz
	8MHz	18.15MHz

注：「/3」の表示はオーバートーン水晶を基本波で使用する．

表 2-10-2　VXO コイルのインダクタンスについて

水晶〔MHz〕	可変幅〔kHz〕	VXOコイルの インダクタンス値〔μH〕
7.030	30	47
10.160	60	33
14.074 (42.22/3)	74	16
18.100	40	10

参考：VX3＋固定インダクタ 33μH → 47〜40μH
　　　VX3＋FCZ07S1R9　　　　→ 33〜18μH

2-10　21 MHz 機を 7 MHz トランシーバに変更する

スの選び方が大切になってきます．**表2-10-2**に，手元にあるVXOコイルのインダクタンスを調べてみました．周波数が低くなるにつれて，インダクタンス値が増加しているのがわかると思います．インダクタンス値は使う水晶によりまちまちですが，およそ表に示したような値になりますから，製作時の参考になると思います．

インダクタンスが少ないと動きが悪く，逆に多すぎると発振しなかったり，目的の周波数以外で発振したりします．動きの悪いときは，インダクタンス不足の場合がほとんどです．あるインダクタンスまではすっきり動きますが，それを超えると動作が不安定になります．最適インダクタンスは，安定に動作するときの最大インダクタンスと考えてよいでしょう．ですから，VXOコイルはコア調節でインダクタンスの増減ができると最適インダクタンスを得られやすくなります．10Kタイプのボビンに手巻きして，目的のインダクタンスになるようにカット&トライするのがよいようです．

市販のコイルを利用するには，FCZコイルのVX3 ($7\sim14\,\mu H$) や07SタイプのFCZ1.9 MHz ($18\,\mu H$) が使えますが，10 MHz以下のVXOの場合はインダクタンスが足りなくなります．ほんの少しであれば2-9節でやったように，水晶に $2\sim15\,pF$ のコンデンサを並列に入れるとうまくいく場合があります．インダクタンスが多くなる場合は，VX3+固定インダクタやVX3+FCZコイル07S1R9 (1.9 MHz) で必要なインダクタンスを確保することもできます．

実際，10 MHz以下のVXOはインダクタンスが多くなるので，いっそ自分で最適値を巻くか，VX3+固定インダクタで対応します．できるだけVXOの周波数を $14\sim20\,MHz$ に選ぶようにすることで，VX3コイルが使えるようになり再現性も良くなります．

CWジェネレータと受信部検波の局発にはフィルタと同じ水晶を使いますが，表示周波数から $4\sim5\,kHz$ ほど動かせばよいので，固定インダクタとトリマの組み合わせでも対応することができます．VXOコイルのコア調節よりも，トリマのほうが調整しやすいようです．フィルタの水晶を $6\sim10\,MHz$ くらいに選べば，$33\,\mu H+120\,pF$ のトリマでうまく動かせます．それ以外では，固定インダクタを増減して対応します．

トランシーバを使いやすくするには

① RITを付加する

アカギ・スタンダードにはRITがありません．受信時に少しだけ周波数を動かせるRITは，やはりあったほうが使いやすいので，その方法を**図2-10-2**に示しました．

RITを付けるには，バリキャップ・ダイオードにかかる電圧を安定化する必要があります．送信時と受信時で別々の電圧を供給しますから，送信，受信のコントロール回路を利用して，キーイングで送受の切り替えができるようにします．キーイングはTA7358Pの⑤ピンと2SK241のソースで行っていますが，ここをアースに落として電源側に送信コントロール回路から供給するので，エレキーも使えるようになります．

② パワー・アップするには

標準電源は12 V，動作電源電圧範囲は $9\sim13.8\,V$ ですが，実際には9 V以下でも使えています．しかし

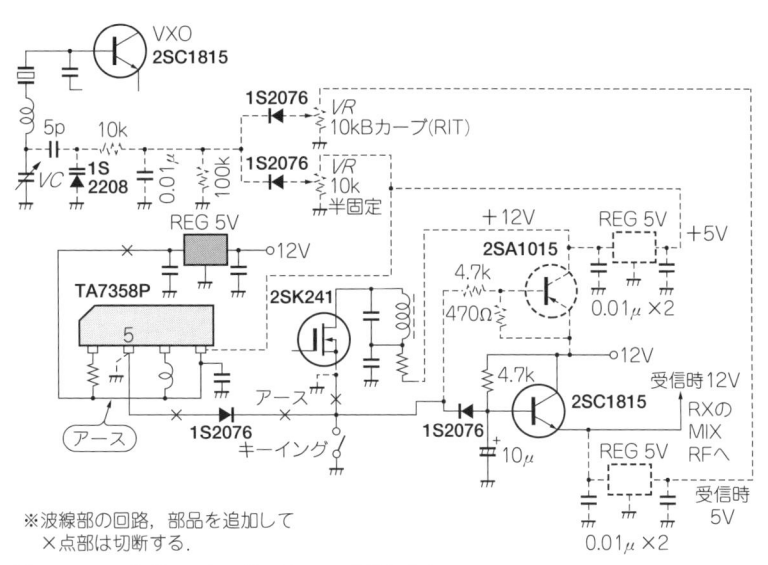

図 2-10-2 アカギ・スタンダードに RIT を追加する

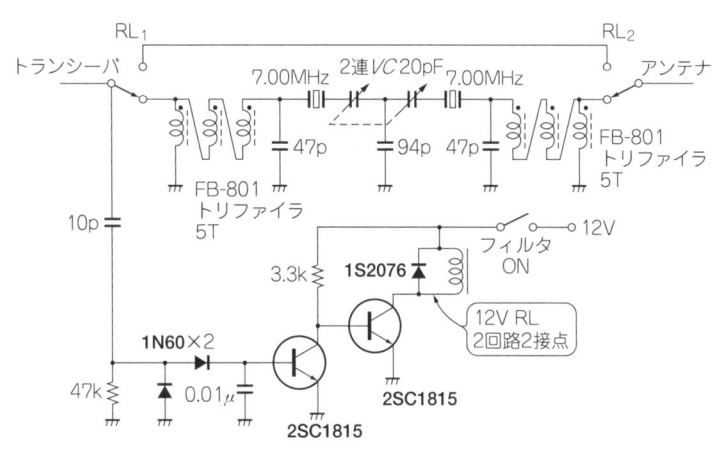

※波線部の回路，部品を追加して
　×点部は切断する．

図 2-10-3 周波数可変水晶フィルタの回路

受信感度が低下するので，やはり 9 V 以上が安心です．500 mW 以上のパワーが欲しいときは，キーイングを行っているプリドライブの 2SK241 を単純に 2 個並列にすると，送信出力を 1 W 程度にすることができます．

③ **自作機のマルチ・バンド・システムの構築**

各バンド専用機を作っていくのもよいですが，もっと簡単にするには，例えば 7 MHz 機の受信だけ利用して，p.96 〜のクリコン＋50 MHz 送信機方式で各バンド用を作れば，無理なく HF CW の QRP マルチ・バンドのシステムが完成します．少しずつ，自作機を増やしていくのも楽しいものです．

④ **付加回路―水晶バンドパス・フィルタを作る**

図 2-10-3 は雑誌で紹介された可変周波数水晶フィルタを参考にさせていただき，筆者が送受信の切り

2-10　21 MHz 機を 7 MHz トランシーバに変更する

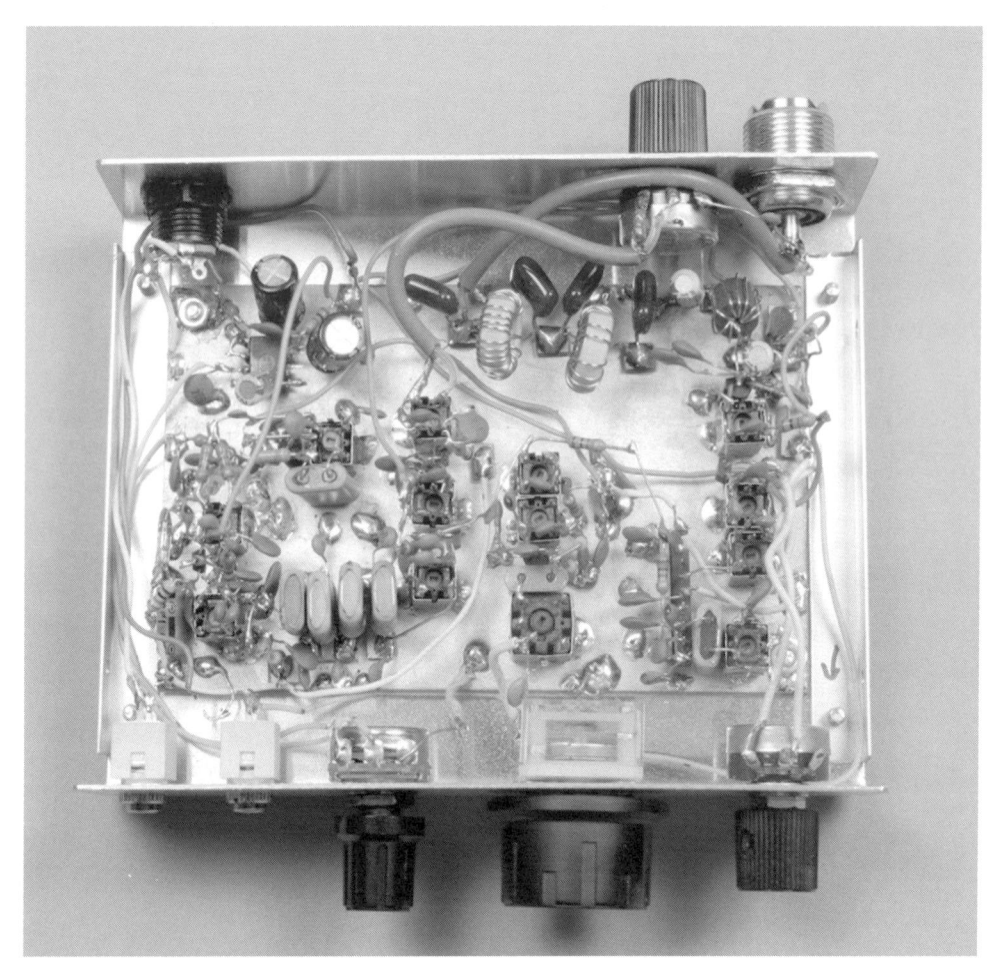

写真2-10-1　完成した7 MHz CWトランシーバ

替えを追加した回路です．7.00 MHzの水晶で7.000〜7.006 MHzまで可変できる，とてもすばらしい水晶フィルタです．CWバンドをすべてカバーしているわけではありませんが，実用上は問題ありません．

　送受信の切り替えは，送信出力の一部を拾って検波し，ベース電圧を作り，リレーをコントロールします．このように送信のキャリアを拾ってリレーをコントロールして，送受の切り替えをする方法は，キャリア・コントロールと呼ばれます．

　アカギ・スタンダードは感度は良いのですが，受信部の混合に2SK241を使っているため混変調に弱いという欠点があります．そこにこの水晶フィルタを入れると，混変調特性が改善され，特に夜間の受信がとても静かになりました．

　また，p.84〜のダイレクト・コンバージョン受信部の7 MHzトランシーバに使うと，ダイレクト・コンバージョン受信機の欠点である放送波の混入や混変調がバッサリ切れて，とてもすばらしい受信機に早替わりします．

2-11 10mW出力の 144MHz CW トランシーバ

V/UHF帯でもCWによる交信がよく聞こえます．とくに夜間や週末になると，欧文のQSOに混じって和文によるQSOも盛んに行われているようです．ここでは，自作して実用になるもっとも高い周波数である144MHzのCWトランシーバを作ってみましょう．

図2-11-1に，144MHz CWトランシーバの回路を示します．18.0MHzの水晶でコイルのないVXOを構成し，上側に周波数を変化させます．ここでは，バリコンの代わりにバリキャップを使っています．18MHzの信号を8逓倍して，144MHzの信号を作り出します．CWの場合，受信と送信で800Hzほど周

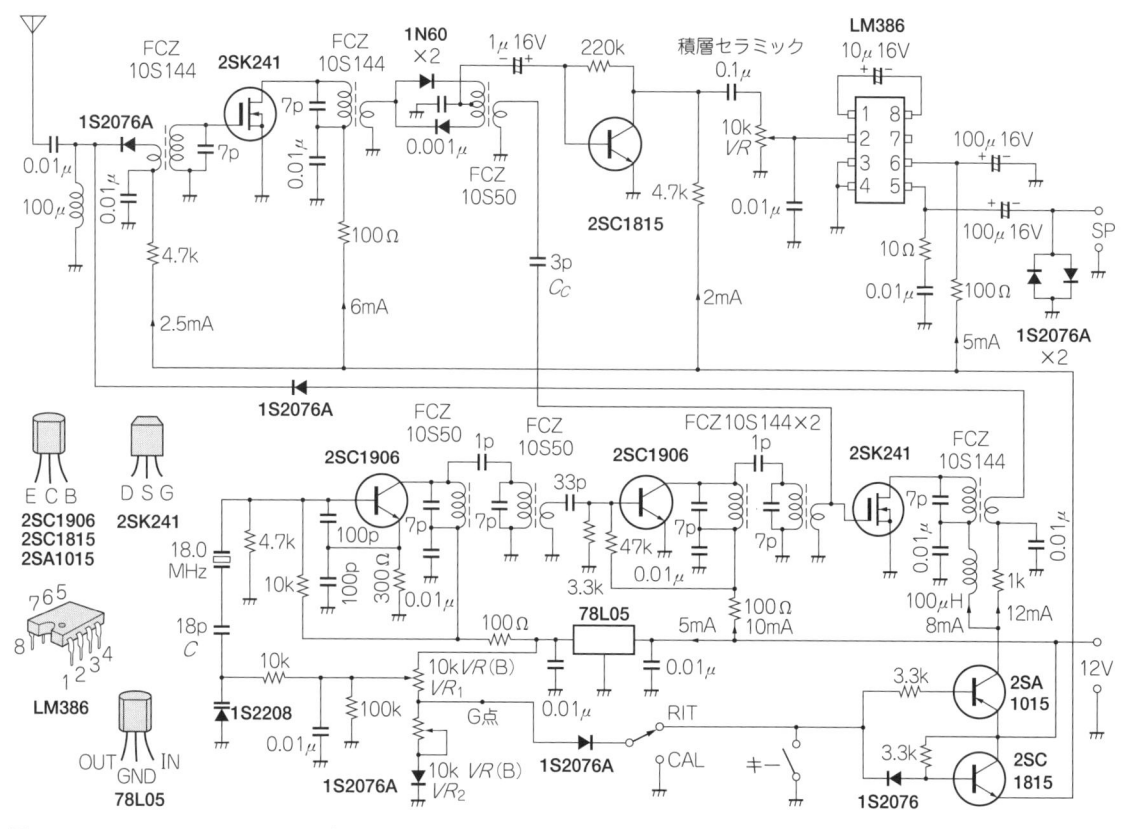

図2-11-1 144MHz CWトランシーバ(出力10mW)の回路

波数をシフトさせますが，受信時と送信時にバリキャップにかかる電圧を変えて周波数シフトしています．

VR_1 がメイン・チューニングで，VR_2 が受信周波数をシフトさせる RIT です．送信時には VR_1 の G 点にかかる電圧は，1S2076A をとおしてアースされるため 0.6 V となります．受信時に VR_2 を操作して G 点にかかる電圧を変えると，バリキャップの容量が変わり，周波数がシフトします．

VXO の出力は受信部の局発に注入し，また 2SK241 のファイナルで増幅されます．全アンテナ回路はスイッチによる切り替えではなく，スイッチング・ダイオード 1S2076A を使い，2SC1815 と 2SA1015 の電源コントロール回路でキーイングと同時に切り替えるようにしています．

スピーカ出力に入っている 1S2076A×2 のダイオードは，不快なクリック音を和らげています．アマチュア的に，そのクリック音をサイド・トーン代わりにしています．

144 MHz CW トランシーバの作り方と調整

本機は，①受信基板と②送信基板の 2 ユニットに分けて作ります（p.14 の実体配線図参照）．調整は，DSB トランシーバとほぼ同じようにして行うことができます．

写真 2-11-1　144 MHz CW トランシーバの内部

基板をケースにがっちりと固定してから調整します．VXOの周波数は，水晶とバリキャップの間のコンデンサの容量Cが18pFのとき，144.059～144.075MHzになりました．このCの増減により，周波数を調整します．しかし，周波数が高くなるにしたがって発振出力が下がり，144.080MHz付近で発振が停止してしまいました．

144MHz CWトランシーバの使い方

　ダイレクト・コンバージョンによるCW受信の際，信号は2か所で聞こえてきます．そのときは，信号の受信は，RIT/CALスイッチをCAL側にしておき，メイン・チューニングVR_1で2か所の信号の真ん中の信号が聞こえなくなるところ，すなわちゼロ・ビートを取ります．この操作で，相手の周波数に送信周波数を合わせます．次に，スイッチをRIT側にして，聞きやすいところにVR_2で合わせればOKです．

2-12 フル・ブレークイン対応 10MHz CW QRPトランシーバ

　山歩きやハイキングのとき，リュックの中にそっと忍ばせておいて，気ままな移動運用ができる10MHz QRPトランシーバを作ってみましょう．軽くて小さく，そこそこの出力でフル・ブレークイン操作ができるということを条件に作りました．

　本機の計画を立てるとき，作りやすさも考えて，送信部と受信部を完全に独立させることにしました．トランシーブ操作にはなりませんが，送信部の混合と受信部のRITを構成する必要がなくなり，回路がシンプルになります．

10MHz CW QRPトランシーバの回路について

　そこで，全体の構成は図2-12-1のようにしました．送信部は3ステージの構成で，VXO-ドライバ(キーイング)-ファイナルで，出力2W程度を目標にします．受信部は，せめてフィルタを備えたスーパ方式にしたいところです．フィルタ方式にすると，それに合わせた局発VXO用の水晶が必要になります．フィルタとVXO用の二つの周波数で10MHz帯になるような水晶を探すことになりますが，安価な水晶の組み合わせを探すのも大変です．

　そこで，局発をLCによるVFOで作ることにしました．周波数安定度が悪くなるという問題がありますが，発振周波数を低く抑えることにより，安定度を確保しました．本機の回路を図2-12-2に示します．

● 受信部について

　受信部は，FMフロント・エンド用ICのTA7358P(図2-12-3)を2個使って，高周波増幅から検波段までを構成し，LM386でスピーカを鳴らします．なお，シンプルな回路構成にするためAGCは省略しました．

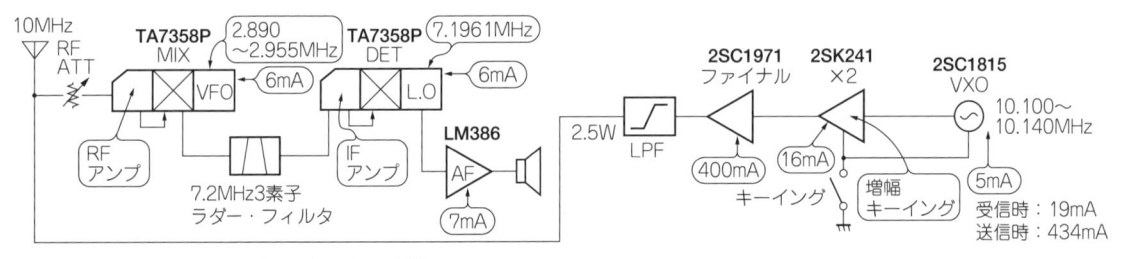

図2-12-1　10MHz CWトランシーバのブロック図

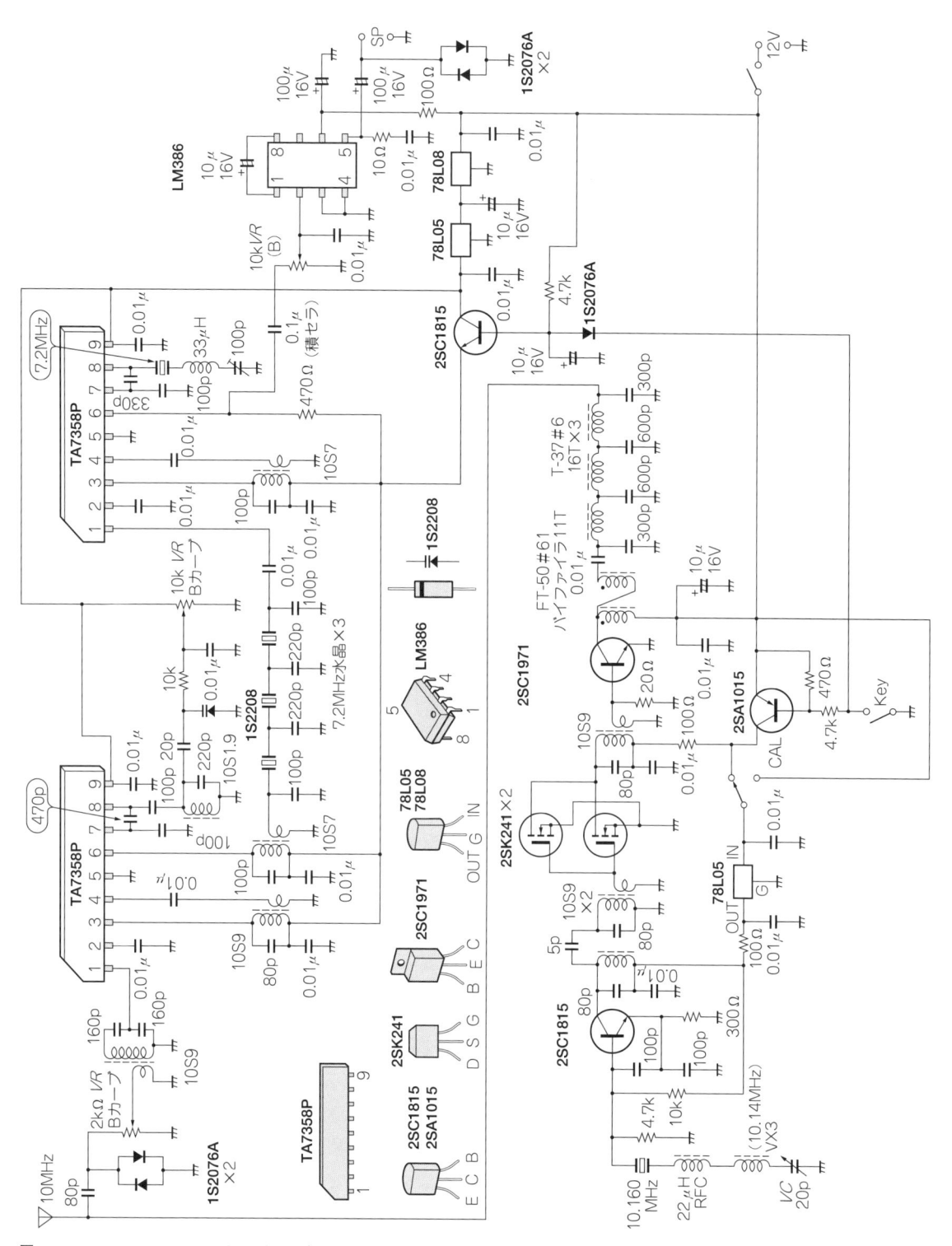

図2-12-2　10MHz CWトランシーバの回路

(a) 内部ブロック図

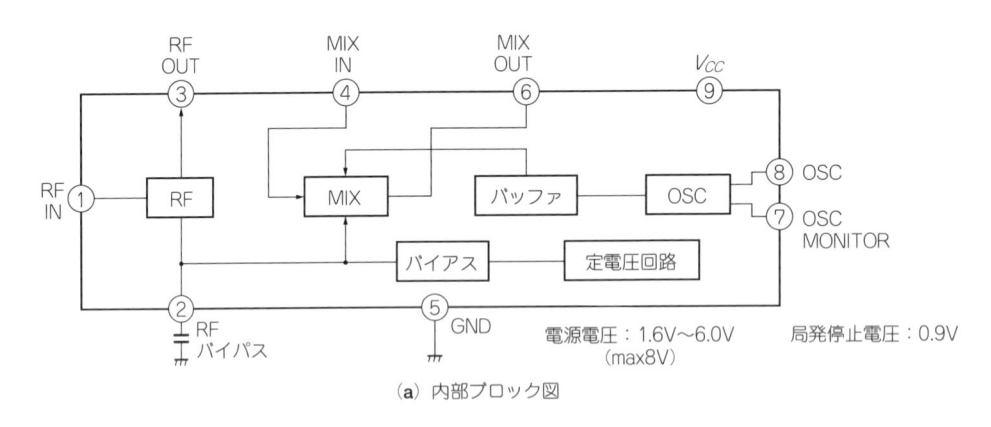

電源電圧：1.6V～6.0V（max8V）　局発停止電圧：0.9V

端子番号	項目	内部周辺回路	端子電圧〔V〕
1	FM-RF IN		0.8
2	BY PASS		1.5
3	FM-RF OUT		5.0
4	MIX IN		1.5
5	GND	—	0
6	MIX OUT	④ピン参照	5.0
7	OSC MONITOR		4.3
8	OSC		5.0
9	V_{CC}	—	5.0

(b) 端子説明（端子電圧は，T_a=25℃，V_{CC}=5V，無信号時の直流電圧）

図2-12-3 FMフロント・エンド用ICのTA7358P（東芝）の内部ブロック図と端子説明

　アンテナからの信号はATTを通過した後，10MHzの同調回路でTA7358Pの①ピンに入力されます．このとき，160pFのコンデンサを2個の直列に接続して同調容量を80pFとし，その中点から入力してインピーダンスを下げ，また①ピンが直流的にアースされるのをカットします．①～③ピンで増幅された高周波信号をミキサの④ピンに入力します．ここも，①ピンと同様にアース電位をカットするために，0.01μFで結合します．次段のTA7358Pについても同様です．

　一方，⑦，⑧ピンでVFO発振回路を構成し，内部でミキサに注入します．ミキサからの信号は，水晶で構成した900Hzのフィルタを通過した後，次段のTA7358Pの①ピンに入力されます．RFアンプはIF増幅として，またミキサは検波器として働きます．

　⑨ピンの電源およびLM386は常時，通電しておき，VFOおよび検波VXOの安定化を実現すると同時

図 2-12-4　7.2 MHz 3素子フィルタの特性

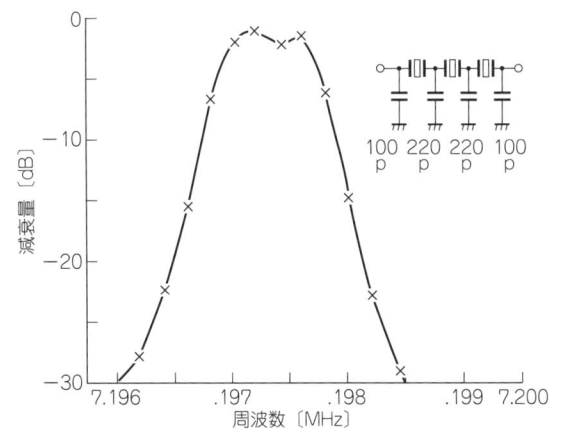

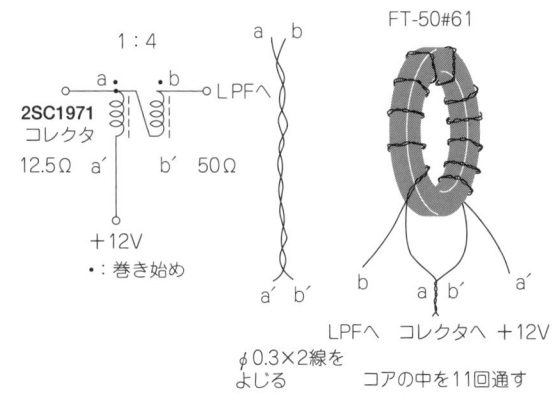

図 2-12-5　1：4のRFトランス（広帯域）

に，送信出力の一部を拾ってサイド・トーンとします．なお，入力側に挿入した1S2076A×2は，過大信号入力からICを保護し，LM386の出力側では過大入力をクリップ（制限）して，サイド・トーンを聞きやすくしています．

● LCによるVFO

　初段のTA7358Pの⑦，⑧ピンで構成したLCによるVFOは，ある程度，任意の周波数を作ることができます．しかし，温度変化に対する周波数安定度が悪く，安定した信号を作り出すのはなかなか大変です．今回は受信部だけなので，多少のQRHはがまんして，作りやすさを優先させました．

　そこで，水晶フィルタ（図2-12-4）の周波数（IF）を7.2 MHzに選び，VFOは比較的低い周波数である2.900～2.950 MHzに設定しました．FCZ10S1R9コイルと220 pF＋バリキャップという構成にし，VFOの面倒な周波数合わせはFCZコイルのコアの調整で行うようにしました．

　コンデンサは普通のセラミック型ですが，周波数が低いため多少の初期変動を除けば安定しています．また，屋外での運用を考えると，バッテリやニカド電池などの電源では，送信時に大きく電圧降下を起こし，バリキャップを使ったVFOではちょっとした電圧変動でもQRHの原因となります．そこで，レギュレータICとして78L08，78L05の2段構えとし，TA7358Pとバリキャップの電源に5 Vを供給します．これにより，電源電圧の変動が吸収され，安定した動作をさせることができます．

● 送信部について

　送信部は，10.160 MHzの水晶によるVXOで直接，10 MHzバンドをカバーします．手持ちの関係で10.160 MHzの水晶を使いましたが，新規に購入するなら10.140 MHzの水晶を使ったほうがベターでしょう．VXOの変化幅が少なくなり，QRHに対して有利です．VXOコイルは，VX3と22 μHの固定インダクタで，必要なインダクタンスを確保しました．VXOからの出力は，2SK241×2のドライバ段の後，2SC1971によるC級アンプで増幅されます．

出力トランスは，FT-50#61にバイファイラ11回巻き，変換比1：4で，インピーダンス変換を行って50Ωとしています．巻き方は，**図2-12-5**を参考にしてください．LPFは3段構成としました．

2SA1015の送信コントロール回路で，VXOと2SK241の電源を切ってキーイングします．ちょっと強引なやり方で，キーイング時の立ち上がりのQRHを心配しましたが，特に問題ありません．

ドライバ段の2SK241の出力は，単体では50mW程度で，C級アンプの2SC1971を十分ドライブするパワーを得られず，2SK241のパラレル接続により100mWを得て，最終的には2.5W出力としています．

10MHz CW QRPトランシーバの作り方と調整

本機は，基板を4ユニットに分けて作ります．①VXO基板，②2SK241 - 2SC1971 - LPF基板，③TA7358P×2受信基板，④LM386，2SC1815受信コントロール基板の四つです．基板の配置は，実体配線図(p.15)を参考にしてください．

ケースは，タカチ電機製のYM-150 (W150×H40×D100mm) がぴったりです．①のVXO基板には，2SC1815のキーイング回路も含まれます．②のファイナル2SC1971は放熱をするため，**図2-12-6**のようにケースにビス止めします．

③の受信基板はいきなり作らずに，まずVFO回路のみを別の基板に仮組みして，およそ2.900～2.950MHzで発振することを確認してから，受信基板に改めて組み上げてください．

VFOの周波数は，その作り方で発振周波数が変わるので，およその見当をつけておきます．基板ができたら，各基板を仮調整します．最初，送信VXOから始めます．10.100～10.140MHzが発振するようにVX3コイルとバリコンのトリマで合わせます．出力もRFプローブでピークを取ります．ここでの出力は，5～10mWも出ていればOKです．

次に，①のVXO基板と②のファイナル基板を配線し，LPFの後にパワー計を入れて，2～2.5Wの出力が出てくるかを確認します．ファイナルの放熱をせずに，長時間パワーを出すとファイナルが壊れるので

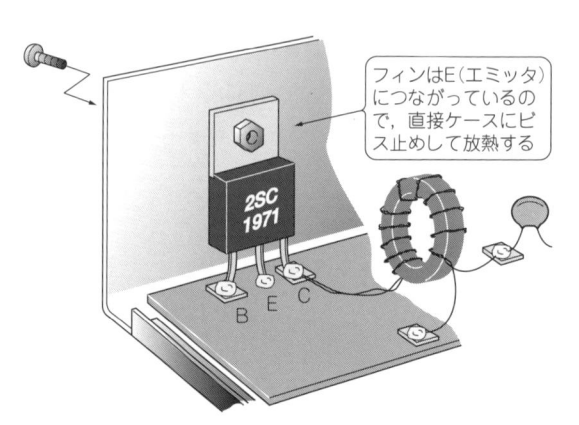

図2-12-6　終段トランジスタ2SC1971の放熱

注意してください.

③の受信基板は，回路電流のチェックとVFOおよび検波用VXOが間違いなく発振しているかを確認します．周波数カウンタでは出力が弱くて確認できない場合があるので，受信機を使ってキャリアを確認するとよいでしょう．筆者の場合，VFOは2.890〜2.955 MHz，検波用VXOは7.1961 MHzとなりました．あとは同調回路のピークを取ればOKです．

仮調整で各基板の動作が確認できたら，ケースに組み込みます．送信部は送信VXO，同調回路でピークを取ります．2W以上のパワーが出てくれば良しとします．

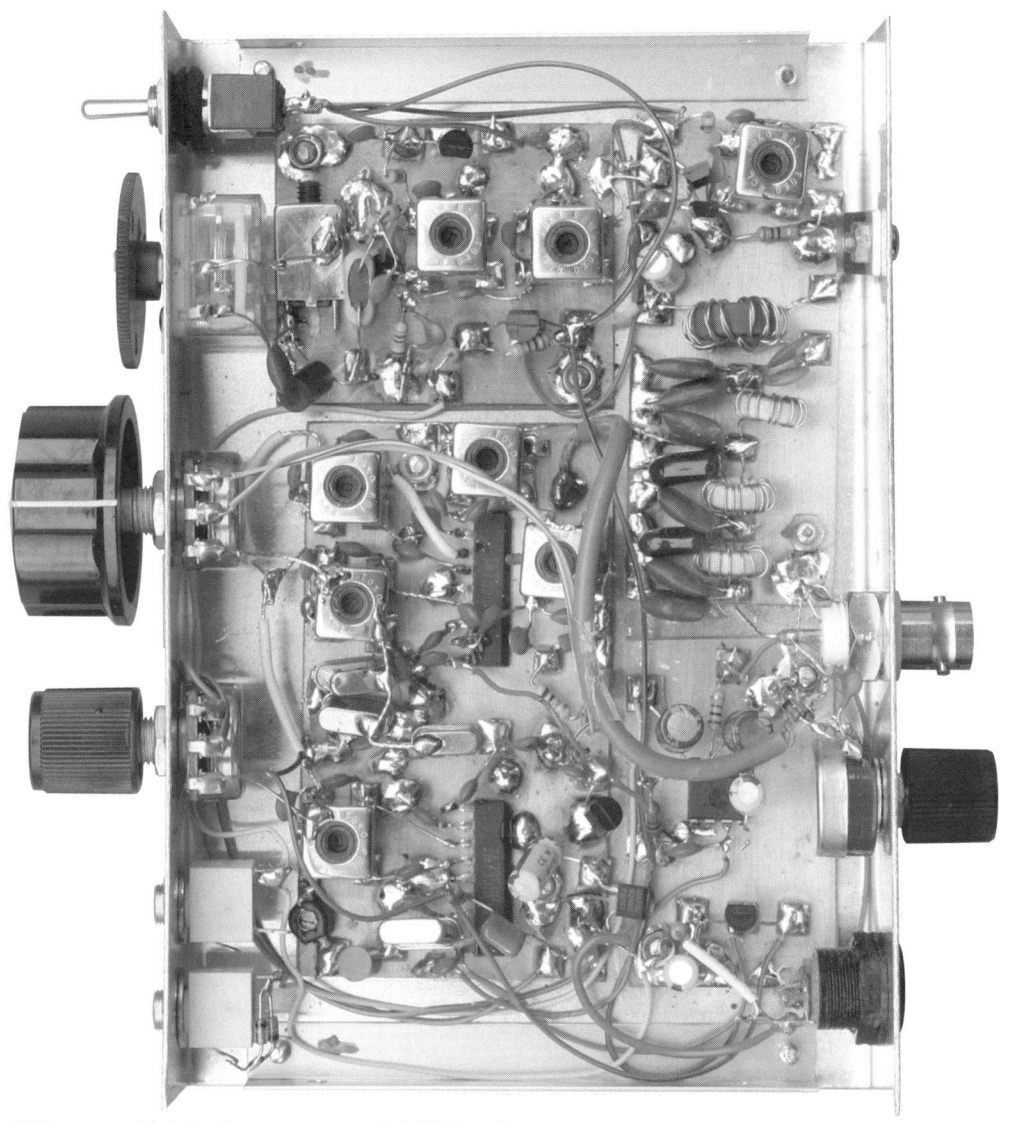

写真2-12-1　できあがった10 MHz CW 2Wのトランシーバ

受信部は，CALで送信VXOを発振させておいて各同調回路のピークを取り，検波用キャリア周波数を聞きやすいところに合わせて完成です．各ユニットごとに確実に動作確認をするまではケースに入れずに，完全に動作するように仮調整をしてから組むことが，リグ作り成功への鍵です．

10MHz CW QRPトランシーバの使い方と運用

　本機の使い方は，信号を受信したらCAL-ONで，送信VXOを受信周波数に合わせればOKです．本機はAGCを持たないため，強い局が出てきて歪むときは，RF-ATTを絞ります．

　さっそく，本機を持って自転車移動に出かけました．移動したのは，栃木・藤岡町の渡良瀬遊水池の近くです．2時間で35局ほどログインできました．2.5Wのパワーでも，まったくストレスなく運用できました．受信はとても静かで，程よいフィルタの切れです．心配していたフィールド運用におけるVFOのQRHも気になりませんでした．

　電源に10.8V，1300mAhのリチウム・イオン電池を使いましたが，2時間たってもパワーの低下はありません．リュック一つでどこへでも持っていけるので，FBなロケーションから手軽に運用ができます．

2-13 送受信でVXOを共用する 18MHz CWトランシーバ

> 受信系にはダイレクト・コンバージョン方式を採用し，送信系には発振，増幅（キーイング），電力増幅というシンプルな構成で18MHz CWトランシーバを製作することを考えてみます．

　発振器をVXOとして受信系と送信系で共用すれば，とてもシンプルなトランシーバにすることができます．ダイレクト・コンバージョン＋CW送信機は，とても相性のよい回路構成です．CWで使用するなら，このようなシンプルな構成でも，十分に実用になるトランシーバを作ることができます．

18MHz CWトランシーバの回路について

　図2-13-1に示すブロック図を見るとわかるように，基本回路をそのまま組み合わせて18MHzのCWトランシーバを構成しました．それぞれの回路は，すべて基本回路のユニットの組み合わせでできています．

● 受信系

　受信信号は，2SK241で高周波増幅し，SBMにより復調された信号を2SC1815で軽く増幅してから，LM386で低周波電力増幅させてスピーカを鳴らしています．スピーカ出力には1S2076を2本使ったリミッタを入れて，キーイング時のクリック音を和らげています．

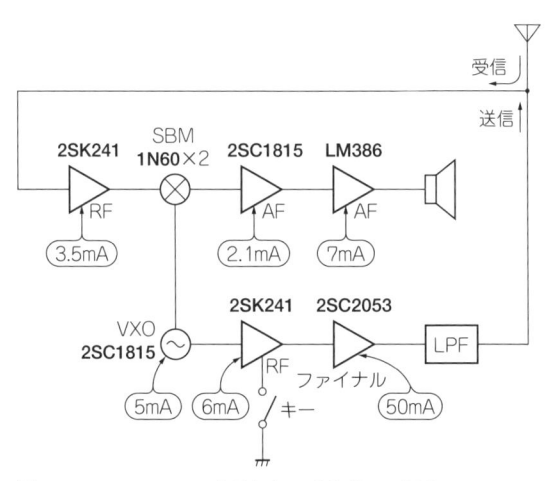

図2-13-1　18MHz CWトランシーバのブロック図

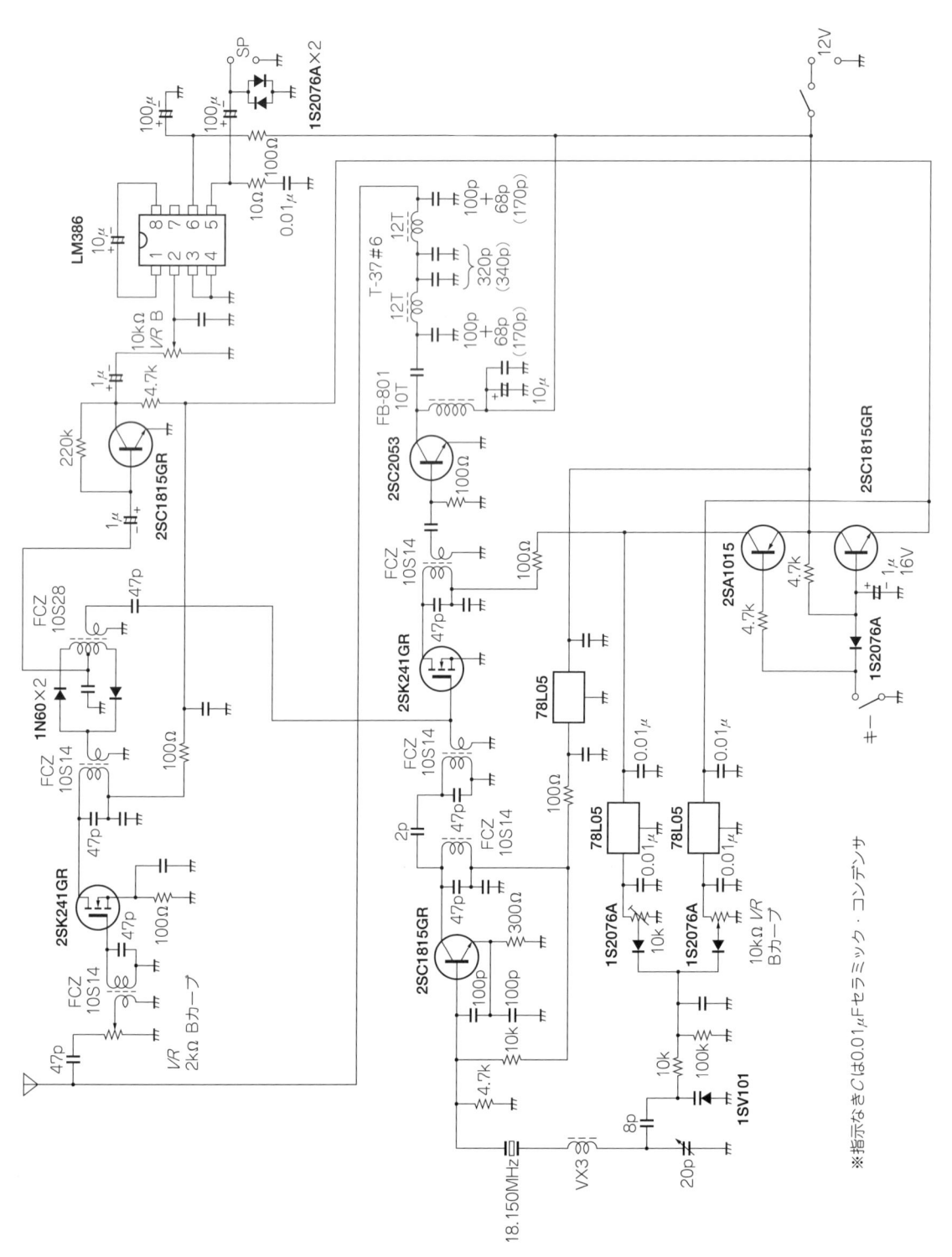

図 2-13-2　18 MHz CW トランシーバの回路

受信用のフィルタが入っていないため，QRMのあるときは外付けのヘッドホン・フィルタ(p.89参照)を入れる方法があります．

18 MHzでは，何も聞こえていなくとも，突然開ける場合があります．そんなときにフィルタがないほうが信号が見つけやすいということがあります．また，フィルタが内蔵されると不要な結合が生じて発振を起こすといったトラブルを避ける意味もあります．同じような理由でスピーカも外付けとしています．

● 送信系

送信部では，受信部と共通のVXOからの信号を2SK241で増幅とキーイングを行い，2SC2053のファイナルで電力増幅します．ファイナルは，C級増幅で300 mW出力です．

もう少しパワーが欲しい場合は，ベース-コレクタ間に2 kΩの抵抗を入れて軽くバイアスをかけると，500 mWほどの出力が得られます．LPFのコンデンサの値は，本機の回路図である図2-13-2にある(　)内の数値が必要ですが，今回は100 pF + 68 pF，320 pF (100 pF + 220 pF)と組み合わせて，近い数値で代用しました．

● 送信と受信の切り替え

本機の最大のポイントは，送信と受信の切り替えです．

キーダウンと同時に，受信から送信にトランジスタ・スイッチを使って電源を切り替えます．2SA1015がONとなり，VXOのあとの2SK241に通電してキーイングをします．

ファイナルはC級増幅で，信号があったときにだけトランジスタがONになり，電源は通電状態になります．また，同時に2SC1815はOFFとなり，受信部の2SK241と2SC1815の電源が切れます．LM386は，常時通電状態にしておきます．

● VXOの周波数を送信と受信で800 Hzずらす

ここで重要なことは，VXOの周波数を受信と送信で，800 Hzほどずらさなければならないということです．VXOからの信号は，同じ周波数にすると送信と受信で800 Hzずれてしまいます．そのために，RIT (Receiver Incremental Tuning)回路が必要になります．

図2-13-2に本トランシーバの回路を示しますが，20 pFのバリコンから8 pFを介して1SV101へ与える電圧をコントロールして，容量を変えています．すなわち，バリキャップにかかる電圧を送信と受信で別々にして，800 Hzをずらします．

送信と受信の電源を3端子レギュレータ78L05を使って，別々に安定化して送信時には10 kΩの半固定VR，受信時にはRITに10 kΩのVRを使い，バリキャップにかかる電圧を変えて周波数をずらします．RITは，±2 kHzほど動かせるようにしました．なお，サイド・トーンはありません．送信時のクリック音をサイド・トーン代わりにしています．

サイド・トーンの回路を図2-13-3に示しましたので，必要な場合は入れてください．また，第1章で作ったオンエア・モニタを使ってもよいでしょう．

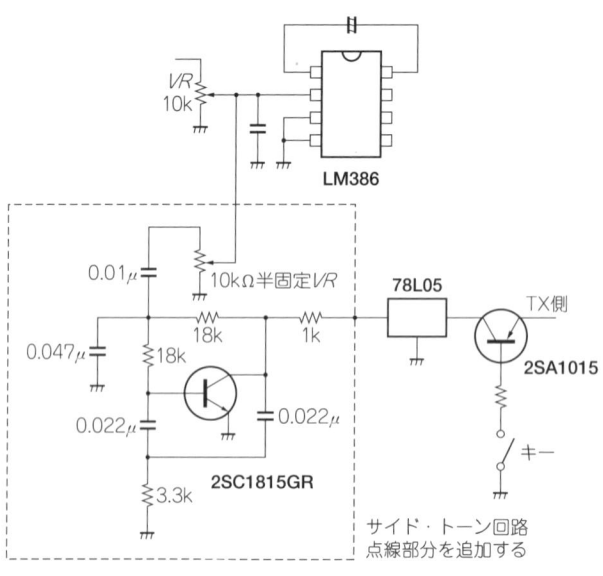

図2-13-3 サイド・トーン回路

18 MHz CW トランシーバの製作と調整

　製作する各基板は，第1章で紹介した基本回路そのものです．ゆったりとした作りにするために，ケースはタカチのYM-180（W180×H40×D130mm）と同じ大きさとしています．

　まず，それぞれの基板を作ります．18 MHzのFCZコイルはないので，2SK241のRFアンプとVXOの出力コイルはFCZ10S14と47 pFのコンデンサで18 MHzに共振させました．また，SBMのトランスは，FCZ10S28を使っているので，間違えないように注意してください．

　基板が完成したら，はんだ付けがしっかりされているか，誤配線はないかを確認します．そして，LPF，SBM，ファイナル以外の各基板は，電源に12 Vを加えたときの電流を測定しておきます．その値が，図2-13-1に示した電流値と大きく違っていなことをチェックしておきます．

● VXO基板の調整

　ポリバリコンを仮付けして，発振していることをRFプローブで確認します．なお，RIT回路は8 pFを外しておきます．次に，周波数カウンタあるいはHFのトランシーバで，発振周波数をCWバンドが入るようにおよその発振周波数を合わせておきます．

　ユニットごとに動作を確認しておくと，それぞれの基板を組み合わせたときに調整がしやすくなります．複雑になればなるほど，各基板ごとの動作の確認が大切になります．

　各ユニットは小さな基板ですから，ケースにいちいちビス止めするのも大変なので，一枚の親基板（130×110 mm）の上に配置します．ユニット基板は両面テープで貼り付けます．各基板は，親基板と数箇所をはんだ付けしてアースを取ってください．基板間で配線できるところは配線しておきます．

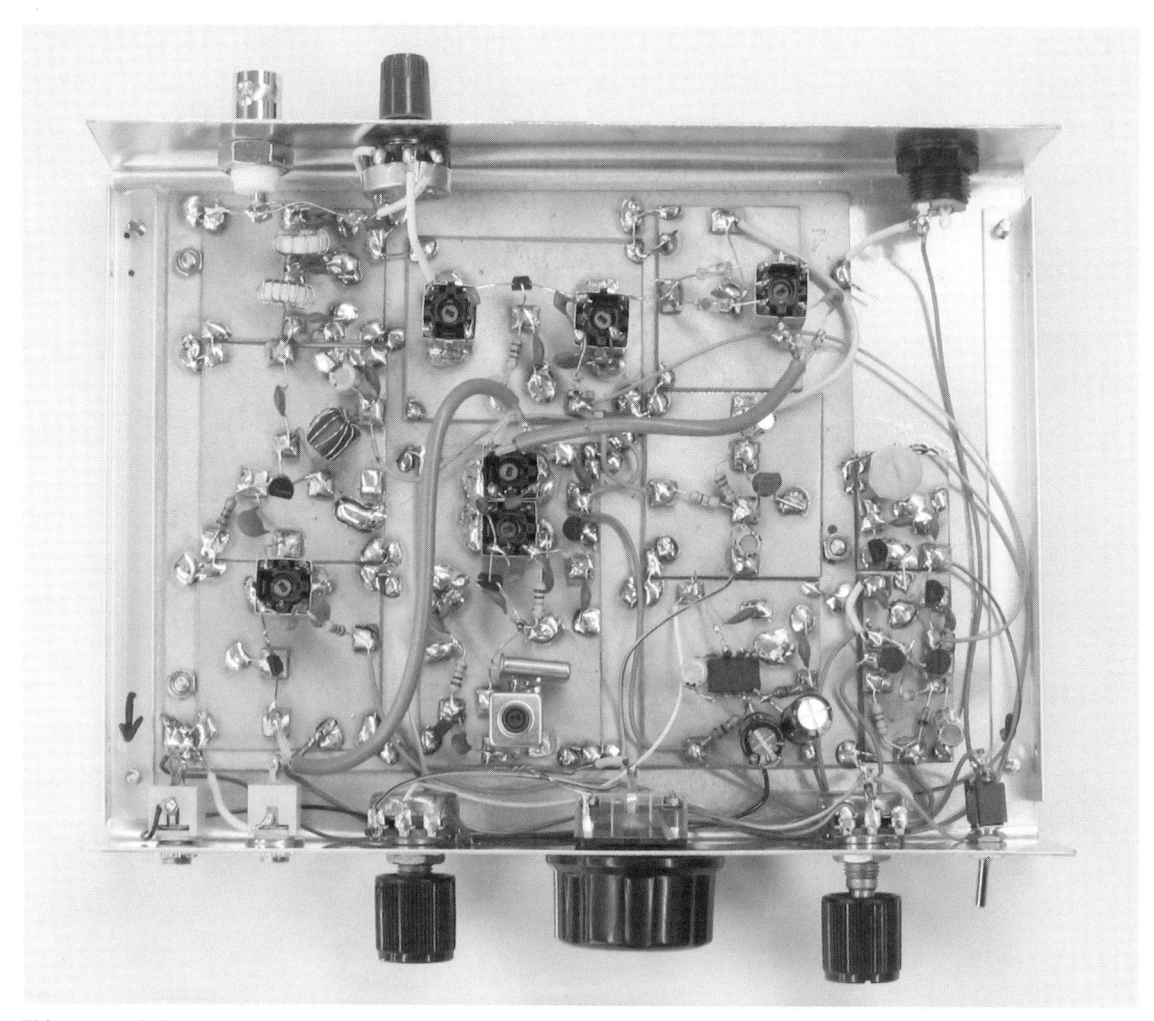

写真2-13-1 完成した18MHz CWトランシーバ(p.23参照)

● **全基板をケースに入れて配線と調整を行う**

　次は，ケースを用意して，バリコン，ジャックなどのパーツを取り付けます．そして，親基板をビス止めして配線していきます．

　まず，RITは外したままで，VXOの発振周波数を合わせます．VX3のコアを押し込んでバリコンの最大容量で，バンド下側の18.068 MHzまで下げます．

　このとき，バリコンの最小容量で18.110 MHzくらいまで発振していればOKです．次に，受信状態でRF部のFCZコイルのコア調整を行い，最大感度に合わせます．

　次は送信部です．パワー計を入れて各コアを調整して最大出力に合わせます．最後に，外してあった

RITの8pFをはんだ付けします．RITのボリュームを真ん中になるようにしておき，そこに印を付けます．受信機でこのキャリアを受信します．次に，キーダウンして送信状態にし，同じトーンのキャリアが受信できるように送信用の半固定VRを合わせます．これで送信と受信周波数が合います．

最後に，もう一度VXOの周波数を合わせ直して完成です．

18MHz CW トランシーバの使い方と応用

ダイレクト・コンバージョン方式の受信機では，目的とする信号が2か所で受信されるということが起こります．

RITを印を付けておいた位置に合わせておいて，VXOダイヤルで信号にゼロインします．RITを右か左に回していくと，信号を受信することができます．これで相手局に周波数が合いました．

混信があるようなら，RITを反対側に合わせて回避することができます．時間によっては17MHz帯にある放送波の混信を受けますが，これはダイレクト・コンバージョン方式の泣き所と割り切りましょう．アッテネータを絞ると，混信は多少抑えられます．欠点は運用テクニックでカバーする，というくらいの気持ちでいたほうが楽しいでしょう．

これほどシンプルな自作機でDXができたときは，すばらしい感動を味わうことができます．このトランシーバは，VXOの周波数と共振回路を各バンドに合わせることで，1.9MHzから50MHzまで応用することができます．しかし，低い周波数のVXOは，必要なバンド幅を確保するのが大変で，実用になるのは7MHz以上といったところです．

第3章

DSB/SSB
送受信機と
付属装置の製作

応用としての
フォーン・トランシーバと
トランスバータ
電力アンプ

3-1 SSB局と交信できる 50 MHz DSBトランシーバ

　前章では，さまざまな基本回路を組み合わせて，CW専用の送受信機器を製作してきました．しかし，製作することが難しくても電話（フォーン）も忘れることができないので，本章では比較的簡単に作れて，SSB局との交信も可能なDSBトランシーバを紹介します．

■ 変調（復調）回路とマイク・アンプ

　図3-1-1は，シングル・バランスト・ミキサ（以下，SBM）の基本回路です．この回路の働きは，2個のダイオードとコイルの組み合わせにより，搬送波を抑圧したダブル・サイド・バンド波，すなわち抑圧搬送波両側波帯（ここではDSBと表記する）の信号が得られることです．

　LOに搬送波（キャリア）を注入，AF端子へ低周波信号を入力すると，RF端子には変調された高周波信号（DSB）が出力されます．反対に，RF端子に変調波信号が入力されると，AF端子には復調された低周波信号が出力されます．つまり，SBM回路は変調も復調も可逆的に行うことができる便利な回路と言えます．

　DSBの信号をSSBの受信機で聞くと，上側か下側のどちらかの変調波を復調することになりますが，50 MHzでは上側のUSBを復調することになります．

　ダイオードとコイルだけのシンプルな回路ですが，3本線をよじったトリファイラ巻き4Tが，ちょっとややこしい巻き方をしなくてはなりません．ここで，FCZコイルの10S28の巻き方を見ると，1次側は3T，2次側は4Tのバイファイラ巻きになっています．1次側が1回分，巻き数が少ないのですが，伝送トランスとして代用ができて，SBMがとても作りやすくなります．

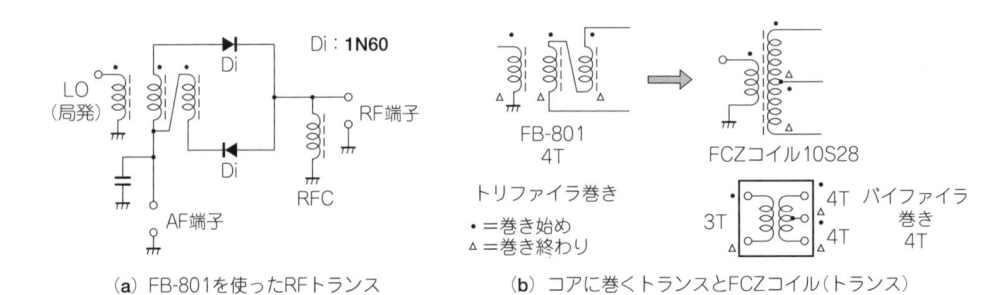

（a）FB-801を使ったRFトランス　　（b）コアに巻くトランスとFCZコイル（トランス）

図3-1-1　検波と変調に使えるシングル・バランスト・ミキサ

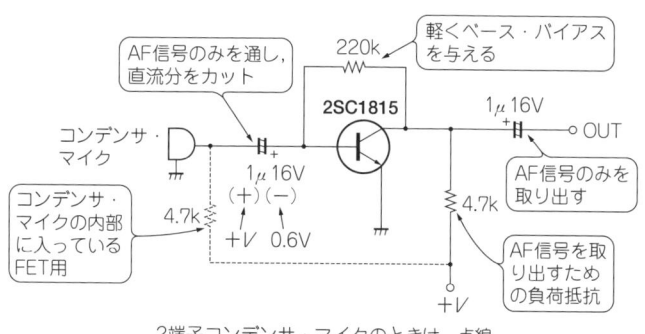

図3-1-2 2SC1815を使ったマイク・アンプ

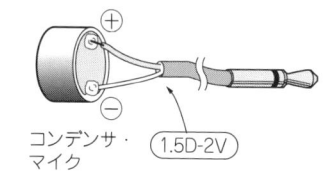

(a) 回路
(b) コンデンサ・マイクの使い方

図3-1-2に，マイク・アンプ回路を示します．2SC1815の低周波アンプですが，コンデンサ・マイクにちょうどよいゲインが得られます．また，受信の検波ゲインがちょっと足りないときにも使えるので，便利な回路です．2極のコンデンサ・マイクを使うときは，点線のように4.7kΩの抵抗でマイク・ユニットに電圧をかけます．このときは，カップリングの電解コンデンサの極性を反対にします（電圧の高いほうに＋が来るようにする）．

50MHz DSBトランシーバの回路について

図3-1-3のブロック図を見てください．受信部はダイレクト・コンバージョン，送信部も50MHzの信号をダイレクトに変調，発射します．受信，送信それぞれのSBMに，VXOからキャリアを注入しています．受信と送信では，信号の流れは逆になって復調，変調されます．とても，わかりやすい構成となっています．

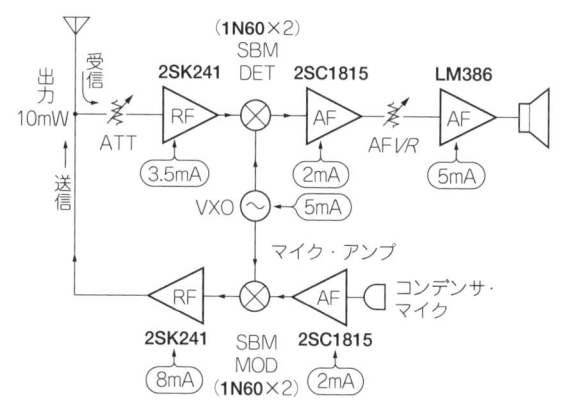

図3-1-3 50MHz DSBトランシーバのブロック図

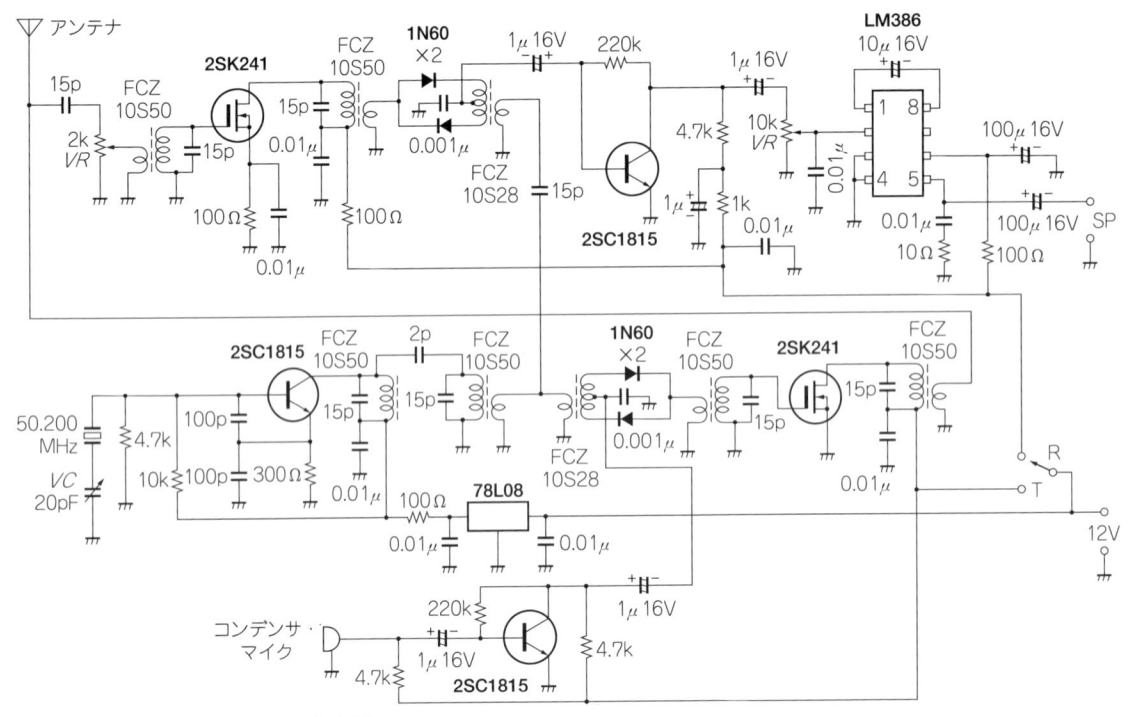

図3-1-4 50MHz DSBトランシーバの回路

　ダイレクト・コンバージョンは混信に弱いという欠点はあるものの，感度は50MHzでも実用上は十分です．

　図3-1-4に，50MHz DSBトランシーバの回路を示します．

　VXOでは50.20MHzの水晶を基本波で発振させ，同時に3逓倍させるLのない回路です．VXOコイルがない分，調整個所がなくなり，気楽にVXO回路を組むことができます．p.84～の7MHzのトランシーバは，周波数を数kHz動かすことも大変でしたが，50MHzともなると30kHzほど動かすことは簡単です．バリコンの最低容量が少ないほど，上側に周波数が伸びますが，上にいくほど出力は下がります．オーバートーン水晶の基本波は，表示周波数より数k～数十kHz下で発振しますが，筆者の場合，50.20MHzの水晶では50.17MHz付近になりました．

　100円ショップのダイソーで購入した100円ラジオのバリコンを，**図3-1-5**のように直列につないだところ，50.167～50.203MHzまで動かすことができました．もちろん，周波数の可変範囲は多少狭まりますが，20pFのFM用ポリバリコンでもOKです．

　VXOの出力は，送信・受信それぞれのSBMに注入されます．送信では，マイク・アンプから音声信号を注入して，変調された信号波は2SK241で増幅されます．そこでは約20mWの出力が得られます．

　受信では2SK241の高周波増幅を通ったあと，SBMにより復調します．ダイオードで復調するので減衰があり，その分を2SC1815で補ってからLM386でスピーカを鳴らしています．ちょっとゲインが足りないといったときに使うと便利です．

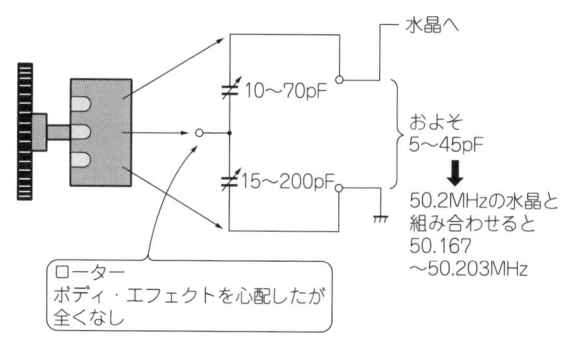

図3-1-5 100円ラジオのバリコンの使用法

　送受信の切り替えは，電源を切り替えるだけです．アンテナ切り替えは，15 pFのコンデンサを入れて不要にしています．送信時に受信部をSWで切り離すと，20 mWの出力が得られますが，15 pFでつないでおくと，約10 mWまで落ちてしまいます．出力を落としたくない場合は，SWやリレーを使ってアンテナを切り替えるとよいでしょう．

50 MHz DSBトランシーバの製作と調整

　製作する基板は，①VXO基板，②送信基板，③受信基板，④LM386基板と四つのユニットに分けました．p.16の実体配線図を参考にしてください．

　調整は，定石どおりに発振のVXOを確認することから始めます．筆者の場合，50.167～50.203 MHzの範囲になりました．基板とバリコンの間は，できるだけ短く配線してください．これが長いと，浮遊容量などにより変化幅が少なくなります．ここでの出力は1 mW程度です．

　次に送信基板ですが，SBMのコイルはFCZ10S28を使うため，間違いがないように注意して配線することが必要です．このとき，2SC1815，2SK241に流れる電流をチェックしておきます．

　VXO基板とコンデンサ・マイクをつないで，変調をかけてみてください．50 MHzの受信機でモニタしながら行います．もちろん，出力にはQRPパワー計をつなぎます．あとは，コイルを調整して最大感度を得るだけです．

　SBMのコイルFCZ10S28は，コアを回してもそれほど変化はありません．コンデンサ・マイクにより多少，ゲインが異なります．大きな声では過変調になることもあるので，モニタしながら過変調に気をつけてください．この状態で出力は20 mWになりました．

　次に受信基板の調整です．各回路の電流チェックを行い，各素子が正常に動作しているかを確認しておきます．LM386の基板も同様です．調整は，コイルのコアを回して最大感度を得るだけです．

　高周波の回路はアースをしっかり取っておかないと，動作が不安定になりますから，調整はアルミ板やプリント基板の上に固定して行います．筆者は，図3-1-6のようにガラス基板の上に固定して，パネルをアルミで加工し，そのままケースにしています．なお，ダイレクト・コンバージョンはノイズに弱く，安

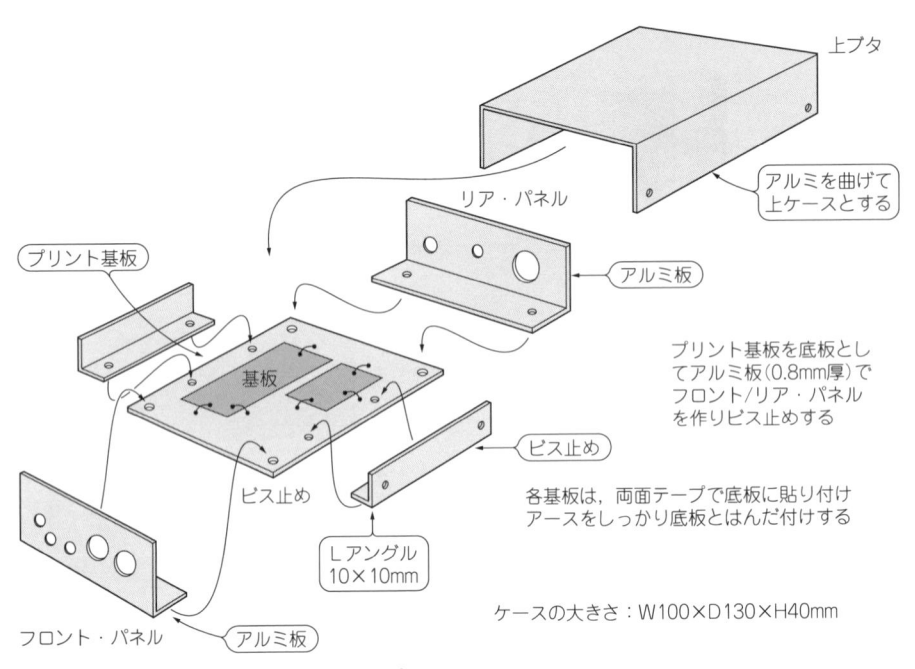

図3-1-6 両面基板を使った簡易ケースの作り方

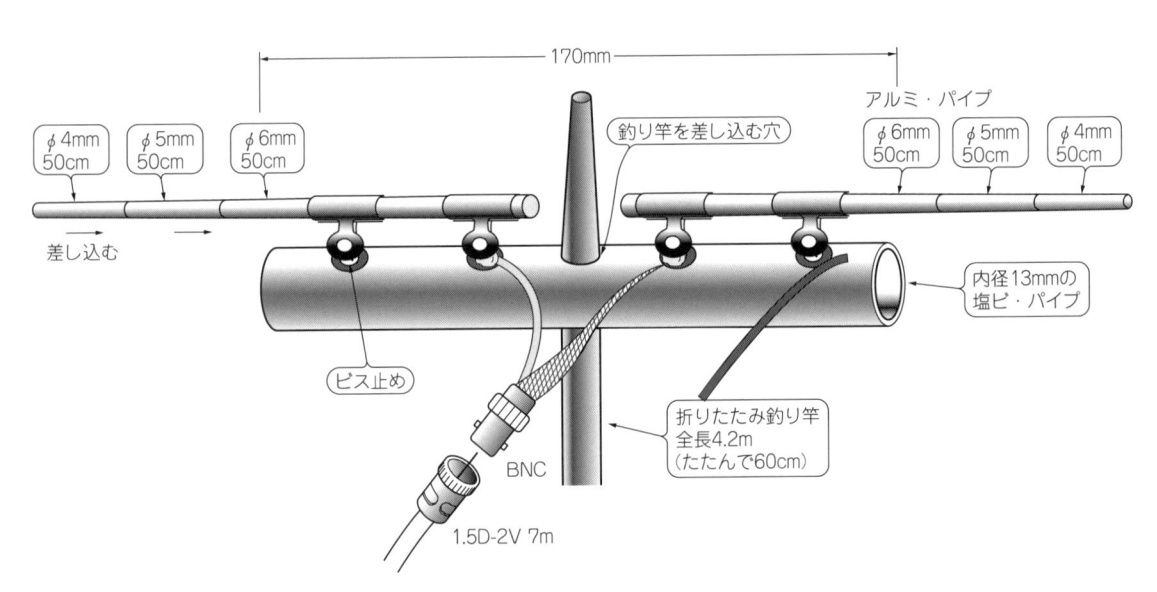

ラベル:
- 上ブタ
- アルミを曲げて上ケースとする
- リア・パネル
- アルミ板
- プリント基板
- 基板
- ピス止め
- ピス止め
- Lアングル 10×10mm
- フロント・パネル
- アルミ板

プリント基板を底板としてアルミ板(0.8mm厚)でフロント/リア・パネルを作りピス止めする

各基板は，両面テープで底板に貼り付けアースをしっかり底板とはんだ付けする

ケースの大きさ：W100×D130×H40mm

図3-1-7 移動用ダイポール・アンテナの作り方

ラベル:
- 170mm
- アルミ・パイプ
- φ4mm 50cm
- φ5mm 50cm
- φ6mm 50cm
- 釣り竿を差し込む穴
- φ6mm 50cm
- φ5mm 50cm
- φ4mm 50cm
- 差し込む
- ピス止め
- 内径13mmの塩ビ・パイプ
- BNC
- 1.5D-2V 7m
- 折りたたみ釣り竿 全長4.2m（たたんで60cm）

① 内径13mmの塩ビ・パイプを17cmの長さにカットして中央に釣り竿を差し込む穴をあける
② 4個の目玉クリップをピス止めして，エレメントを固定する
③ エレメントは，それぞれ50cmに切断したφ6mm，φ5mm，φ4mmのアルミ・パイプを差し込んで1.4m前後になるようにする（SWRが最低になるよう長さを調節，印を付けておく）
④ 給電部をBNCコネクタで同軸1.5D-2V 7mと接続する
⑤ 釣り竿は仕舞長60cmでエレメントを分解して，袋に入れてリュックにくくりつけて運ぶ

写真3-1-1 完成した50MHz DSBトランシーバ

定化電源を使うとハム音やノイズが出る場合があります．できるだけ，バッテリや電池を使用してください．消費電流は，受信時に15.5mA，送信時に15mAとなりました．

50MHz DSBトランシーバの運用と結果

筆者は本機を持って，2度，近くの山(標高220m)に移動してみました．アンテナは，お気に入りの3m高のダイポール(図3-1-7)です．10mWのパワーを考えると，CQを出すよりも呼びに回ったほうが交信のチャンスが広がります．強い局をコールすると，他に呼ぶ局がいなければ大体コールバックがあります．DSBの信号と言わなければ，相手にはなかなか気づかれません．10mWのDSBのパワーは，SSBで考えるとその半分の5mWほどになりますが，これでも80kmも飛んでいきました．もっと高い山に登れば，まだまだ距離は伸びそうです．

受信感度は，もらうレポートからしてまあまあでしたが，フィルタがないため10kHzほど離れたところでも，強力な局が出てくると抑圧を受けます．こんなときは，RFのATTを絞って回避します．逆に，フィルタがないことの長所は，完全な復調音ではないものの±10kHzほどの間の信号の存在がわかり，常時，ワッチするにはとても便利です．パワーと受信能力では，メーカー製のリグとは比較になるはずはありませんが，シンプルな手作り機だからこそ，交信できたときの感動を味わうことができます．

3-2 VHF帯のメイン・ストリート 144MHz DSB トランシーバ

前節で紹介した，シングル・バランスト・ミキサを使った50MHzのDSBトランシーバは，同じ構成で144MHz用としても作ることができます．ここでは，受信部は50MHzと同じ構成のCWトランシーバで，ファイナルに2SK241を使用し，出力が10mWのDSB QRPpトランシーバを紹介します．

　50MHzのDSBトランシーバのVXOは，1石のトランジスタでVXOと3逓倍を同時に行いました．高調波を作って取り出す回路，いわゆる周波数逓倍器は，理論的には何倍の周波数でも取り出すことが可能ですが，逓倍数が高くなると効率が低下してきて実用的ではありません．そのため，50MHzと同じように1石でVXO発振と逓倍を同時に行って144MHzの信号を取り出すことは，大変難しくなります．そこで，逓倍器を2段重ねにして，144MHzの信号を作ることにします．

　図3-2-1のように，18.10MHzの水晶を用いてVXO発振と同時に4逓倍し，1石で72MHz帯の信号を取り出します．FCZ10S50と7pFの複同調により72MHz帯に同調させます．さらに，この後の2逓倍器によって144MHz帯の信号を作り出します．ここも144MHzの複同調とし，スプリアスを少なくして確実に144MHzに同調を取っています．18.1MHz×4×2，基本波の8逓倍で144MHzの信号になります．水晶に表示されている周波数のおよそ0.5％を可変させたとき，144.076～144.800MHzと約700kHzもの可変周波数を得ることができ，144MHz帯のSSBバンドをカバーすることができます．

　実際には，700kHzをダイヤルいっぱいに展開すると同調させることが難しくなるので，図3-2-2の回路のように，VXOのバリコンに22pFのコンデンサCを並列に入れて，144.10～144.25MHzくらいにバンド幅を狭めています．なお，VXOと逓倍には，2SC1906（f_T = 1000MHz）を使います．2SC1815は，144MHzでは使えません．

144MHz DSBトランシーバの回路について

　図3-2-2に144MHz DSBトランシーバの回路を示します．先に説明したVXO回路の信号を送信と受信の各シングル・バランスト・ミキサ(SBM)に注入して，DSBの信号および検波出力を得ているところは，50MHz DSBトランシーバとまったく同じ構成になっています．同調回路を置き換えれば，144MHzのトランシーバになります．しかし，144MHzという高い周波数になると信号のロスが無視できなくなるので，送受信の切り替えはしっかりとスイッチで行います．

　SBMの伝送トランスは，50MHzのときはFCZ10S28を使いましたが，144MHzでは巻き数が1T少な

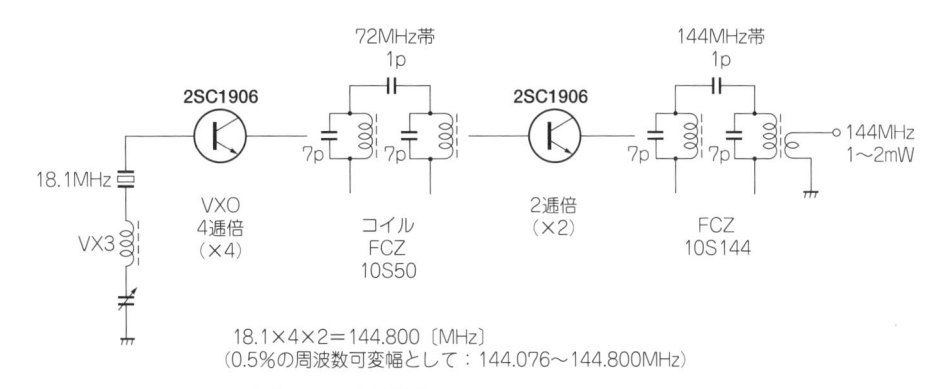

図3-2-1 144 MHz を得るまでの回路構成

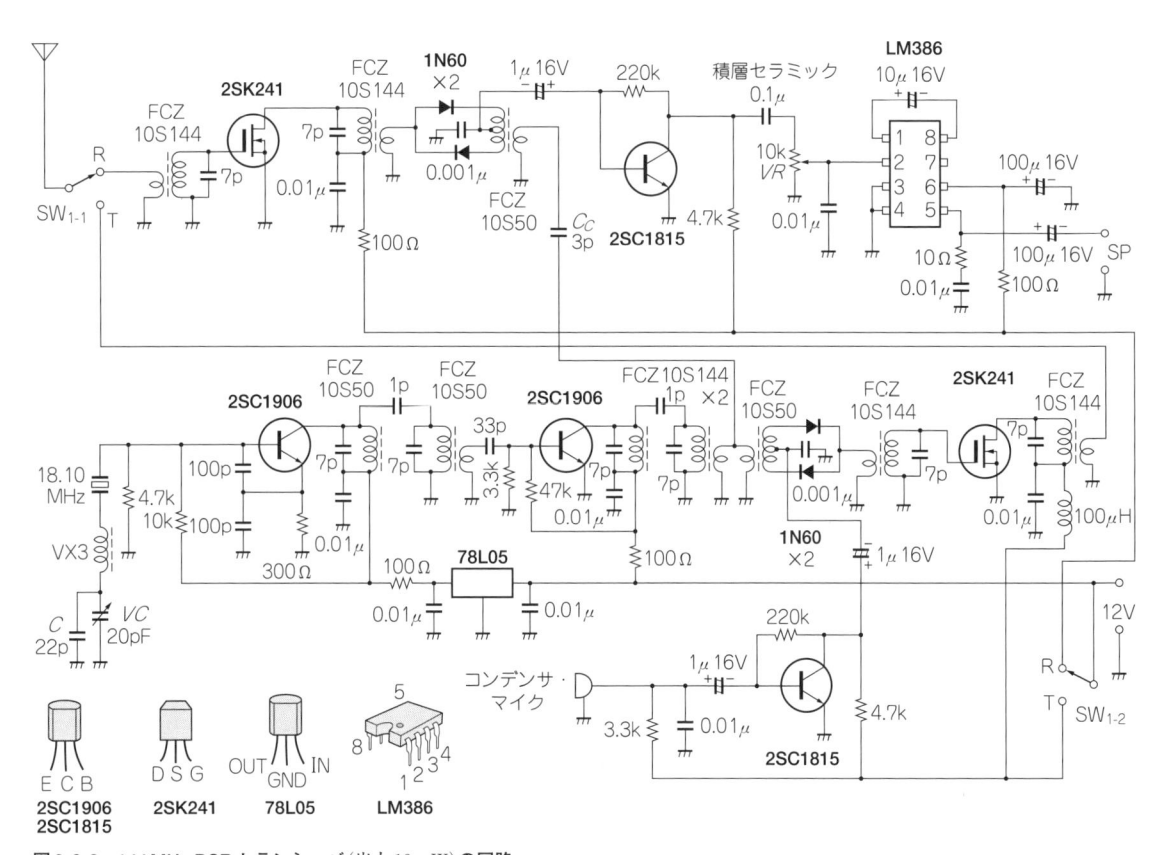

18.1×4×2＝144.800〔MHz〕
（0.5%の周波数可変幅として：144.076～144.800MHz）

図3-2-2 144 MHz DSB トランシーバ（出力10mW）の回路

いFCZコイルの50 MHz用を使いました．1次側が2T，2次側が3Tのバイファイラ巻きになっていて，10S28より1T少なくて高い周波数なので，巻き数が少ないほうが有利だと考えました．07Sタイプも10Sタイプも同じ巻き数なので，どちらでも同じように使えます．

144 MHz DSB トランシーバの製作と調整

　基板の製作は，①VXO（逓倍）基板，②受信基板，③送信基板の3ユニットに分けて，今までと同様にチップ貼り付け法（p.17）で作ります．最初に，VXO基板の仮調整をします．VX3コイルのコアがもっとも抜けた状態にしておきます．VXOと同時に，4逓倍の最初の複同調で72 MHz帯のピークを取ります．周波数カウンタがあれば，それで確認をしておきます．次に，出力側の複同調コイルで144 MHzのピークを取ります．これも，周波数カウンタあるいは144 MHzの受信機で信号を確認しておきます．

　次に，VXOの周波数調整を行います．出力側に周波数カウンタをつなぎます．ない場合は144 MHzの受信機で確認するか，基本波18 MHzの周波数をHFの受信機で確認して，それを8倍してカウントし，144 MHzの周波数に読み換えて確認するとよいでしょう．バリコンの容量を最大にしておき，VX3のコアを押し込んでいくと，144.10 MHz付近まで簡単に下がります．コア調節により大きく周波数が動くの

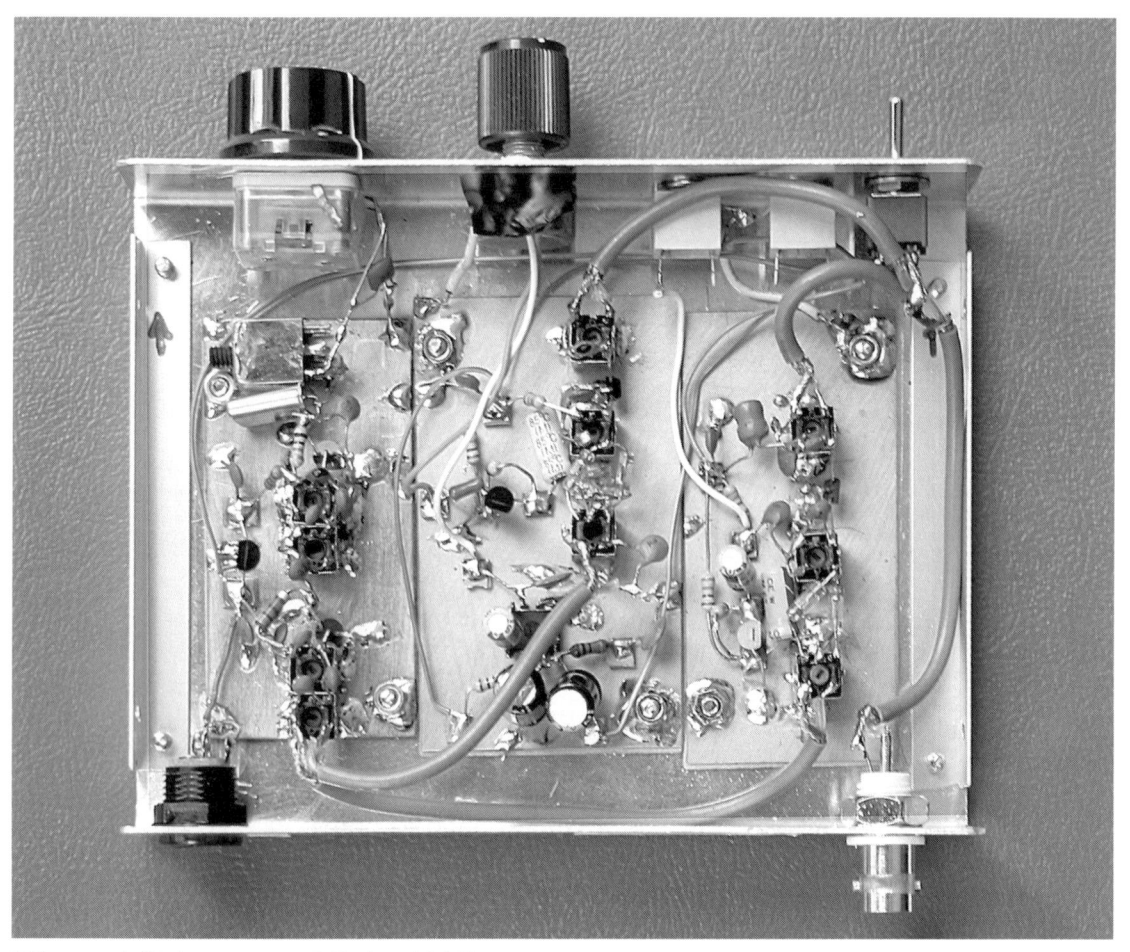

写真3-2-1　完成した144 MHz DSBトランシーバの内部

で慎重に行います．また，バリコンのトリマも最大容量にしておきます．

　筆者の場合，周波数範囲は144.095～144.245 MHzになりました．周波数の可変幅が広すぎるときは，バリコンと並列に入っている22 pFの容量を大きくします．VX3のインダクタンスは$7\,\mu H$ほどで，コアがほとんど抜けた状態になりました．細かい調整は，ケースに組み込んでから行います．

　受信基板，送信基板もケースに固定します．調整は，各コアでピークを取ればOKです．144 MHzの同調回路に入っている7 pFのコンデンサで同調が取れないときは，5 pFにしてみてください．50 MHz DSBトランシーバと同じように調整できるので，そちらを参考にしてください．

本機を使ってみて

　本機を持って近くの山に移動してみました．アンテナは，$1/2\lambda$のモービル・ホイップです．ノイズも少なく静かな受信音で，ダイヤルを回すとラグチューが明瞭に聞こえてきます．30 kmほど離れていたCQを出していた局を呼んで，RS51のレポートをもらいました．交信中にQRPp 10 mWの自作機です，と紹介していたら，交信をワッチしていた方からも呼ばれて，RS59のレポートをもらいました．距離は40 kmほどでした．200 mほどの山の上ですが，モービル・ホイップでの成果ですから，まぁまぁのところでしょう．

3-3 水晶フィルタとSBMを自作した 14MHz SSBトランシーバ

前項までは，CWとDSBを中心としたトランシーバの製作をしてきましたが，ここではSSBトランシーバに挑戦してみます．水晶フィルタとSBMを自作し，送信と受信に共用してSSBに対応させます．

シングル・バランスト・ミキサによる平衡変調回路を使って搬送波を抑圧したダブル・サイド・バンド（DSB）は，周波数にかかわらず，直接その信号を作り出すことができます．搬送波を中心に下側の信号をLSB，上側の信号をUSBと呼びます．

DSBの片側の信号をフィルタで取り除いたのが，シングル・サイド・バンド（SSB）です（図3-3-1）．SSBは，片方の測波帯しかないので電力はDSBの半分になります．したがって，より効率の良い変調方式ということになります．しかし，フィルタは周波数が固定であり，その周波数でしか信号を作ることができません．フィルタの阻止帯域の上側か下側のどちらかにキャリア・ポイントを決めて，LSBかUSB

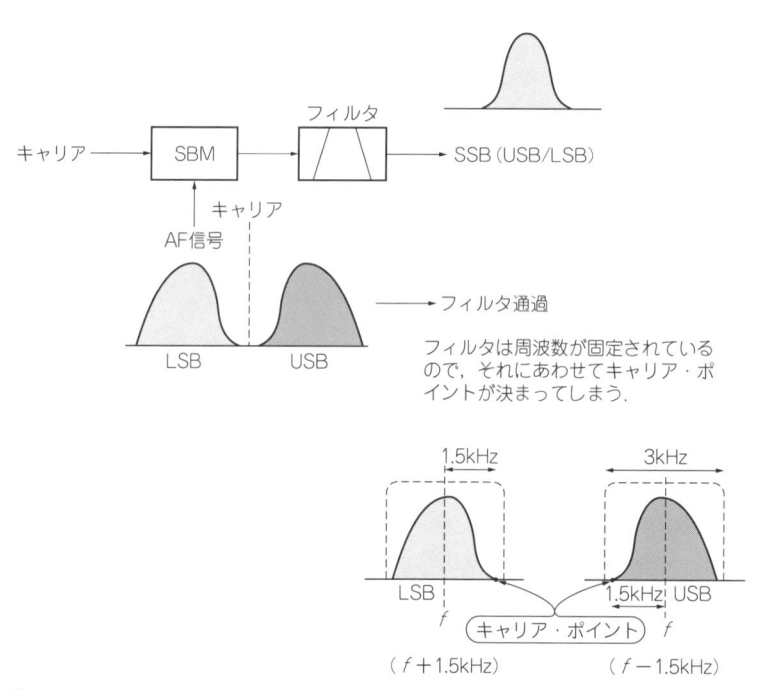

図3-3-1 両側波（DSB）が単側波（SSB）になるようす

第3章 DSB/SSB送受信機と付属装置の製作

の信号を作り出します．

アマチュア・バンドの慣習では，7MHz以下ではLSB，14MHz以上ではUSBの信号が使われており，目的とするバンドによりUSBかLSBとするか考える必要があります．また，フィルタは周波数が固定ですから，VXOの信号と混合して目的の信号になるようにします．そのため，回路が複雑になり，DSBに比べて自作も難しくなってきます．

USB型ラダー・フィルタについて

SSBを通過させるには，帯域3kHzのフィルタが必要になります．水晶を利用したラダー・フィルタの設計法については，基本回路で3素子のフィルタを紹介しましたが，SSBではスカート特性を良くするために，最低5～6素子のフィルタが必要です．水晶さえ入手できれば，簡単にフィルタを組めるので，自作派にとってはとてもありがたい水晶フィルタです．

図3-3-2を参照してください．フィルタには，(a)のLSB型ラダーや(b)のUSB型ラダーがあります．USB型は周波数の下側だけに阻止帯域があります．これは水晶ラダーによるハイパス・フィルタ(HPF)と考えることができます．阻止帯域にキャリア・ポイントを設定すれば，DSBの下側のLSBがフィルタでカットされ，USBの信号が得られます．

USB型フィルタの特徴は，2素子の水晶でも十分に実用的なラダー・フィルタが実現できることです．素子数が少ないので減衰量も少なく，シンプルにSSB波を得ることができます．3～18MHzあたりが実用可能な範囲ですが，今回は14.318MHzの水晶を使って，ダイレクトに14MHzのSSB波を得ることに

$$C = \frac{2C_a \times f_{SP}}{f_B} - 2C_a$$

C_a：水晶端子間容量〔pF〕
C：負荷容量〔pF〕
f_{SP}：直，並列共振周波数〔kHz〕
f_B：帯域

(a) LSB型ラダー

$$C\text{〔pF〕} = \frac{1}{2\pi f Z}$$

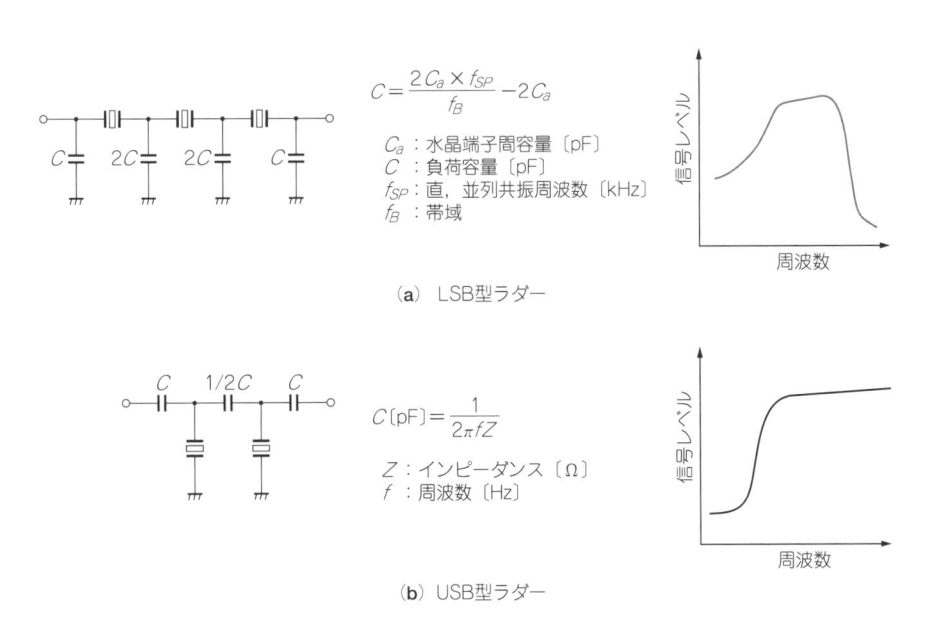

Z：インピーダンス〔Ω〕
f：周波数〔Hz〕

(b) USB型ラダー

図3-3-2 一般的な水晶を複数使ったラダー・フィルタ

$$C = \frac{1}{2\pi f Z} \quad Z : 600 \ [\Omega] \quad f : 14.318 \times 10^6 \ [Hz]$$

$$C = \frac{1}{2\pi \times 14.318 \times 10^6 \times 600} = 18 \ [pF]$$

※ C は$\frac{1}{2}C \sim 2C$の間が実用範囲.
14.318 MHzの水晶では, $C = 18$ pFであるため,
9〜36 pFが実用範囲と考えられる

(a) USB型ラダー・フィルタの定数決定　　(b) $C = 33$ pFのときの通過帯域特性(実測値)

図 3-3-3　14.318 MHz 水晶による USB 型ラダー・フィルタの設計と特性

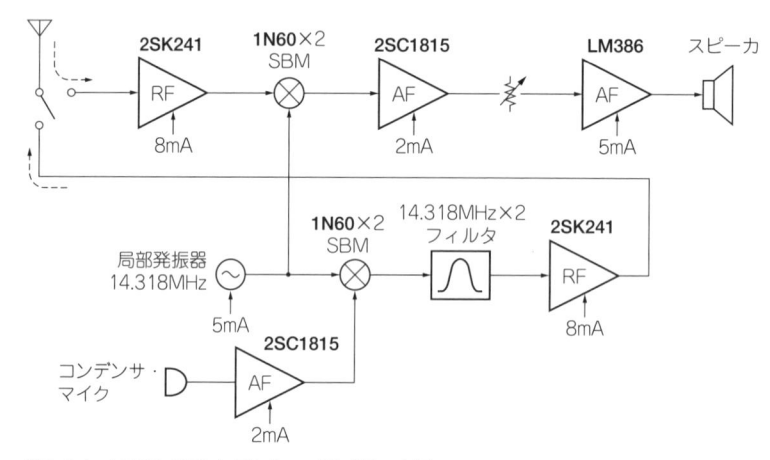

図 3-3-4　14 MHz SSB トランシーバのブロック図

しました.

　結合コンデンサの容量計算は**図 3-3-3**のとおりで, Cを標準にして$\frac{1}{2}C \sim 2C$の間が実用範囲です. Cが大きいほどスカート特性は良くなるようですが, 今回は$C = 33$ pFとしました.

14 MHz SSB トランシーバの回路について

図 3-3-4に 14 MHz SSB トランシーバのブロック図を, 全回路を**図 3-3-5**に示します.

　まず送信部から見ていくと, VXO 発振でキャリアを作り出します. FCZ07S7 の VXO コイルと 100 pF のトリマを水晶に直列に挿入しました. フィルタの特性表から, キャリア・ポイントが 14.311 MHz 前後と予想されるので, 14311±5 kHz 以上の周波数を動かせるようにします. VXO コイルとしては, FCZ コイル 07S7 がちょうど良い具合に動いてくれました. ここには 4.7 μH の固定インダクタも使えます.

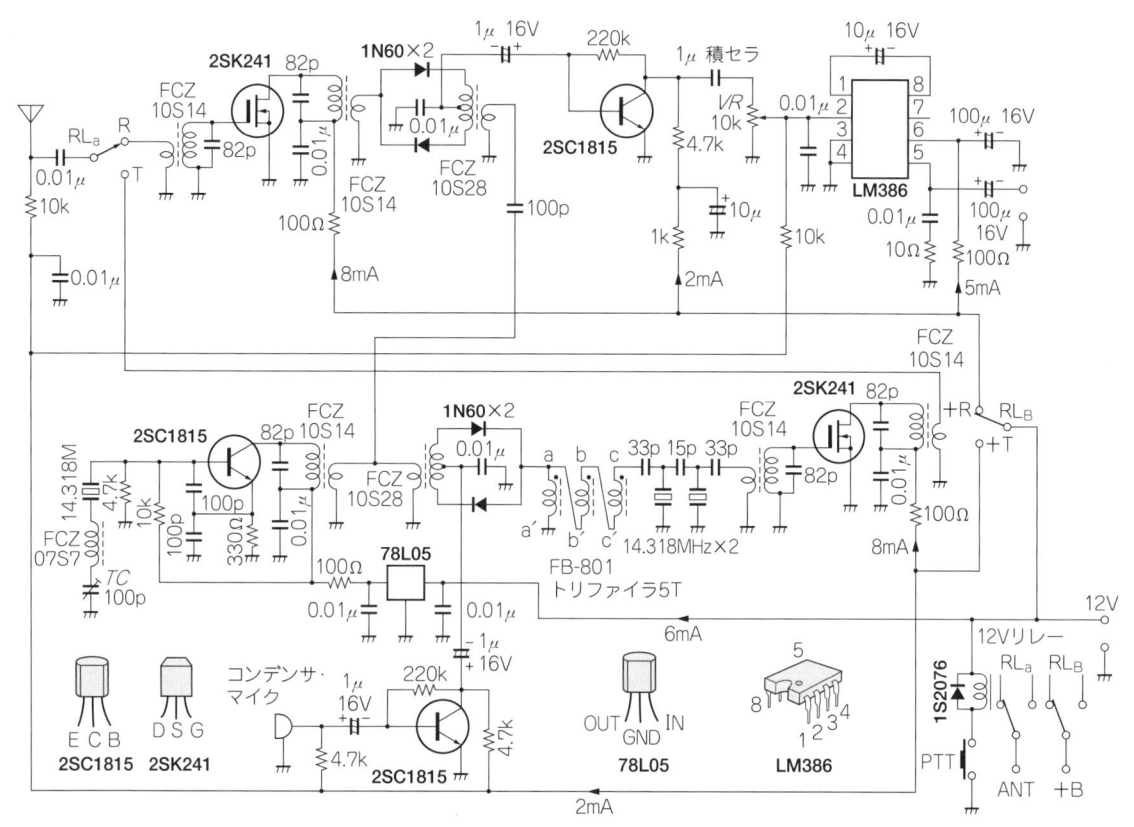

図3-3-5　14MHz SSBトランシーバの回路

　SBMの平衡変調によって，50MHzと144MHzのトランシーバと同様にDSBの信号を作り出しています．DSBの信号は，14.318MHzの水晶2素子のフィルタを通過させて片側(LSB)をカットして，USBの信号だけを取り出しています．

　SBMのインピーダンスは50Ωで，水晶フィルタの入出力インピーダンスは600Ωとなっているので，1：9の変換トランスでインピーダンス・マッチングを取ってから，フィルタに信号を導きます．1：9のトランスの巻き方は，**図3-3-6**を参考にしてください．フィルタを通過したUSBの信号は，2SK241で増幅されます．パワーは10mWというところです．

　次に受信部ですが，2SK241で高周波増幅された信号はSBMで検波され，2SC1815からLM386による音声増幅をするダイレクト・コンバージョン方式です．送信部の発振出力から，100pF(82pF)を通してSBMトランスのFCZ10S28にキャリアを注入しています．この結合コンデンサは送信部のパワーを落とさない程度に小さく，受信感度も十分欲しいということから100pF(82pF)程度としました．およそFCZコイルの同調容量と同じでOKです．

　14.318MHz付近は，バンド的にはあまり使われていないところなので，受信帯域の広いフィルタなしのダイレクト・コンバージョンでも問題なく実用になります．

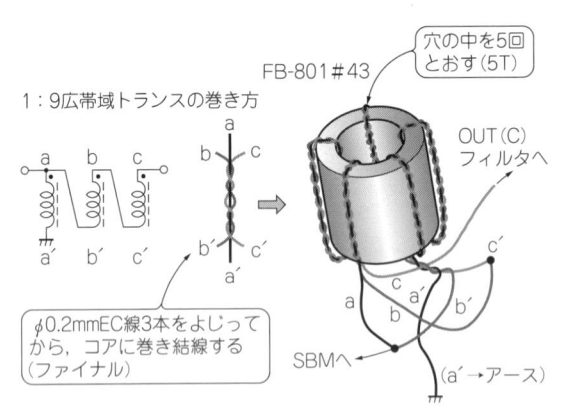

図3-3-6 1：9のインピーダンス変換用RFトランスの巻き方

（図中ラベル）
- FB-801 #43
- 穴の中を5回とおす（5T）
- 1：9広帯域トランスの巻き方
- OUT（C）フィルタへ
- φ0.2mmEC線3本をよじってから，コアに巻き結線する（ファイナル）
- SBMへ
- （a′→アース）

　送受信の切り替えは12V2回路2接点のリレーを使って，電源とアンテナを切り替えています．なお，リレーはコンデンサ・マイクにSWを付けてPTTとしています．また，外部にリニア・アンプを追加したり，トランスバータをつないで他のバンドに出るとき10mWでは実用的ではないので，外部コントロール用として，送信時はアンテナに10kΩの抵抗を介して12Vがかかるようにしました．なお，LM386の2ピンにも10kΩを通して12Vをかけて，ミュートしています．これは，送信立ち上がり時の受信音を消すためです．

14MHz SSBトランシーバの製作と調整

　基板の製作は，送信基板と受信基板の2枚に分けて作ります．送信基板のVXOコイル（FCZ07S7）が横向きに取り付けてありますから，ケースに入れたときに向きによっては調整できなくなります．基板だけで仮調整し，ケースに入れたときはトリマで再調整するようになります．p.18の実体配線図を参考にしてください．

　調整は，送信基板から始めます．各素子の電流をチェックして，直流的な動作を確認します．次に，VXOの発振をRFプローブで確認します．発振を確認できたら，周波数カウンタや受信機でトリマを最大～最小容量にしたときの周波数を確認します．

　筆者の場合，周波数可変範囲が14.300～14.318MHzになりました．どちらかに片よった場合，VXOコイルのコアで14.311MHzが中心になるように調整します．次に，キャリア・ポイントの調整をしますが，VXOの周波数を14.310MHz付近に下げておきます．マイクに向かってしゃべりながら，周波数が高くなるようにゆっくりとトリマを回していきます．そして，モニタ音がきれいに復調できるところがキャリア・ポイントになります．受信機をLSBモードにして，復調できないことを確認してください．筆者の場合，14.3113MHzとなりました．

　次に，2SK241の各同調コイルのコアを回して最大出力に合わせます．筆者の場合，このときパワー計は10mWを示しました．ここで試しにさらにトリマを回して周波数を高くしていくと，パワー計が20mW

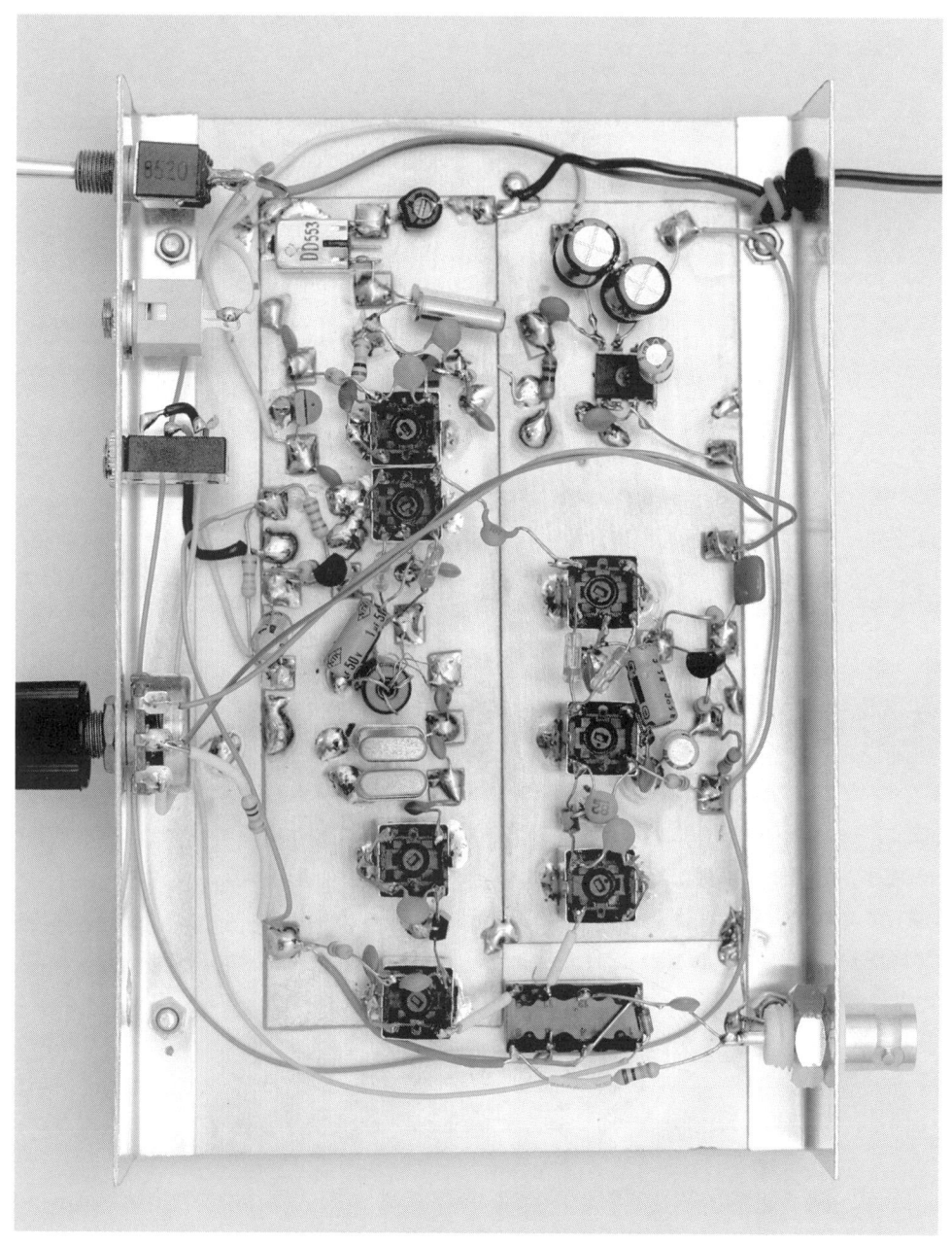

写真3-3-1　完成した14MHz SSBトランシーバ．内部ノイズの少ない受信音が印象的

ほど振れるところがあります．このポイントはUSBではなく，フィルタの阻止帯域の上にキャリアがあるために，DSBの信号になったところです．間違ってキャリア・ポイントをそこに合わせてはいけません．

　筆者の場合，SSBの中心周波数は14.313MHzとなり，水晶に表示されている周波数の5kHzほど下側になりました．水晶によっては，同じ周波数でも阻止帯域の周波数は多少上下するので，キャリア・ポイ

3-3　14MHz SSBトランシーバ　**163**

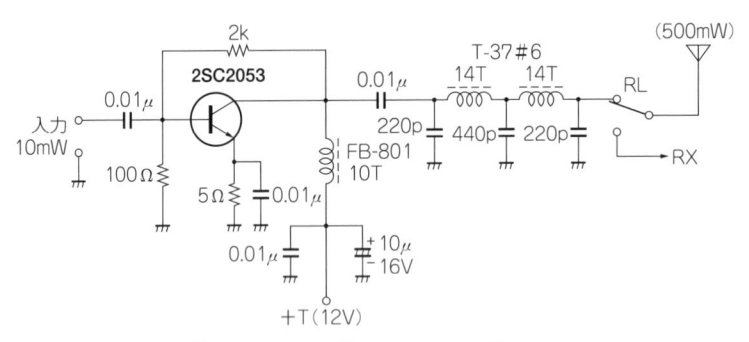

図3-3-7　2SC2053を使ったQRPアンプ（10mW→500mW）

ントは異なります．そのため，VXOの周波数を下側から変化させていき，きれいなモニタ音になるポイントを見つけます．

　受信部は各コイルのコアで最大感度に合わせればOKです．

　最後にケースに基板を固定して，もう一度キャリア・ポイントや他のコアを調整します．なおケースは，タカチのYM-150がちょうどよい大きさでした．

14MHz SSBトランシーバの使い方

　USB型ラダー・フィルタは，高域側での抑圧（帯域阻止）がないために，受信音も自然な感じに聞こえると思います．14MHz固定周波数のSSBで，出力も10mWですから，交信するチャンスはほとんどないと考えられます．至近距離の交信しかできませんが，あっと驚くシンプルな，そしてすばらしい音質のSSBを体験してください．

　実際に14MHzで運用するには，2SK241とリレーの間に500mWのファイナルを追加してもよいでしょう．図3-3-7に，2SC2053を使ったRFアンプを示しました．

Column RITを追加する

SSBでは，周波数がちょっとずれるだけでも聞きづらくなるものです．そこで，送信周波数を動かさずに，受信周波数だけを動かすRITを付けると聞きやすくなり，送信周波数にも影響を与えません．

図3-Aは，14 MHz SSBトランシーバにRITを追加する方法です．VXOによる発振を送信時と受信時，別々に設定できるような回路を追加しています．受信時のVXOはバリキャップ・ダイオードを使って周波数をシフトさせています．

送信のキャリア・ポイントが14.311 MHz付近なので，RIT VRの中心が14.311 MHz付近になるように，VXOコイル（FCZ07S7のコア）を調整します．

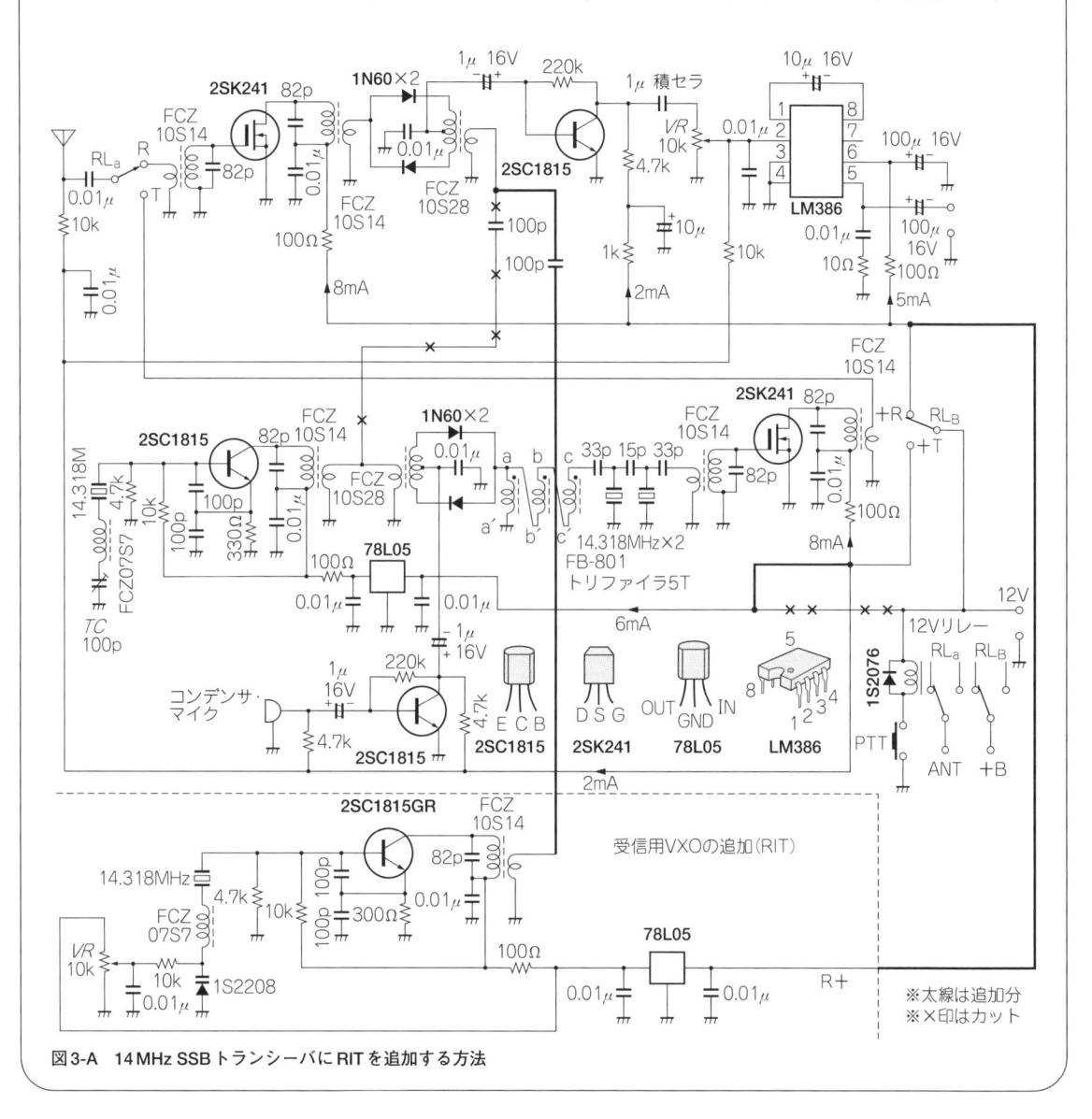

図3-A　14 MHz SSBトランシーバにRITを追加する方法

3-4 14MHz SSB機と組み合わせる 7MHzトランスバータを作る

ここでは，前節で製作した，14MHz固定周波数のSSBトランシーバを親機として，7MHzに出ることができるトランスバータを製作します．

混合回路について

14MHz SSBトランシーバの出力を7MHzに変換するには，図3-4-1のように，局発信号として，入力信号に対して下側の7MHz帯か，上側の21MHz帯のどちらかが必要です．ここで注意したいことは，14MHzバンド（以上）ではUSBモードが使われており，7MHzバンド（以下）ではLSBモードが使われているということです．SSBの信号は，図3-4-2のように，キャリア周波数に対して，下側がLSB，上側がUSBとなります．それぞれの中心周波数は，キャリア周波数からLSBでは−1.5kHz，USBでは+1.5kHz

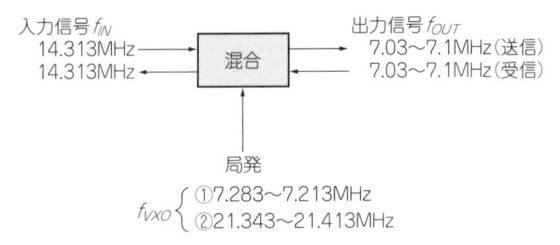

```
入力信号 f_IN                       出力信号 f_OUT
14.313MHz ─→ ┌────┐ ─→ 7.03〜7.1MHz（送信）
14.313MHz ←─ │ 混合 │ ←─ 7.03〜7.1MHz（受信）
             └────┘
                ↑
               局発
         f_VXO { ① 7.283〜7.213MHz
                ② 21.343〜21.413MHz
```

$f_{VXO} = f_{IN} \pm f_{OUT}$

14.313MHzに対して，下側の7MHz帯①または，上側の21MHz帯②の局発を注入すると出力に7.03〜7.1MHzが得られる

図3-4-1　混合回路の周波数の関係

```
    LSB                USB
    ┌─-1.5kHz─┬─+1.5kHz─┐
    │          │          │
  (14.310MHz) キャリア (14.313MHz)
            14.3115MHz
```

14.313MHz USB（キャリア周波数14.3115MHz）を7MHzに変換するとき．
① 局発が21MHz帯の場合
　（例）21.343MHzの局発のとき
　　　中心周波数　　21.343−14.313＝7.030〔MHz〕
　　　キャリア周波数　21.343−14.3115＝7.0315〔MHz〕
　　中心周波数がキャリア周波数に対して1.5kHz下側すなわちLSBの信号となる．
② 局発が7MHz帯の場合
　（例）7.283MHzの局発のとき
　　　中心周波数　　14.313−7.283＝7.030〔MHz〕
　　　キャリア周波数14.3115−7.283＝7.0285〔MHz〕
　　キャリア周波数が−1.5kHzでUSBの信号のままとなる

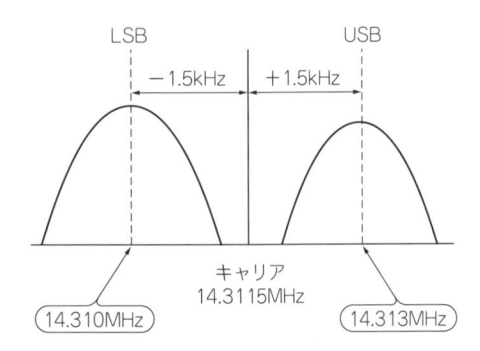

図3-4-2　SSBと局発の関係（USB→LSB）

になっています．

　親機である14 MHzのトランシーバのキャリア周波数が，14.3115 MHzのときは，USBの中心周波数は+1.5 kHzの14.313 MHzになります．局発周波数を7 MHz帯に選んだとき，SSBの中心周波数は+1.5 kHzとなり，もとの14 MHzと同じUSBの信号が得られます．また，局発信号を21 MHz帯に選んだ場合は−1.5 kHzの中心周波数となり，LSBモードとなります．これでUSBモードからLSBモードに逆転されました．すなわち，入力周波数に対して下側の局発信号のときはそのままで，上側の局発信号に対してはモードが逆転することになります．

　14.313 MHzを7 MHzのSSBバンドである7.030〜7.100 MHzにするには，21.343〜21.413 MHzの局発信号を注入することになります．また，CWの場合を考えると，キャリア周波数に対して800 Hzほど離れたシングル・トーンになるので，局発信号は下側，上側のどちらでもよくなります．しかし，下側の7 MHz帯の局発を注入した場合，出力が7 MHzバンドのため，混合回路で局発と出力の選別ができなくなり，スプリアスとして局発のとおり抜け信号が無視できない不具合を生じるので，現実的には実用にはなりません．したがって，今回のような周波数関係では，上側の21 MHz帯の局発信号をVXOで作り，混合回路に注入します．

　もし，50 MHzバンドに出たい場合は，USBでモードが同じなので，50 MHzに対して下側の局発(たとえば，36 MHz帯など)をVXOで作ります．VXO回路としては，水晶12 MHz×3，18 MHz×2で，36 MHzから下側にVXOさせます．

7 MHzトランスバータの回路について

　図3-4-3に本機のブロック図を示します．全体の流れを頭に入れて，図3-4-4の回路を見てください．

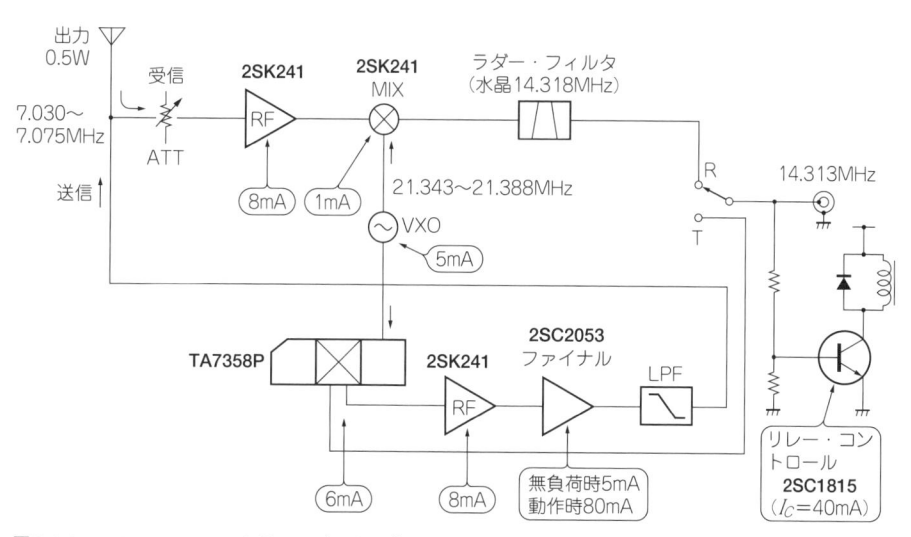

図3-4-3　14 MHz→7 MHzトランスバータのブロック図

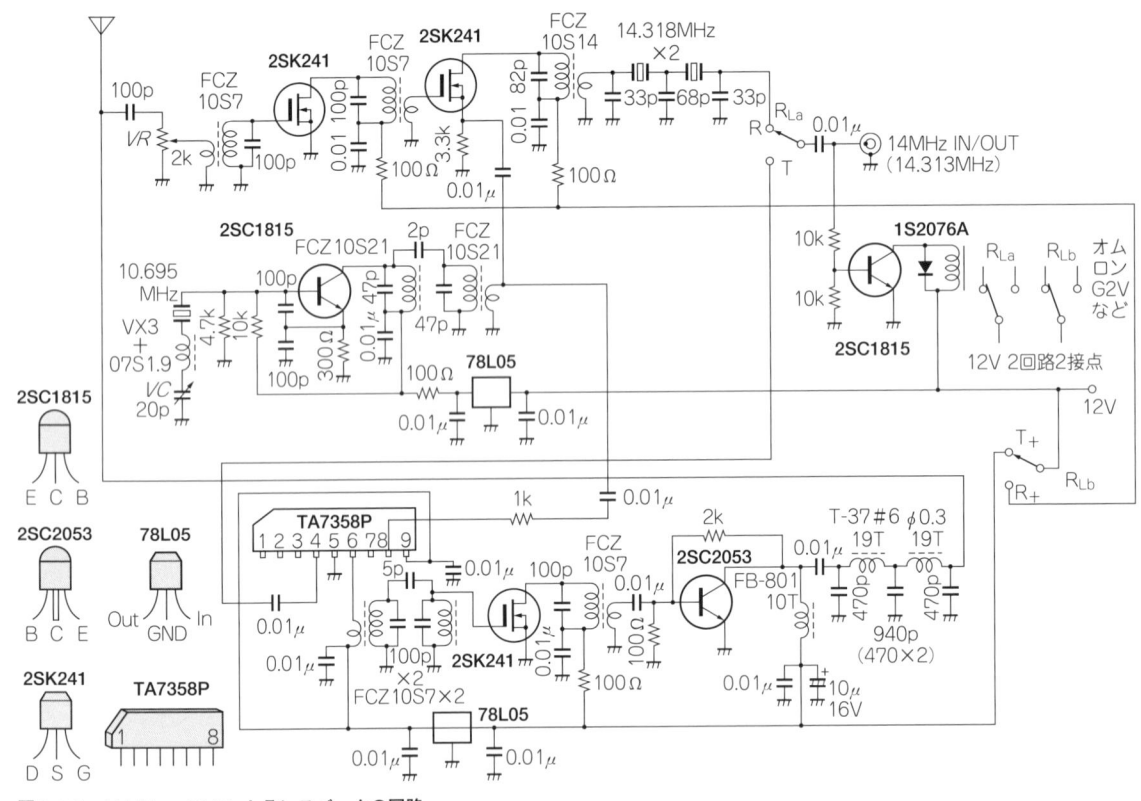

図3-4-4 14MHz→7MHzトランスバータの回路

最初にVXOですが，10.695MHzの水晶のVXOと同時に2逓倍して，21.343～21.388MHzを作り出しています．これで14.313MHzのUSBが7.030～7.075MHzのLSBへ変換されます．水晶の関係で，7.075～7.100MHzは出られませんが，VXOのバリコンに直接つまみを付けて選局するには，これ以上バンド幅を広げると同調が難しくなるので，ちょうど良いバンド幅です．

10MHz帯のVXOコイルのインダクタンスは，およそ33μHほどになりますから，VX3（7～14μH）にFCZ7S1.9（18μH）を直列にして，インダクタンスを確保しました．VXO出力は，送信と受信の混合回路に注入されます．受信部は，2SK241の高周波増幅，2SK241の混合回路を経て14.313MHzに変換されます．混合器のあとに，2素子の簡易水晶フィルタを入れました．

図3-4-5に，簡易水晶フィルタの特性を示します．14.318MHzの水晶でも，USBタイプに比べLSBタイプのフィルタでは，中心周波数がおよそ3kHzほど下側にシフトしています．14.3115MHzのキャリア・ポイントを動かすわけにはいかないので，受信部のフィルタは帯域7kHzのほぼ中央にキャリア周波数があることになります．SSBのフィルタというよりは，バンドパス・フィルタといったところです．

親機の受信部はダイレクト・コンバージョン方式なので，放送波の混入，強力局の入感による混変調を除去するのが目的です．

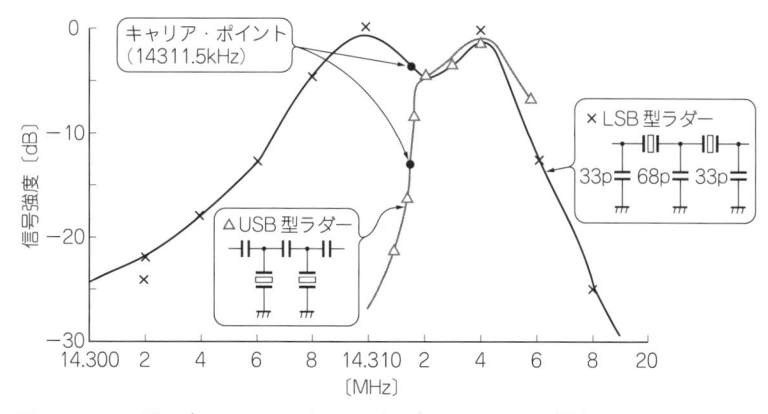

図3-4-5 LSB型ラダー・フィルタとUSB型ラダー・フィルタの特性

Column　周波数構成を変えて50MHzにする方法

14MHzトランシーバと組み合わせるトランスバータの周波数を変更すれば，他の周波数にも応用することができます．

ここに示した例は，50MHzに変更する際のブロック図です．14MHz→50MHzトランスバータの基本的な構成は同じです．変更点は，VXOを14MHzと50MHzの差分である35MHz帯とすること，受信フロント・エンドや高周波増幅部の各同調回路を50MHzに変更することなどです．

考え方さえつかんでしまえば，どんな周波数でもへっちゃらになります．

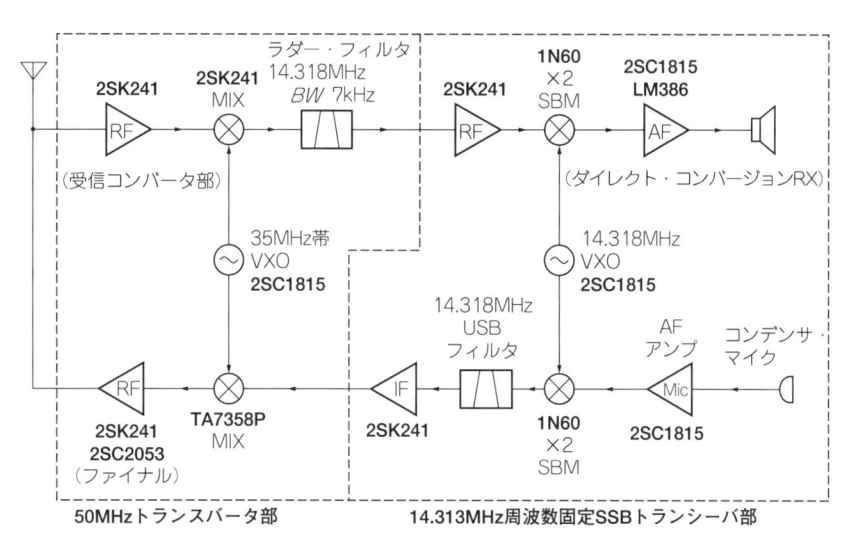

図3-B　14MHzの周波数固定トランシーバと50MHzトランスバータの組み合わせ

3-4　7MHzトランスバータを作る

送信部の周波数混合には，DBM用のIC，TA7358Pを用いました．基本回路のCWジェネレータで，1〜3ピンで組んだ発振回路部分を省略した形になっています．4ピンに入れた0.001μFのコンデンサによって，14.313MHzの10mWの信号をICに入力します．VXOからの局発信号の周波数が違うものの，回路そのものはp.59の図1-3-12(b)とほぼ同じになっています．

異なっているのは，2SC2053ファイナルのベース-コレクタ間に2kΩの抵抗を入れてベース電流を軽く流して，SSBに対応させていることです．なお，LPFにはシルバード・マイカ・コンデンサを使用しましたが，セラミック・コンデンサでも大差なく使えるでしょう．

送受の切り替えは，親機のアンテナ・コネクタからの12Vが送信時には同軸ケーブルを通りトランスバータの入出力部のコネクタへ現れます．12Vが加わると2SC1815のベース電流が流れ，2SC1815のコレクタ-エミッタ間がONとなりリレーを駆動し，トランスバータの入力側と電源が送信に切り替わります．

コネクタとリレー間に入れた0.01μFは，送信時にコントロール用の直流12Vをカットするためのものです．アンテナ側は，100pFを通して受信部に結合しており，切り替え回路を不要にしているのは，本書のいろいろなところで紹介している方法です．

7MHzトランスバータの製作と調整

基板の製作は，①VXO基板，②受信基板，③送信・混合基板，④ファイナル・LPF基板の4ユニットに分けました(**写真3-4-1**)．実体配線図はp.19です．

筆者は，プリント基板を加工したケースが好みなので，リレー回路をケースに直接組みましたが，市販のアルミ・ケースを使う場合はリレー回路も基板に組み入れるとよいでしょう．タカチのYM-150(W150×H40×D100)に入るように基板の大きさを決めましたが，後々の改造・追加などを考えると，もう一回り大きいケースに入れてもよいでしょう．

各基板ができたら，基板の各回路に流れる電流値を測定して直流的動作を確認しておきます．電流の値は**図3-4-3**に記入してあるので参考にしてください．

基板上の調整は，VXOの周波数調整から始めます．VXOコイルのコアが抜けた状態にして，バリコンの容量も最小の位置にします．発振をRFプローブで確認し，出力が最大になるようにコアを調整します．次に，バリコンを最大容量にしてVX3とFCZ7S1.9のコアを押し込んでいき，21.343MHz付近まで下がればOKです．筆者の場合，21.343〜21.388MHzになりました．VXOが働かないとそのあとの調整ができないので，確実に動作させてください．

他の基板は，直流的な動作を確認できたら，ケースに固定して各配線をします．なお，VXO出力から受信混合の2SK241と送信混合のTA7358Pへの配線が長くなるので，必ず同軸ケーブル(1.5D-2V)を使用してください．

基板ができたら親機と同軸ケーブルで接続し，親機のPTTでリレー回路が働き，送受の電源が切り替わることを確認します．そのあとは，受信部，送信部の同調コイルのコアの調整を行い，最大感度に合わ

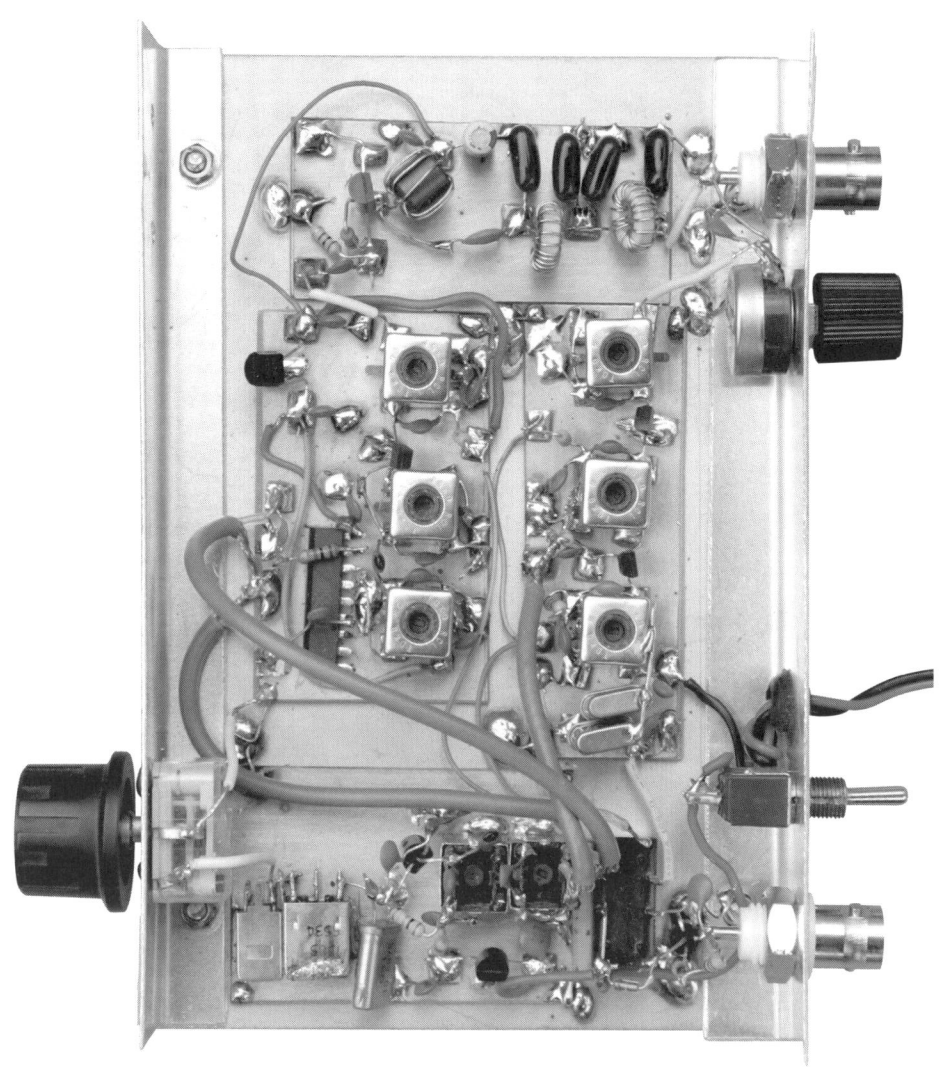

写真3-4-1　できあがった14 MHz SSB機と組む7 MHzトランスバータ

せればOKです．なお，送信部の調整のときはパワー計を入れて，また受信機で変調音をモニタしながら行ってください．受信時14 mA，送信時140 mAで出力は500 mWになりました．

7 MHzトランスバータを運用してみた結果

アンテナはできるだけフルサイズのものにします．短縮タイプでは，よほどの条件がそろわないと交信は厳しいからです．最初はよくワッチして，コンディションやQSOのタイミングなどを研究します．受信部は結構，高感度です．フルサイズのアンテナではすぐに飽和してしまいますから，2 kΩ *VR*のATT

を適度に絞ります．また，AGCがありませんから，強い信号はより強く，弱い信号はより弱く聞こえてきます．

QSBもダイレクトに信号強度に現れます．フィルタの特性が甘いので混信には弱いのですが，その反面，低音の効いたすばらしい音質で，迫力のある肉声がスピーカから聞こえてきます．

多くの場合，QRPではCQを出しても混信でつぶされますから，呼びに回るのが得策です．その場合も，他に呼ぶ局があれば，取ってもらえないことも多いでしょう．運用局の多い7MHzでは，自分以外に呼ぶ局がいないことのほうが珍しいですから，丹念にワッチして，ショート・コールで相手に自局のコールを知らせるのがコツです．また，QSBの山のときは，500mWでも他局より先にとってもらえることもあります．

500mWで本当に交信できるのか？　という声が聞こえてきそうですが，フルサイズのダイポール以上のアンテナであれば，電波は確実に飛んでいると言えます．最初の1局と交信するのはとても大変かもしれません．しかし，何局か交信すれば，QRMさえなければ，交信は可能であると実感されるでしょう．

電波状況（QSB，コンデション）を考え，他局の隙間を狙ってショート・コールして，「QRZ？」が返ってきた瞬間は，なんとも言えない感激を味わえます．自宅でアンテナを上げられない場合でも，釣り竿などを利用すればフルサイズの逆Vなどは手軽に上げることができるので，移動運用でチャレンジしてください．

7MHz SSBの500mWは，スリリングな感動を味わえる世界です！

3-5 本格的な2モード・タイプ
50MHz SSB/CW トランシーバ

SSBトランシーバではCWもきちんと受信することができます．また，CW波を得ることもちょっとした回路の工夫で可能になります．

TA7358Pを使ったトランシーバ

　製作するトランシーバの受信部は50MHz VXO式クリコン＋14MHzダイレクト・コンバージョン方式とし，送信部は14.318MHz水晶2個のUSB型ラダー・フィルタで作るSSBの信号＋35MHz帯VXO（受信部と共用）と混合して50MHzの信号とします．これらは，2SK241のRF増幅やミキサなどの基本回路を積み重ねて構成できますが，今回はTA7358Pを使って，コンパクトにまとめました．
　TA7358PはRFアンプ，ミキサ，発振（緩衝）の3回路がワンチップに収められているFMフロント・エンド用のICです．今までにCWジェネレータ，送信混合，スーパ受信機に応用してきました．今回は，

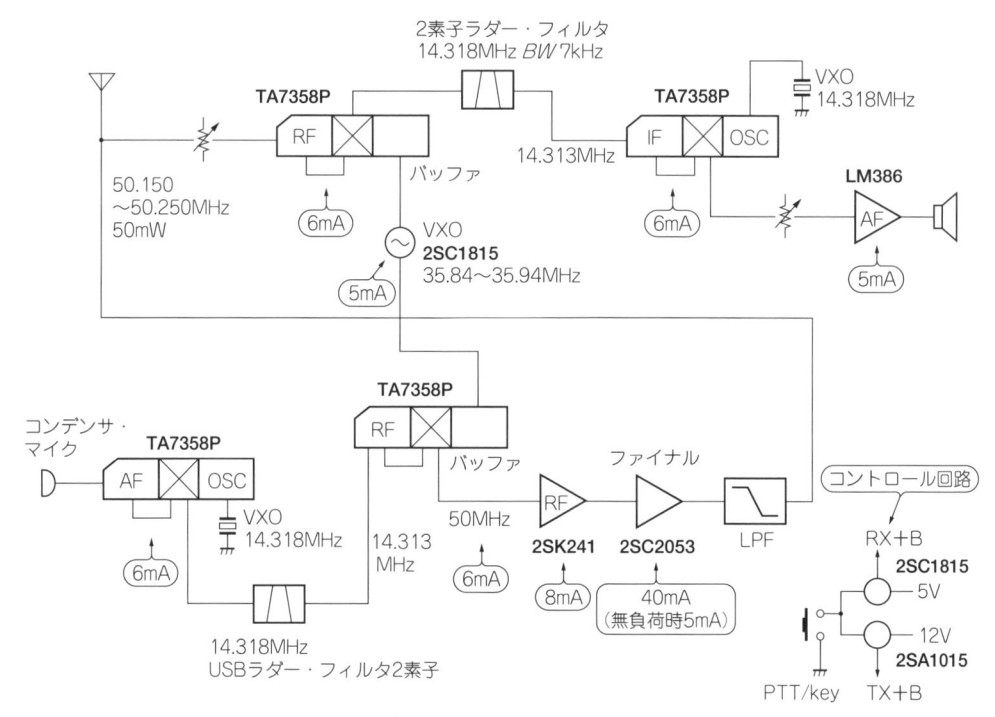

図3-5-1　50MHz SSB/CWトランシーバのブロック図

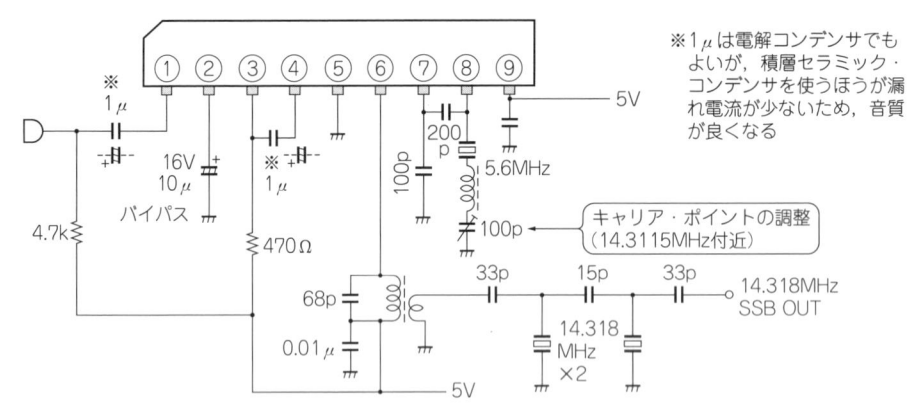

図3-5-2 TA7358Pを使ったSSBジェネレータ

さらにSSBジェネレータとしても働かせて，ファイナル以外の回路をTA7358Pで構成します．図3-5-1に，本機のブロック図を示します．

SSB用フィルタが14.318MHzの水晶発振子によるものなので，14MHz SSBトランシーバと同じキャリア周波数となり，調整がしやすくなります．

SSBジェネレータの構成

図3-5-2にSSBジェネレータの回路を示します．①～③ピンのRFアンプをマイク・アンプとして使います．本来，このICは高周波用の増幅器ですが，低周波アンプとしても利用できます．入出力間を低周波信号が通過するように，1μFのコンデンサで結合します．②ピンのバイパスも低周波を扱うので，10μFになります．③ピンからの低周波出力は470Ωの抵抗負荷で，ミキサの信号入力④ピンに1μFのコンデンサを介して注入されます．また，⑦～⑧ピンでVXO発振させた局発信号が内部でミキサに注入され，⑥ピンからは局発信号で平衡変調された信号が出力されます．

局発VXO信号をUSBのキャリア・ポイントに合わせ，2素子のUSB型ラダー・フィルタを通過させればUSBの信号となり，たった1個のTA7358PでSSBの変調波が得られます．TA7358Pのミキサは，ダブル・バランスト・ミキサで，キャリア漏れの少ないきれいな変調波が得られます．

ここで面白いことを発見しました．ミキサの入力④ピンに10kΩの抵抗を介して5Vを加えると，ミキサのバランスが崩れて，⑥ピンにキャリア（搬送波）が出力されるのです（図3-5-3）．このことを利用すれば，CWの信号を発生させることもできます．

キャリア・ポイントがフィルタの阻止帯域にあるため減衰があり，本来のキャリア出力の約50％程度しか出てきませんが，回路図のようにスイッチ一つで簡単に，SSBとCWのモードを切り替えることができます．CW時のパワー・ロスには，目をつぶることにしました．なお，コンデンサ・マイクに4.7kΩを通してバイアス電圧をかけている箇所のダイオードは，マイクとキーが同じジャックを使っており，キー

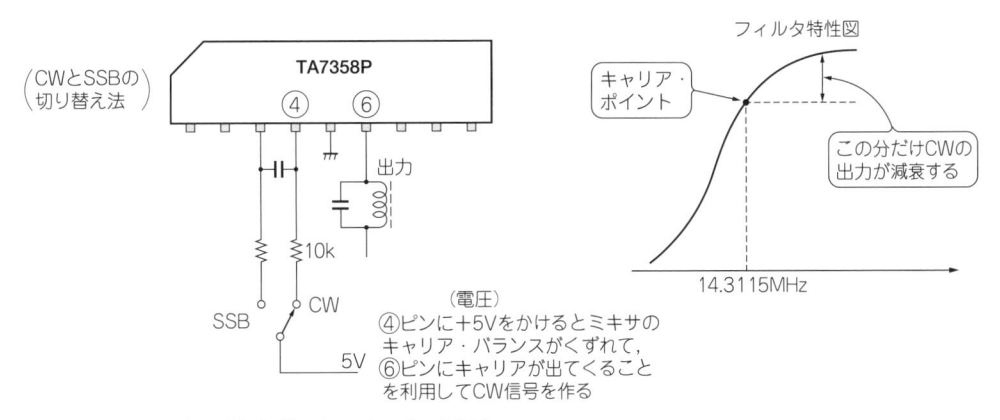

図3-5-3　バランスをわざとくずしてCWキャリアを得る

を差し込んだときにマイク・アンプの電源に逆流しないようにしているものです．また，マイク・アンプの入出力に入っているカップリング・コンデンサの1μFには電解コンデンサも使えますが，できれば積層セラミック(無極性)を使ってください．音質がかなり違ってきますし，漏れ電流で悩むこともなくなると思います．

電解コンデンサの場合，③ピンを＋，④ピンを－としますが，SSBからCWに切り替えたときに，③ピンに電圧がかからないものの電解コンデンサの－側④ピンに5Vがかかることになります．実用上はとくに問題はありませんが，何かすっきりしません．また，コンデンサ・マイクのカップリングに電解コンデンサを使うと，回り込みを起こす場合があります．これは電解コンデンサの構造上，L成分があるため，高周波を拾って回り込みが起こると考えられます．電解コンデンサを使って回り込みを起こしたときは，コンデンサを交換してみます．

50MHz SSB/CWトランシーバの回路について

図3-5-4に本機の回路を示します．TA7358PのSSBジェネレータからの出力は，次段のTA7358PのRFアンプで増幅されます．そして，ミキサに入力とVXOの信号が混合されて50MHzの信号になります．最終的には50.15〜50.25MHzの範囲にしたいので，およそ35.84〜35.94MHzで発振させます．VXOコイルにVX3が使えるように18MHzの水晶を使って，同時に2逓倍します．

ミキサからの信号は2SK241でドライブされ，2SC2053で電力増幅を行いLPFへと続きます．ファイナル2SC2053の利得はHFと比べて低下し，出力は100mW程度になります．出力の負荷は，FB-801に4：1のバイファイラ巻き(図3-5-5)として，インピーダンス・マッチングを取っています．

受信部は50MHzの信号がTA7358PのRFアンプのあとミキサに入力され，VXOの信号と混合されて14.313MHzの信号に変換されます．2素子のLSB型ラダー・フィルタを通過して，次段のTA7358Pに導かれます．

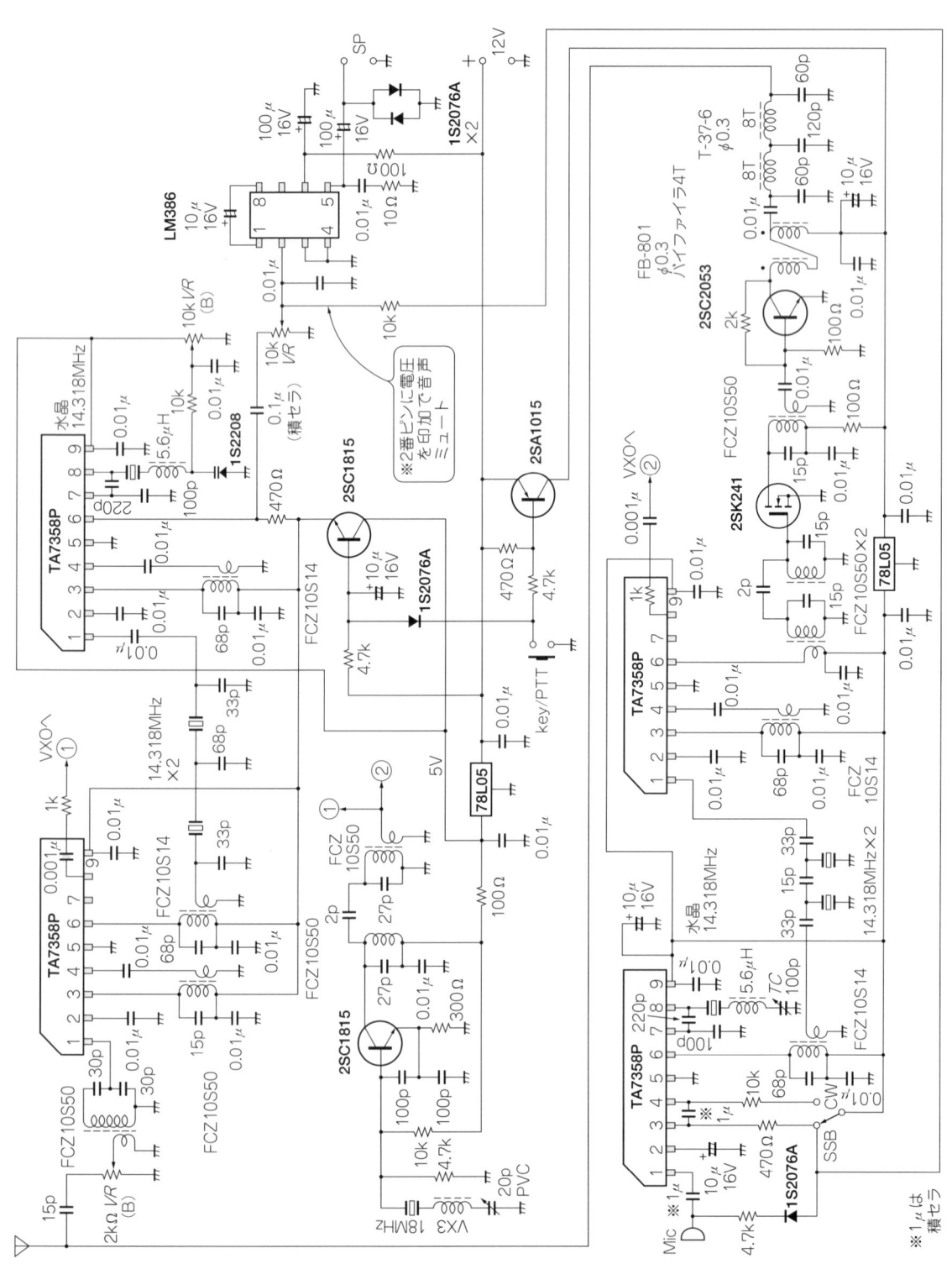

図 3-5-4　50 MHz SSB/CW トランシーバの回路

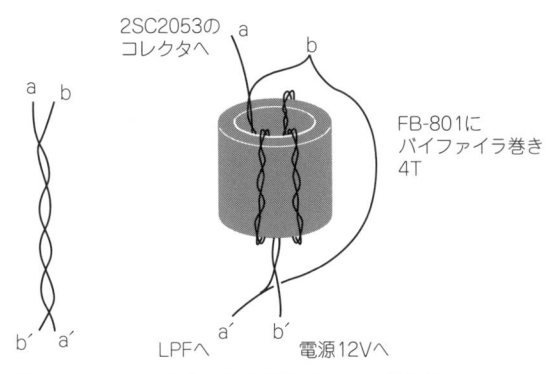

図3-5-5　FB-801を使った応帯域トランスの巻き方

　⑦～⑧で構成する局発は，送信キャリア周波数と同じ周波数にしておきますが，およそキャリア周波数14.3115 MHzを中心に±2 kHzほど動かせるようにしました．こうすることで，面倒なRITが不要になります．1S2208と5.6 μHによる構成で，うまく動いてくれました．

　SSBでは送信と受信のキャリア周波数は同じですが，CWでは800 Hzほど離さないとシングル・トーンになりません．TA7358PのSSBジェネレータのCWは，キャリア周波数を動かさないで，ミキサのバランスを崩してキャリアを発生させていますから，RITで受信周波数を動かすことになります．そのために，受信フィルタの帯域は狭くすることができません．帯域は7 kHzほどで，ほぼ中央付近にキャリア周波数があります．これでも，強力な局からの抑圧は格段に改善されます．

　検波出力はLM386で増幅され，スピーカを鳴らします．受信部の検波用キャリアとLM386は常時通電しておき，CW時に送信キャリアを拾ったサイド・トーンのモニタになります．

　SSBでは送信時，LM386の2ピンに10 kΩを介して12 Vをかけて動作を止めています．送信音が受信部に回り込まないようにするための対策です．なお，LM386の出力の1S2076A×2は，CW時のクリック音を和らげます．

50 MHz SSB/CWトランシーバの製作と調整

　製作する基板は，①VXO基板，②SSBジェネレータ・混合基板，③受信基板，④LM386基板，⑤ファイナル・LPF基板の五つのユニットに分けます（p.20参照）．

　各基板を作り，それぞれをケースに収めて結線してはみたものの動作しないのでは困りますから，基板ごとに動作を確認し，調整してから，ケースへ入れるのが成功へのかぎです．とくにVXOや検波・変調部のキャリア周波数の発振は，確実に目的の周波数で発振しないと絶対に働きません．

　受信基板と送信基板のTA7358Pのキャリア発振は，p.61で紹介したように，発振部を仮り組みして14.3115 MHz付近で発振することを確認してからユニットに組み込みます．また，受信基板は，14.3115 MHz±2 kHzほど可変できることを確認しておきます．

各基板は電流を測定して，直流的な動作を確認します．ケースに組み込んでから調整ができなくなる部分も出てくるので，アルミ板などの上に各基板を両面テープなどで固定して，仮結線の状態で全体の動作を確認してから，ケースに組むことをお勧めします．

　調整はVXOから始めます．およそ35.84～35.94 MHz付近で発振するように，バリコンのトリマおよびVX3コイルのコアを調整します．送信基板の調整は，まずCWモードにします．キー・ダウンしながら，パワー計が出力最大になるように各コアを調整します．

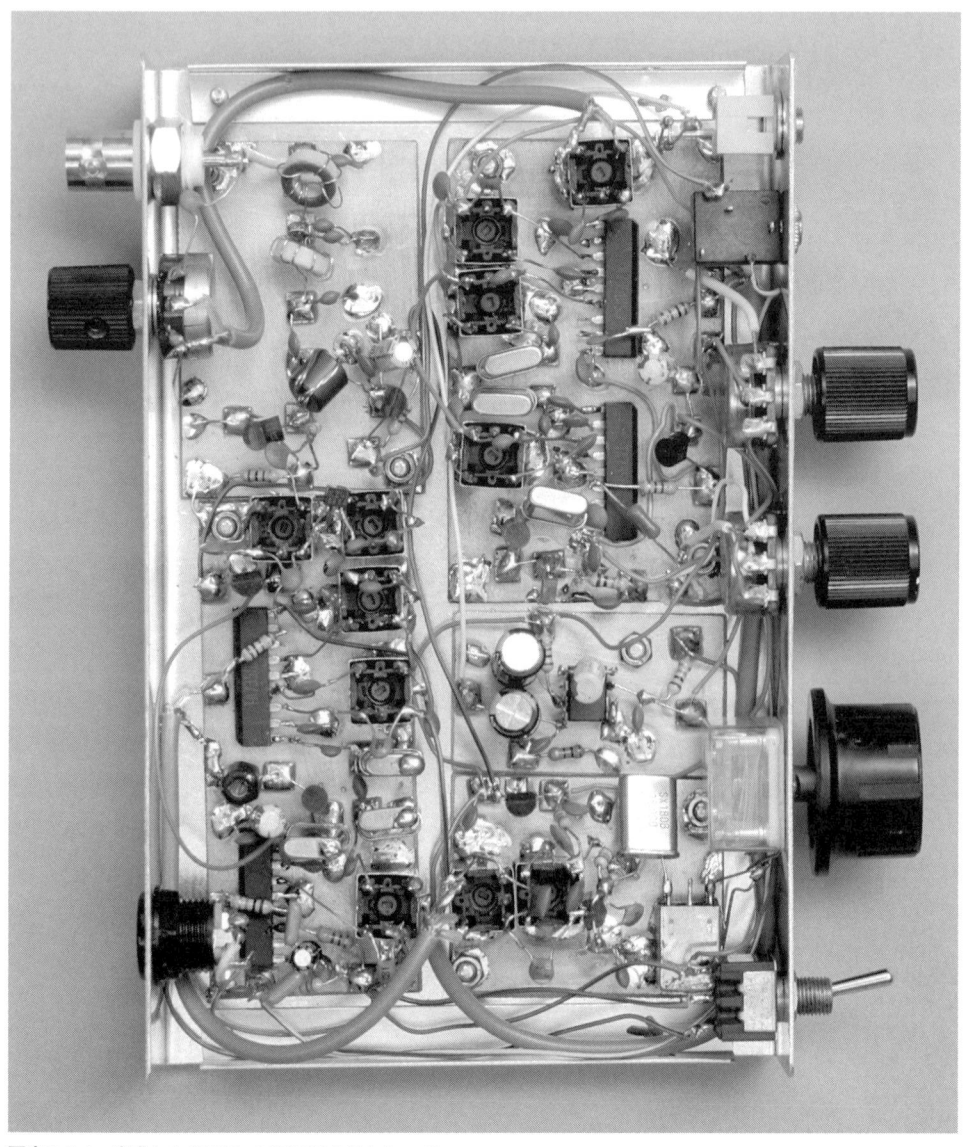

写真3-5-1　完成した50 MHz SSB/CWトランシーバ

次に，SSBキャリア・ポイントを調整します．50 MHzの受信機を用意して，マイクに向かって変調をかけながら，キャリア周波数をトリマで調整します．

　キャリア周波数は14.3115 MHz付近になりますから，HFの受信機（トランシーバ）で確認してもよいでしょう．なお，キャリア周波数はフィルタ阻止帯域のできるだけ減衰の少ないところで，かつLSBの復調にならないぎりぎりのところに設定します．減衰が大きいところでは，CWのパワーが落ちてしまいます．

　CWモードで，キャリア周波数を14.313 MHz付近にしたときの最大パワーから，トリマで周波数を下げながら，パワーが半分程度になったところに合わせると，ちょうどよいキャリア・ポイントになります．

　受信部の調整は，50 MHzの信号を受信しながら，各コアにより最大感度を取ります．次に，CWモードでキー・ダウンしながら，ゼロインと上下のキャリアが聞こえてくるかどうかを確認します．

　ケースは，タカチのYM-150（W150×H40×D100 mm）にきっちりと入ります．ケースに収めてもう一度，周波数，最大感度，出力調整を行います．筆者の場合，CW/SSBで50 mWとなりました．

■ 本機の使い方と運用

　キャリブレーションの取り方が大切です．まず，CWにしてキー・ダウンしながら，RITでゼロ・ビートを取ります．これで，送信キャリアと同じ受信キャリア周波数になります．SSBに切り替えれば，送信周波数と受信周波数がぴったり合っています．SSBに出るときは，この操作を忘れないようにします．相手局がずれて呼んできたらRITで追いかけます．

　CWではキー・ダウンしながら，RITで聞きやすいトーンに合わせてください．このとき，上下どちら側のトーンに合わせてもOKです．これでCWの準備の完了です．

　相手局の信号にきっちりゼロインしたいときは，SSB時のように送信と受信のゼロインを取った状態で受信局にゼロインします．そして，RITで聞きやすいトーンにすれば，正確に相手局にゼロインできます．

　筆者は，本機を使って2回ほど山の上から移動運用を行いました．アンテナは3 m高のダイポールです．50 mWのパワーはSSB，CWともに，強い局を呼べば間違いなくコールバックがあります．標高の高いところではCQを出して，ときにはちょっとしたパイル・アップになることもあります．SSBでは多少マイク・アンプのゲイン不足を感じますが，ついつい大声をはりあげて交信してしまう筆者には，まったく問題ありません．

3-6 送信と受信で回路を共用する 28 MHz 3石 DSB トランシーバ

DSBトランシーバは，水晶フィルタを必要としないため，回路が簡単になる上，SSB（USB，LSB）の局とも交信をすることが可能です．そのため，アマチュアが自作するフォーン（電話）トランシーバとしては，とてもよい題材だと思います．

DSBトランシーバの構成

3石による28 MHz DSBトランシーバの構成を図3-6-1に示します．送信系の信号の流れを実線で，受信系の流れは破線で示します．

送信時に変調器として使っているSBM（シングル・バランスト・ミキサ）は，そのままで可逆的に受信時の検波器として働きます．

受信時には，高周波増幅，検波，低周波増幅という信号の流れを送信と反対にすることで，受信機となります．RFとAFの入出力をスイッチで切り替えると送信と受信が入れ替わりますから，トランシーバになります．

本機の構成を図3-6-2に示します．ここでは，28 MHzでの応用例を紹介しますが，これと同じ構成で3.5～50 MHzのトランシーバを作ることができます．ただし，送信電力が小さいために，実用性を考えると多くの局と交信ができる可能性が一番高いのは50 MHzでしょう．

なお，50 MHzで作ることも考えて，本文中のカッコ内の値には50 MHz時の数値を入れておきました．

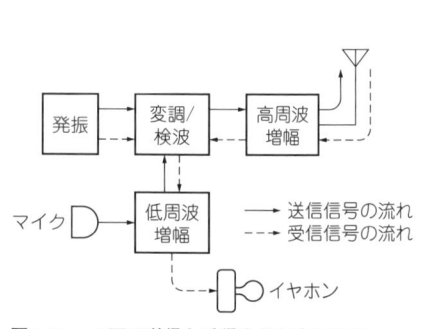

図3-6-1　3石で送信と受信を共用するDSBトランシーバの構成

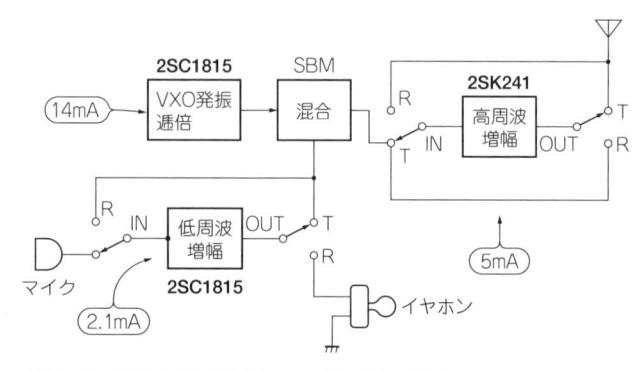

図3-6-2　28 MHz DSBトランシーバのブロック図

28 MHz 3石DSBトランシーバの回路について

本機の回路を，図3-6-3に示します．

● VXOには固定インダクタを使う

14.318 MHz (50.25 MHz) の水晶を使ったVXOで基本波を発振させ，同時に2(3)逓倍して，28.500～28.620 MHz (50.150～50.209 MHz) まで周波数を動かしています．

VXOコイルには，8.2 μHのインダクタを使いました．おおよそ多くの日本のアマチュア局が出ている周波数になれば良いと考えて，バリコンで動かせる範囲ということからこの値にしました．また，固定インダクタとすることによって，調整の手間を省いています．バンド幅の調整は，RFCを増減して決めることにします．

● 検波器と変調器の役割を担うSBMには10S28コイルを使う

VXOの出力は，SBMに注入します．SBMは，可逆的に検波および変調が可能なため，AF信号とRF信号を4回路トグル・スイッチによって入力と出力を切り替えるだけで，送受信ができるのです．なお，SBMに使われている高周波コイルの10S28は，RFトランスとして使っているので，他のバンドへ応用するかしないかに関わらず10S28を使います．注意してください．

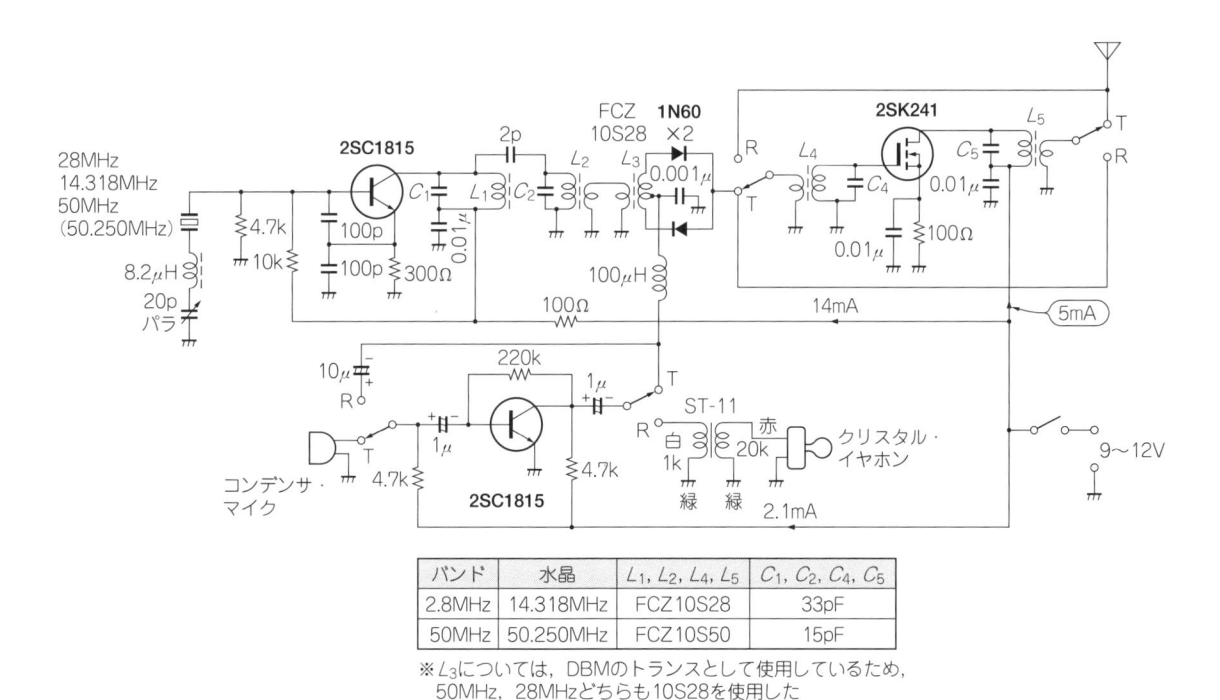

バンド	水晶	L_1, L_2, L_4, L_5	C_1, C_2, C_4, C_5
2.8MHz	14.318MHz	FCZ10S28	33pF
50MHz	50.250MHz	FCZ10S50	15pF

※ L_3については，DBMのトランスとして使用しているため，50MHz, 28MHzどちらも10S28を使用した

図3-6-3　28 MHz DSBトランシーバの回路

● ファイナルはMOSFET

　RFアンプには2SK241を使い，受信では高周波増幅，送信ではファイナルとなります．ローパス・フィルタ（LPF）は，パワーが数十mWということで入れませんでしたが，高調波除去には入れたほうがよいでしょう．

● 低周波信号の処理

　SBMのAF信号の入出力部には，100μHのRFCを入れてあります．これは，送信と受信で切り替えるために配線が長くなるので，高周波信号がAF部に回り込まないように，確実に高周波をカットする目的で入れています．

　2SC1815のAFアンプは，送信時にはマイク・アンプとして使い，受信ではイヤホン・アンプとして働きます．

　入力と出力を切り替えますが，クリスタル・イヤホンは入力インピーダンスが高いので，ST-11でイヤホン・アンプの出力インピーダンス1kΩを，20kΩに変換して使います．クリスタル・イヤホンのインピーダンスはもう少し高いと思われますが，このトランスが一番大きな音が出たので，この低周波トランスとしました．

　送信時には，コンデンサ・マイクの電源が供給されるようにしているので，受信側には10μFのコンデンサを入れて，直流をカットしています．

　送信時と受信時の電源は同じですから，VXOの安定化は特にしていません．送信出力は30mW（20mW）ほどになりました．

28MHz DSBトランシーバの製作と調整

　基板は，VXO/SBM基板，2SK241基板および2SC1815基板の3枚に分けて作ります．VXOは基板の上にバリコンを仮付けして，発振を確認しておきます．RFとAF基板は，消費電流を測定して直流動作を確認します．

　ケースはタカチのYM-130（130×90×30mm）と同じ大きさのものを使っています．切り替えのスイッチ周りが複雑なので，間違えないようにしてください．p.21に配線例を示しました．

　調整は，変調のかかり具合をトランシーバや受信機などでモニタします．2SK241の入出力に入っているFCZコイルのコアを調整して，出力のピーク値を取ればOKです．送信動作が正常であれば，受信も問題なくできると思います．多少，送信と受信で同調がずれますので，受信を優先しながら送信パワーとのバランスで決めましょう．

28MHz DSBトランシーバの使い方

　送信パワーが30mWですから，28MHzではよほど条件が良くないと交信は難しいかもしれません．ま

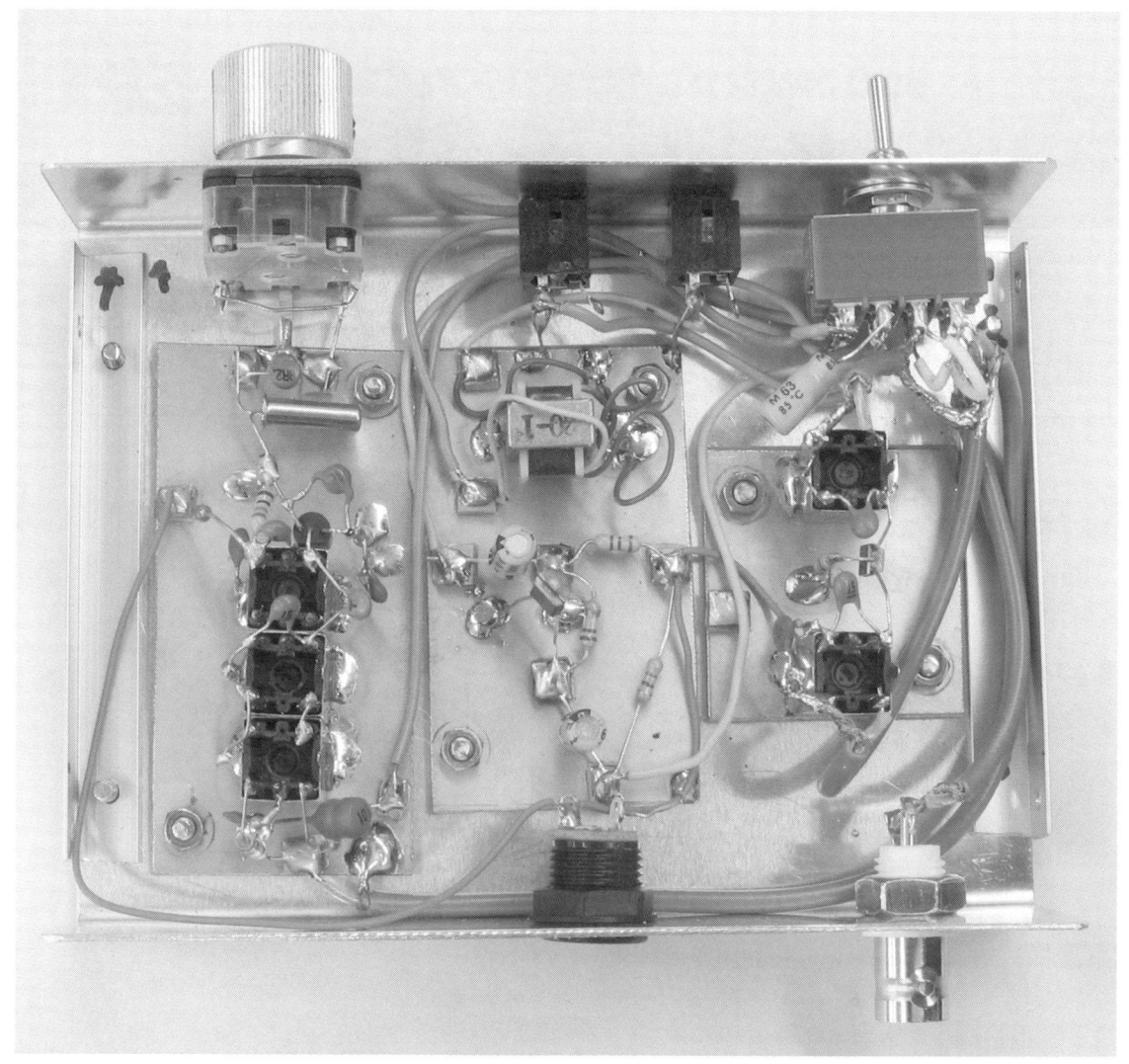

写真3-6-1　完成した28 MHz DSBトランシーバ

た，受信ゲインも少ないのでクリスタル・イヤホンに神経を集中して聞くということになります．根気よくワッチすると，必ず交信のチャンスが訪れるでしょう．

　このトランシーバは，2SK241の同調コイルとコンデンサを各バンドに合わせて，かつVXOを各周波数に合わせることにより3.5～50 MHzでも応用することができます．

　実用的に考えると，50 MHzバンドがおすすめです．本稿中のカッコ内で示した値は50 MHzの例ですが，50.25 MHzの水晶を使ったVXOとして，RFの同調回路を50 MHzに代えるだけです．筆者も50 MHzバンドで本機を作り，山歩きのときに持参して交信を楽しんでいます．

3-7 500mWを少しだけパワーアップ
7MHz 3Wアンプを作る

7MHz SSB送信機の500mWというパワーでスリリングな交信を楽しめるのですが，何局かを同時に呼んだ場合，ほとんど応答してもらえずにストレスがたまります．せめて，2〜3W程度のパワーがあればと思うこともしばしばです．ここでは，500mWを3Wに増幅するブースタ・アンプを作ってみました．

AB級増幅の3Wシングル・アンプ

7MHz 3Wアンプの回路を，図3-7-1に示します．

● **AB級シングル・アンプ**

ブースタ部分は，基本回路の2SC2078を使ったAB級ファイナル・アンプそのものです．

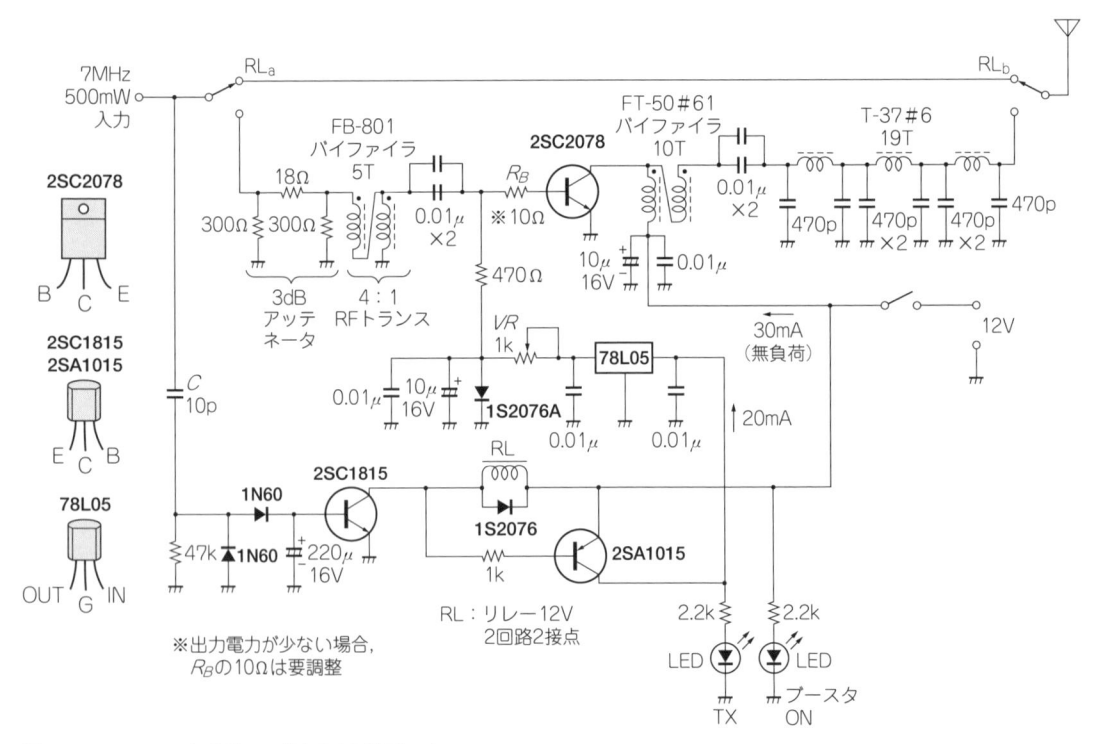

図3-7-1 2SC2078による3W出力のAB級アンプ

このアンプは入力100mW程度のとき，2Wの出力が得られます．そのため，親機となるトランシーバの出力が500mWでは大き過ぎるので，アッテネータで入力電力を減衰させる必要があります．100mWは500mWの$\frac{1}{5}$のパワーですから，6dB程度を減衰させることになります．

● 広帯域トランスでインピーダンス・マッチング

実際にテストした結果では，入力側に入れた-3dB（$\frac{1}{2}$）のアッテネータで，出力は3Wほどになりました．このとき，2SC2078のAB級アンプの入力インピーダンスは20Ω前後になります．そのため，インピーダンス50Ωの信号を直接入力するとミス・マッチングとなり，予定するパワーを得られません．

そこで，入力側に4：1の広帯域トランスを挿入し，出力インピーダンスを12.5Ωとしてマッチングを取っています．そのあとは，ローパス・フィルタ（LPF）を入れて7MHzのアンプになります．

● 信号の切り替え

トランシーバからの信号の切り替えは，送信時に親機の出力の一部を検波して得た直流で，2SC1815を通してリレーを駆動しています．これは，いわゆるキャリア・コントロールであり，入力と出力の信号を切り替えています．なお，2SC1815のベースに入っている220μFは，リレーに保持時間を持たせるためのものです．これがないとリレーがばたついてしまうことがあります．

● バイアス電流の制御

次に，このリレーが駆動されるのと同時に2SA1015がONとなり，ファイナルにバイアス電流が供給されてコレクタ電流が流れます（**図3-7-2**）．ファイナルの動作としては，2SC2078のバイアス電源とコレクタ電源を同時に入れてもよいのですが，コレクタ電流は最大で500mA程度が流れます．このくらいの「大電流」になると，2SA1015のトランジスタ・スイッチで直接コントロールするわけにはいきません．そこで，小さなバイアス電流だけをコントロールしているのです．LEDには，ブースタのSW-ONと送信の表示をさせています．

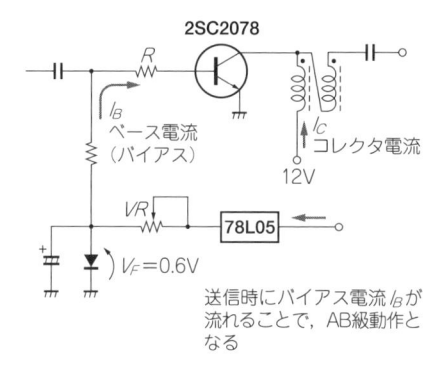

図3-7-2　ファイナルの動作について

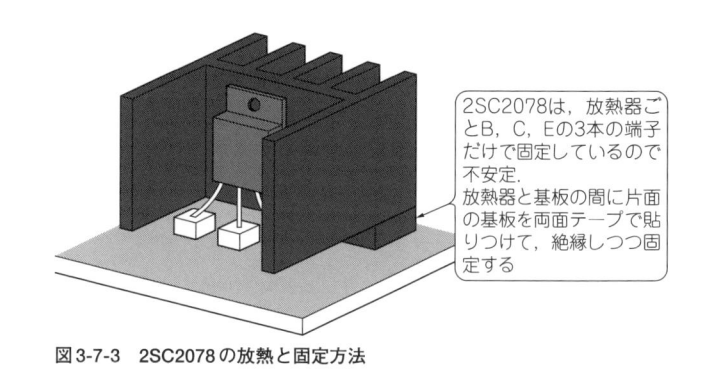

図3-7-3　2SC2078の放熱と固定方法

3Wアンプの製作とケーシング

　製作する基板は，ファイナル基板，LPF基板，キャリア・コントロール基板の3枚に分けました（p.22参照）．ケースはタカチのYM-150にちょうど入ります．

　ファイナルの2SC2078は，放熱が必要になります．コレクタに放熱器を取り付けますが，放熱器がケースと接触してショートしないように，T-220の放熱器を図3-7-3のように取り付けて，放熱器と基板の間に1枚基板を差し込んで浮かせています．3dBのアッテネータも基板上入力側に入れてみました．

　入出力のコイルは，両方ともバイファイラ巻きですが，入力側は4：1のステップダウン，出力側では1：4でステップアップしています．ここを間違えるとパワーが出ないということになります．

　基板上で，コレクタ電流が30mA程度になるように，バイアスを1kΩのボリュームで設定しておきます．キャリア・コントロール基板は，リレーを中心にして回路を組みます．

　タカチのYM-150に入れてから配線ができなくなるところは，ケースに固定する前にリード線をはんだ付けしておくとよいでしょう．

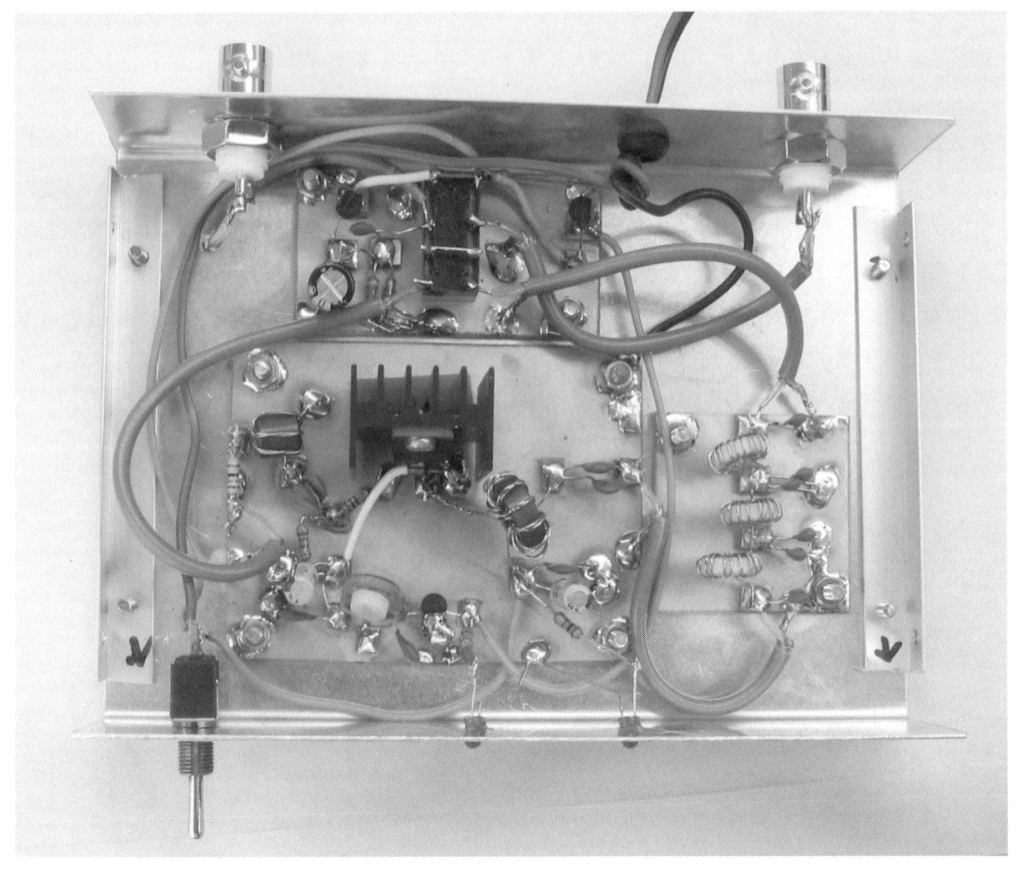

写真3-7-1　完成した7MHz 3Wアンプ

表3-7-1　2SC2078の各バンドにおける出力

バンド〔MHz〕	入力〔mW〕	出力〔W〕
1.9	100	2
3.5	100	2
7	100	1.5
10	100	1.5
14	100	1
21	100	0.9
28	100	0.8
50	100	0.8

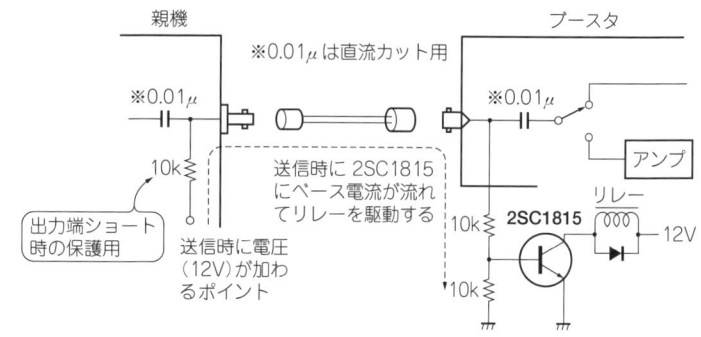

図3-7-4　3Wアンプのコントロールについて

調整の方法

　調整は，まずキャリア・コントロール用リレーの動作確認から始めます．このとき，ファイナル部の配線は外しておきます．

　入力コネクタに親機と接続して，500mWのパワーを送信してリレーが動くことを確認します．次に，リレーから配線を行います．高周波信号が通過する部分は，1.5D-2V同軸ケーブルで配線します．出力側にパワー計を入れて，送信出力が2～3Wほど出ているかどうかを確認します．

　本アンプからの信号を受信機でモニタしてみて，受信信号に歪みがある場合は，バイアス設定用の1kΩの半固定VRを調整します．筆者の場合，電源電圧12Vで，3Wの出力となりました．

他のバンドへの応用とキャリア・コントロール

　このアンプは，500mW程度の出力のトランシーバを親機として，2～3Wにパワーアップさせるものです．入力部に入っている3dBのアッテネータを取り去れば，100mW程度の入力で1～2Wの出力が得られて，1.9～50MHzで使うことができます（表3-7-1）．そのときは，もちろん目的のバンドのLPFに変更することが必要です．

　なお，キャリア・コントロール部のコンデンサCの10pFは7MHzのときの値です．14MHz以上では，10pFでは大き過ぎてファイナルの出力がロスする可能性があり，十分な出力を得られないことも考えられます．もう少し小さい容量に変更してください．

　ところで，キャリア・コントロールは，親機に何も手を加えずにすむので便利ですが，送信時の立ち上がりがほんの一瞬遅れます．それがいやだという場合は，図3-7-4に示すように，親機の送信時に同軸ケーブルに12Vを重畳させて，キャリア・コントロールの代わりに，直接トランジスタを切り替えるという方法もあります．自作する場合は，こちらの方法が確実でよいでしょう．

3-8 水晶フィルタを送信受信で分けた 3.5MHz SSB トランシーバ

自作したSSBトランシーバで交信するというのは，自作に興味がある方であれば一度はチャレンジしたい題材だと思います．CWに比べて，SSBは変調回路およびSSBを作り出すフィルタ回路があるため回路が複雑になりますが，これまで紹介してきた基本回路を一つ一つ確実に作っていくという作業を積み重ねることにより，完成させることができます．ここでは，3.5MHzのSSBトランシーバを紹介します．

3.5MHz SSB トランシーバの回路について

図3-8-1に本機のブロック図を，図3-8-2に本機の回路を示します．

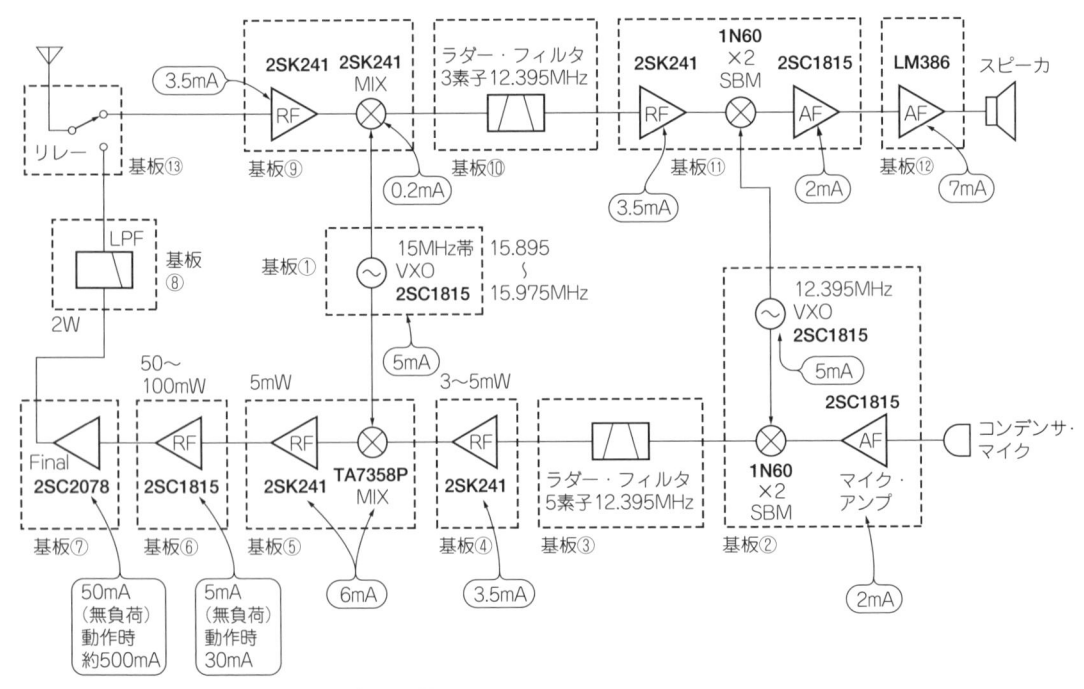

図3-8-1　3.5MHz SSB トランシーバのブロック図

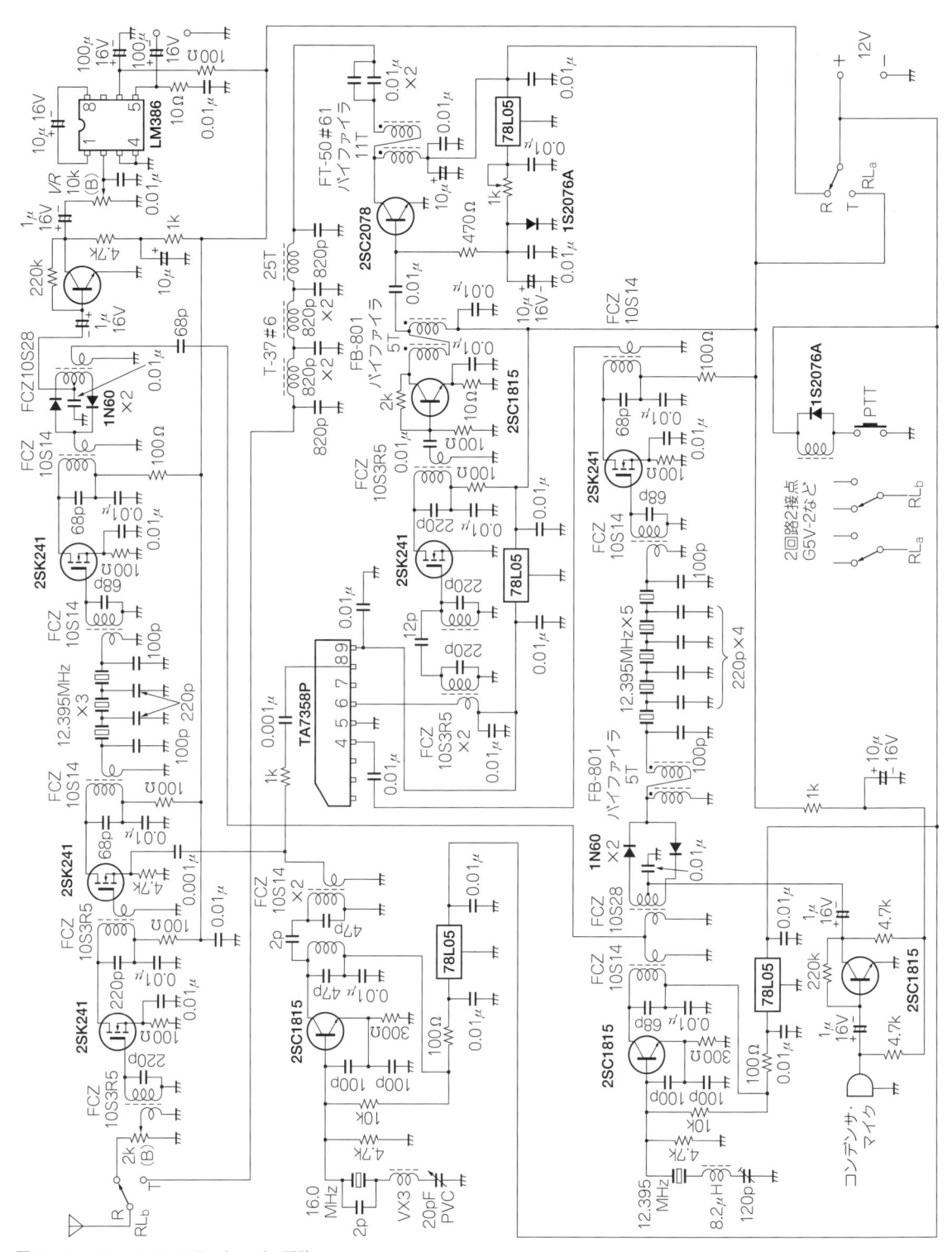

図 3-8-2　3.5 MHz SSB トランシーバの回路

● 水晶フィルタをどう扱うか

　図3-8-1を見て，フィルタが受信と送信で別々に存在していることに気がつかれたと思います．水晶フィルタが高価なこともあり，送信と受信で共用するのが一般的ですが，送信と受信でフィルタの切り替え回路が分かりにくくなってしまい，今ひとつ調整で自信がもてないという方も多いと思います．

　SSB用フィルタを安価な水晶で構成するラダー・フィルタでは，送信と受信で別々にフィルタを組んでも，それほど負担にはなりません．フィルタを別々にすることで，全体の回路がとてもすっきりします．

● 受信用フィルタ

　受信用のラダー・フィルタは，3素子程度でも十分に実用になり，おまけに通過ロスも少なくなるので，中間周波1段とした高1中1クラスでも，十分な感度が得られます．

● 送信用フィルタ

　送信用SSBラダー・フィルタは，フィルタのスカート特性を重視して5素子にしました．周波数構成はフィルタには12.395 MHzの水晶を使い，VXOは16 MHzとしています．VXOコイルのVX3がそのまま使えるため，とても都合よく製作することができます．

● 自作した水晶フィルタ

　水晶フィルタの通過帯域幅は，2.5 kHz（−6 dB）として設計しました．この自作したラダー・フィルタの特性を図3-8-3に示します．

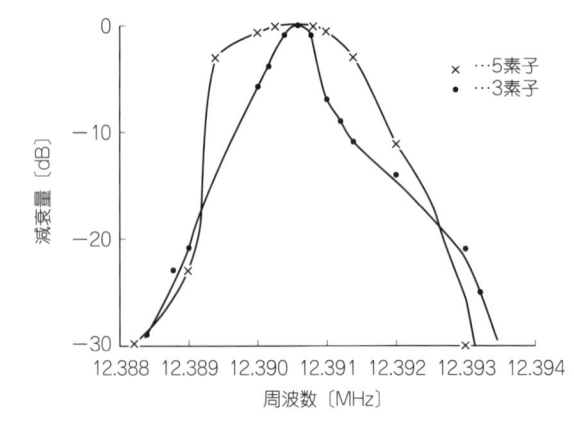

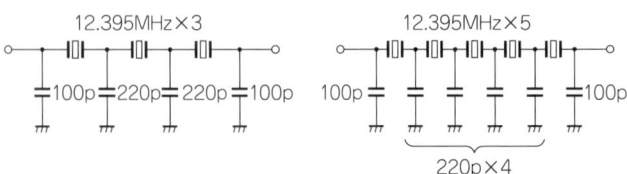

図3-8-3　自作した3素子と5素子のラダー・フィルタの特性

● 心臓部はSSBジェネレータ

SSBトランシーバの心臓部はなんといってもジェネレータです．難しそうに思われますが，DSBの信号をフィルタを通すことによって，逆サイドの信号をカットするだけです．

DSBの変調回路は，SBMの変調器に音声信号とキャリア・ポイントとなる局部発振器(Lo)の信号を注入すると，被変調波を得ることができます．

SSBの信号を作り出すには，キャリア・ポイントをフィルタの下側の12.3895 MHz付近でUSB，上側の12.3920 MHz付近ではLSBの信号となります．

今回の構成では，VXOによって周波数を逆転しますから，3.5 MHzのLSBの信号を作り出すためには，ジェネレータとしてはUSBの信号を作る必要があります．すなわち，キャリア・ポイントは，12.3895 MHz付近ということになります．

● インピーダンス・マッチング

SBMで変調されたDSB波の出力インピーダンスは約50 Ω，フィルタのインピーダンスは計算上では128 Ωとなるため，ミス・マッチングということになります．そこで，FB-801のフェライト・ビーズによるバイファイラ巻き5Tの1：4トランスを使うことによって200 Ωとして，インピーダンスを変換してからフィルタに入力します．

● 水晶フィルタ以降の送信回路

フィルタ通過後の通過損失を補うために，2SK241によるアンプを入れて約3～5 mWほどの出力にします．これをTA7358Pの4ピンに入力し，VXOと混合して6ピンより3.5 MHzの信号を複同調により取り出します．

2SK241で増幅した後，さらに2SC1815で増幅します．すると100 mW程度の出力が得られるので，2SC2053より小さい2SC1815を使っても大丈夫です．2SC2078のファイナルはAB級動作とすることにより，2 Wほどに増幅します．ローパス・フィルタ(LPF)は3段としました．

● 受信系について

受信部では，3.5 MHzの信号は混合したあとフィルタに入ります．スカート特性はやや甘くなりますが，送信と同じ容量のコンデンサで信号を作り，キャリア・ポイントも同じ値として，VXOとLoを送信系と共用します．

フィルタ以降は，RF増幅(IF)とSBMによる検波です．SSBジェネレータと信号の流れはまったく反対になるので，わかりやすいと思います．

受信のSBMには，68 pFのコンデンサを介してLoの信号を注入し，SSBジェネレータの出力が小さくならないようにします．自動利得制御(AGC)はありませんが，QRPは相手の信号強度が十分でないと交信できませんから，特に必要は感じません．

スタンバイは，リレーによってアンテナと電源を切り替えています．マイク・コネクタにステレオ・

ジャックを使って，マイク入力とPTT回路でリレーをコントロールします．

3.5MHz SSBトランシーバの製作

基板は，小さなユニットに分けて作りました．図3-8-1に示すように全部で13枚に分けてあります．
①VXO基板は共通です．送信部は，②ジェネレータ基板，③5素子フィルタ基板，④2SK241アンプ基板，⑤TA7358P-2SK241混合基板，⑥2SC1815ドライバ基板，⑦ファイナル・アンプ基板，⑧ローパス・フィルタ(LPF)基板，というように分けています．

受信部は，アンテナ入力から⑨2SK241-2SK241のフロント・エンド基板，⑩3素子ラダー・フィルタ基板，⑪IF-DET-AF基板，⑫LM386基板，そしてアンテナと電源切り替えの⑬リレー基板です．

これらの13枚の基板には，基本回路のほとんどを含んでいます．各基板それぞれで消費電流をチェックしながら，調整できるところは仮調整しながら組み立てていくことが，成功へのポイントです．

ケースは，タカチのYM-250（250×170×50mm）と同じ大きさのものです．各基板の仮調整ができたら，ケースにビス止めします．

3.5MHz SSBトランシーバの調整

信号の流れに沿って調整しながら，配線していきます．

● キャリア・ポイントの調整

最初は，心臓部であるSSBジェネレータから調整を始めます．12.390MHz付近の周波数を，DSBの信号を受信機を使って確認します．

次は，受信機のモードをUSBとして，Loのトリマでの USBの信号となるように変調をかけながら調整を行います．これがキャリア・ポイントの調整で，SSB波を得るための最大の難関というべきところです．

LSBに切り替えたときに，モガモガと聞こえていても復調できなければUSBの信号だと判断することができます．ここでは，USB波をモニタをしながら調整しますが，キャリアやDSBの逆サイドのLSBの漏れも聞こえてきますから，あまり神経質にならずに調整してください．てこずるところなので，USBの信号に近くなったら，初めの調整ではそれでOKとします．その後，使いながら納得の行くキャリア・ポイントに調整していくとよいでしょう．

また，トランシーバはヘッドホンを使ってマイクに受信音が回り込まないようにします．

● 各部の同調を取る

次は，水晶フィルタの後段に入っている2SK241の出力を最大になるように調整します．3mWほどになると思います．そして，VXOの周波数を15.89MHz付近まで下がるように，VX3コアを調整します．

これで，3.500MHzからバンド内に入ります．VXOの信号とSSBジェネレータの信号をTA7358Pに入

れて，6ピン出力コアと2SK241のコアの調整を行いながら，出力ピークを探します．
　このとき，3.5MHzの受信機でモニタしながら調整を行います．2SK241の出力は，5mWほどです．その後，2SC1815の出力は50～100mW程度になります．

● 終段の調整

　最後は，ファイナルの2SC2078を調整します．コレクタ電流I_Cが30mA程度になるようにバイアスをVRで調整します．あるいは，バイアス回路も含めた回路電流を50mA程度に合わせてもOKでしょう．2SC1815からの信号を入れて，変調音をモニタしてSSBの信号を確認できればOKです．

　このときは，もちろんパワー計あるいは50Ωのダミー・ロードをアンテナ・コネクタにつないでおくことを忘れないでください．以上で送信部は調整できました．

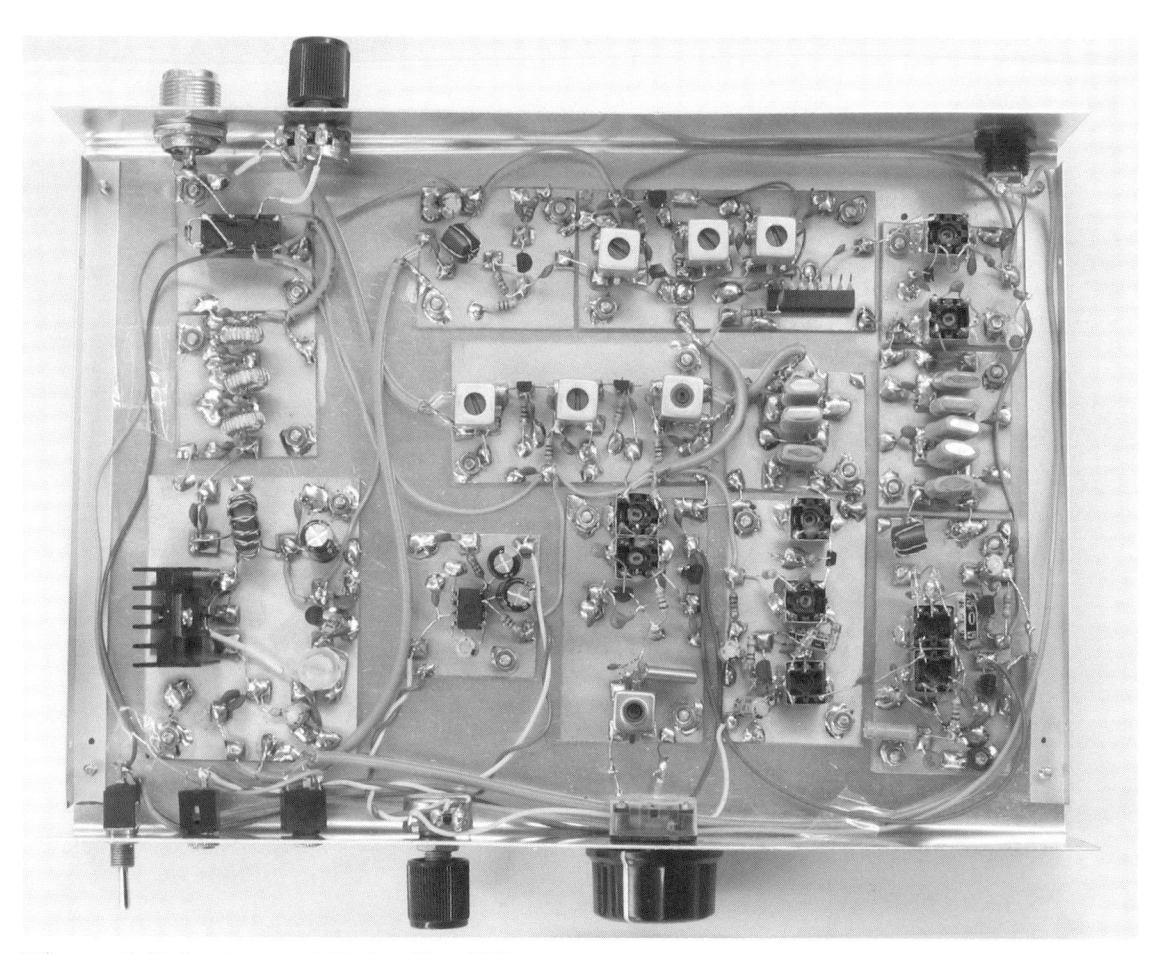

写真3-8-1　完成した3.5MHz SSBトランシーバ(p.24参照)

● 受信系の調整

受信部の調整は，すでにVXOと局部発振器の調整が終わっているので，各コアで最大感度になるように調整すれば完了です．

筆者の場合，感度が高過ぎて，少し発振気味になりました．そこで，高周波段の電源入力のところに$0.01\,\mu\mathrm{F}$のパスコンを入れてみました．また，回路図(**図3-8-2**)に示したように，検波後の2SC1815アンプの電源側に$1\,\mathrm{k\Omega}$と$10\,\mu\mathrm{F}$によるデカップリング回路を入れることにより，これを解決しました．

応用を考える

受信部の中間周波が1段ですが，これでも3.5MHzではゲイン・オーバー気味となりました．14MHz以上では，ゲイン不足という場合もありそうですが，低周波ゲインが小さくなるだけで，感度自体は問題ないでしょう．

水晶フィルタおよびVXOの水晶の組み合わせを替えれば，3.5〜50MHzまで応用することができます．

索 引

数字・アルファベット

- 07Sタイプ ……………………………………75，155
- 10Kタイプ ……………………………………120，128
- 10Sタイプ ……………………………………34，75，155
- 2SK241のパラレル接続 ……………………98
- 2乗検波 ………………………………………84，85
- 3端子レギュレータ …………………………38，53，143
- AB級 …………………………………………55，56，184，191
- AGC ……………………105，107，109，113，121，134，140，172，191
- A級 ……………………………………………79，80
- B級 ……………………………………………79
- C級 ……………54，55，79，80，98，100，137，138，143
- DBM …………………………………………58，119，170
- DDS …………………………………………50
- FCZ基板 ……………………………………40
- FCZコイル ……34，40，42，52，53，54，57，69，75，77，86，94，97，126，137，144，145，148，155，160，182
- FET ……………………………………………36
- LPF ……………………………………………34，35
- LSB型 …………………………………………63，64，159，175
- PLL ……………………………………………50
- QRH ……………………………………………114，137
- RFC ……………………………………………34，80，92
- RFプローブ ………47，48，61，75，76，100，138，144，162，170
- RIT ………92，93，94，95，128，129，133，134，143，144，145，146，165，177，179
- SBM ………35，58，92，94，141，144，148，149，150，151，154，158，161，180，181，191
- USB型 …………………………………………63，159，160，164，173，174
- VFO ……………………………………………50，61，115，118，136
- VX2 ……………………………………………34，40
- VX3 ……………………………………………34，51，97，100，121，128
- VXOコイル ……34，42，51，97，100，105，106，120，126，127，128，137，150，160，162，165，175，181

あ・ア行

- アッテネータ ………30，31，69，86，93，97，107，109，121，146，185，187
- インターフェア ……………………………119
- インダクタ ……………………………34，53，127，160
- インダクタンス ………………………………33，34
- インピーダンス ………………………………33
- インピーダンス整合 …………………………64
- インピーダンス変換 …………………………92，138，162
- インピーダンス・マッチング ……54，64，79，123，161，175，185
- エミッタ・フォロア …………………………53，62，99
- オーバートーン ……97，109，121，126，127，150

か・カ行

- 回路電流 ……………………………………68
- カップリング・コンデンサ ………33，51，53，92，97，175
- カラー・コード ………………………………30，31，34
- キーイング …………70，71，76，77，79，80，81，82，83，90，91，92，99，100，114，115，119，123，128，132，134，138，141，143
- キーダウン ……………………………………94
- 基本波発振 ……………………………………53，98
- 逆電圧 …………………………………………99
- 逆方向電圧 ……………………………………36，93
- キャリア ………………………………………88，149，161
- キャリア・コントロール ……………130，185，186，187
- キャリア・ポイント ……47，53，63，104，105，106，124，158，160，162，163，165，168，174，179，191，192
- キャリブレーション ……75，76，78，81，88，101，107，115，116，118
- 共振周波数 …………………………………52
- 局発信号 ……………………………………96，166
- 局部発振 ……………………………………49，53，71
- 金属皮膜抵抗 …………………………………30

195

クリック音 …………90, 93, 123, 132, 141, 177
クリップ …………………………………87, 137
ゲルマニウム・ダイオード …………………35
工事設計書 …………………………………72
高周波増幅 ……………………………36, 54
高周波増幅回路 ……………………………49
広帯域トランス ……………………………35, 185
高調波 ……………………………………66, 97
混合回路 ………………………………38, 49, 57
コンデンサ・マイク …………60, 62, 149, 151, 175, 181, 182
混変調 ………………………………………69, 130

──────── さ・サ行 ────────

サイド・トーン …………99, 123, 124, 132, 137, 143, 177
自己バイアス …………………………53, 60, 91
シフト回路 ………………………………99, 100
終端抵抗 ……………………………………30
周波数変換 …………………………………50
出力インピーダンス ………79, 92, 182, 185, 191
順方向電圧 ……………………35, 36, 45, 93, 115
ショットキー・バリア・ダイオード …………35
シリコン・ダイオード ………………………35
シングル・トーン ……………………167, 177
シングル・バランスト・ミキサ ……148, 158, 180
水晶発振回路 ………………………………74
水晶発振子 ……………………38, 51, 64, 96
水晶フィルタ ……………63, 64, 65, 71, 89, 103, 104, 105, 123, 129, 137, 168, 190
スイッチング・ダイオード …35, 36, 81, 86, 132
スーパVXO …………………………121, 122
スーパヘテロダイン ………………………108, 112
スカート特性 ……………………63, 160, 190
ステップアップ ……………………………186
ステップアップ・トランス …………………65
ステップダウン ……………………………186
スプリアス ………53, 66, 70, 72, 76, 97, 119, 154

静電容量 ………………………………31, 32
積層セラミック ……………………………175
セミ・ブレークイン …………………………118
セメント抵抗 ………………………………30
セラミック・コンデンサ ………31, 32, 33, 45, 85, 88, 115
ゼロイン ……………………88, 118, 146, 179
ゼロ・ビート ………………………88, 133, 179
送信機系統図 ………………………………72
阻止帯域 ……………………………158, 163, 174
ソリッド抵抗 ………………………………30

──────── た・タ行 ────────

耐圧 …………………………………………32
ダイレクト・コンバージョン ……84, 88, 102, 103, 104, 105, 108, 109, 130, 133, 141, 146, 149, 150, 151, 161, 168, 173
炭素皮膜抵抗 ………………………………30
チャピリ ………………………………81, 114
チャピリ現象 ………………………………79
中間周波増幅 ……………………………49, 54
チョーク・コイル ……………………………88, 105
直列共振 ……………………………………104, 111
直列共振周波数 ……………………………50
ツインT発振 …………………………43, 44
低周波増幅 …………………………………60
低周波増幅回路 ……………………………49
定電圧源 ……………………………………36
デカップリング ………53, 54, 57, 60, 194
電圧降下 ……………………………30, 82, 85, 137
電界強度 ……………………………………70
電解コンデンサ …………………32, 33, 149, 175
伝送トランス ………………………………148, 154
電波法令 ……………………………………70
電力増幅 ………………………………49, 54, 55
同軸リレー …………………………………39
トランシーブ操作 …………………………119, 134
トランジスタ・スイッチ ………36, 111, 143, 185

トランス結合	64
トリファイラ	148
トリマ	33, 34, 53
トロイダル・コア	34, 35, 66, 76, 115
トロイダル・コイル	66

──── **な・ナ行** ────

入出力インピーダンス	64, 65, 161
入力インピーダンス	54, 56, 64, 92, 123, 182, 185

──── **は・ハ行** ────

ハートレー発振回路	115
バイアス	30, 55, 56, 76, 79, 87, 92, 99, 105, 143, 174, 185, 186, 187, 193
バイパス・コンデンサ	33
ハイパス・フィルタ	64
バイファイラ	56, 116, 138, 148, 155, 175, 186
パスコン	33, 68, 194
発振回路	49
発振器	36
バッファ	53
ハム音	44, 88, 153
バリキャップ	93, 99
バリキャップ・ダイオード	36, 50, 99, 128, 165
バリコン	33
搬送波	74, 79, 158, 174
はんだメッキ	41
バンドパス・フィルタ	119, 123, 129
ビート	88, 96
フェライト・コア	34
フェライト・ビーズ	35, 80
負荷インピーダンス	123
負荷容量	111
複同調	53, 60, 97, 154, 156
浮遊容量	151
不要輻射	80
プリミックスVXO	118
フル・ブレークイン	81, 83, 134
プロダクト検波	91
平衡変調	71, 72, 161
並列共振	53, 57, 104, 111
並列共振回路	54
変調回路	57
変調波	57
保証認定	70, 78, 79, 91, 114

──── **ま・マ行** ────

マイク・アンプ	33
ミュート回路	111, 118

──── **や・ヤ行** ────

誘電体	31

──── **ら・ラ行** ────

ラダー型	104
ラダー・フィルタ	63, 64, 123, 159, 160, 164, 173, 174, 175, 190
リーク電流	33
リミッタ	35, 86, 115, 141
リング検波	35, 58, 103, 104, 105, 121
リンク・コイル	57
励振増幅	54
レフレックス方式	91
ローパス・フィルタ	34, 35, 49, 66, 70, 76, 80, 88, 89, 90, 94, 126, 182, 185, 191, 192

■ 参考文献

(1) JA1AYO　丹羽 一夫；『ハムのトランジスタ活用』，CQ出版社．
(2) 鈴木 憲次；『無線機の設計と製作入門』，CQ出版社．
(3) 山村 英穂；『トロイダル・コア活用百科』，CQ出版社．
(4) JH1FCZ　大久保 忠；「THE FCZ」，No.1～No.300．
(5) JA7CRJ　千葉 秀明；「THE ほうむめいど」，No.1～No.58（1979～1999年）．
(6) 「TA7358Pデータ・シート」，(株)東芝．
(7) 「熊本方式による自作機器製作テクニック」，『HAM Journal』，No.44，CQ出版社．
(8) 「ユニット化によるハム用機器の製作」，『HAM Journal』，No.64，CQ出版社．
(9) JJ1GRK　高木 誠利；「USBラダーフィルターの解析」，『HAM Journal』，No.88，CQ出版社．
(10) JA1HWO　菊池 正之；「自作できる水晶フィルター」，『CQ ham radio』，1993年2月号，CQ出版社．
(11) 「夢の無線機を作ろう」，『CQ ham radio』，2004年11月号，CQ出版社．
(12) JK1XKP　貝原 裕二；「7MHz CW QRPトランシーバ」，『CQ ham radio』，2003年11月号，CQ出版社．
(13) 「FCZハムバンドコイル・データシート」，FCZ研究所，Webサイト…http://www.fcz-lab.com/fczcoil.html

手作りトランシーバー入門

2007年9月15日 初版発行
2021年9月1日 第6版発行

© 今井 榮 2007
（無断転載を禁じます）

著者　今井　榮
発行人　小澤拓治
発行所　CQ出版株式会社
〒112-8619 東京都文京区千石4-29-14
☎ 03-5395-2141（編集）
☎ 03-5395-2131（広告）
振替　00100-7-10665

編集担当　細田研策郎
カバー／表紙　ナカヤデザインスタジオ　中林エイミー
DTP　（有）新生社
印刷・製本　三晃印刷（株）

乱丁・落丁本はお取り替えいたします。
定価はカバーに表示してあります。
ISBN978-4-7898-1506-2
Printed in Japan

〈出版者著作権管理機構委託出版物〉
本書の無断複写は著作権法上での例外を除き、禁じられています。本書からの複写を希望される場合は、出版者著作権管理機構（TEL：03-5244-5088）にご連絡ください。

●本書の複製等について — 本書のコピー、スキャン、デジタル化等の無断複製は著作権法上での例外を除き禁じられています。また、本書の電子versioningを第三者に依頼して電子化することは、たとえ個人や家庭内の利用でも認められておりません。

●本書に関するご質問について — 文章、数式などの記述上の不明点についてのご質問は、必ず往復はがきか返信用封筒を同封した封書でお願いいたします。勝手ながら、電話でのお問い合わせにはお答えできません。ご質問は著者に回送し直接回答していただきますので、多少時間がかかります。また、本書の範囲を越えるご質問には応じられませんので、ご了承ください。

●本書の複製等について — 本書のコピー、スキャン、デジタル化等の無断複製は著作権法上での例外を除き禁じられています。

●本書掲載の利用についてのご注意 — 本書に記載されている事項、または製品情報等は、著者および編集部が慎重に検討したものですが、運用の結果について、著者、編集部、CQ出版株式会社のいずれも責任を負うものではありません。また、掲載された回路情報を利用することにより発生した事件・損害等の一切の責任を負いかねますので、あらかじめご了承ください。

●本書記載の社名、製品名について — 本書に記載されている会社名および製品名は、一般に開発メーカーの登録商標または商標です。なお、本文中では ™、®、© は表示明記していません。

本書はCQ出版社「CQ ham radio」誌の2004年9月号～2005年9月号に連載された「QRP機器の自作を始めよう」をまとめ、加筆・修正を行ったものです。

■著者紹介

今井 栄 (いまい・さかえ)

1953年生まれ。1970年、オートダインSWL (JA1-13602) 活動を始める。1973年、トリオTR-1200を使い、50MHz AMでアマチュア無線局JF1RNRを開局。しかし、すぐに手作り無線機で運用することを目標にして、CQ ham radio誌などを参考にして自作を始める。1976年、2SC32を使った50MHzの100mW AM送信機とBCLラジオ＋リンコンで、初めて自作機による交信を経験する。その2台の感動が忘れられず、以来、無線機を作り続けている。
最近は、自宅で自作オートダイン機によるBCL、SWLを楽しむ傍ら、もう一つの趣味であるオートバイとアマチュア無線をペアにした、自転車移動や山登りでの移動運用にもチャレンジ。
7/10/50MHzの運用がメイン。リグはすべて自作機。保証認定を受けた自作機は31台。JARL QRPクラブ、A1クラブに所属、第2級アマチュア無線技士。

電子メール・アドレス：jf1rnr@jarl.com